大学物理学

下册

主编
孔晋芳　居家奇　王凤超

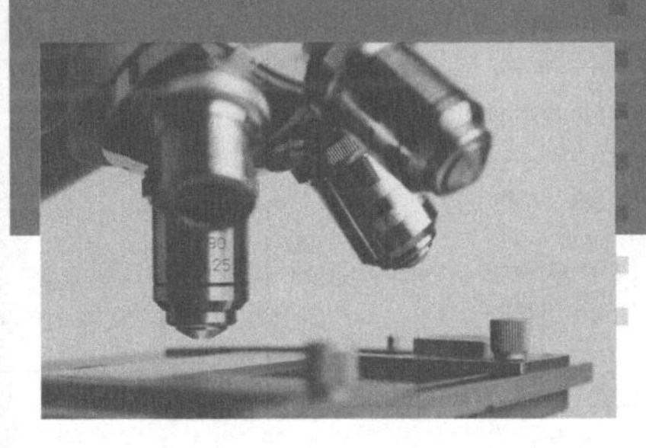

DAXUE WULIXUE

中国教育出版传媒集团
高等教育出版社·北京

内容提要

本书是依据教育部高等学校物理学与天文学教学指导委员会编制的《理工科类大学物理课程教学基本要求》(2010年版),在总结编者所在教学团队多年教学和教改的经验,并借鉴国内外优秀教材成果的基础上编写而成的。编者在写作风格上力求主干突出、论证简明,并通过理论联系实际来说明物理现象及规律,同时力求贯彻"以学生为主体、以教师为主导"的教育理念,遵循学生对于混合式教学的认知规律。

本书分为上、下两册:上册包括力学和电磁学;下册包括振动与波动、光学、热学、狭义相对论与量子物理学。各章均配有本章内容提要、内容小结及习题,供读者学习和复习时使用,同时还提供了课程重难点的授课视频、物理学相关的科学成就、著名物理学家的事迹、物理动画、习题解答等数字资源。

本书可作为高等学校理科非物理学类专业及工科各专业64~128学时的大学物理课程教材,也可供物理教师和相关人员参考。

图书在版编目(CIP)数据

大学物理学.下册/孔晋芳,居家奇,王凤超主编.--北京:高等教育出版社,2024.5

ISBN 978-7-04-061254-7

Ⅰ.①大… Ⅱ.①孔… ②居… ③王… Ⅲ.①物理学-高等学校-教材 Ⅳ.①O4

中国国家版本馆CIP数据核字(2023)第190964号

DAXUE WULIXUE

策划编辑 高聚平　责任编辑 高聚平　封面设计 李小璐　版式设计 杜微言
责任绘图 邓 超　责任校对 刘丽娴　责任印制 刁 毅

出版发行 高等教育出版社
社　　址 北京市西城区德外大街4号
邮政编码 100120
印　　刷 涿州市京南印刷厂
开　　本 787mm×1092mm 1/16
印　　张 17.25
字　　数 330千字
购书热线 010-58581118
咨询电话 400-810-0598
网　　址 http://www.hep.edu.cn
　　　　 http://www.hep.com.cn
网上订购 http://www.hepmall.com.cn
　　　　 http://www.hepmall.com
　　　　 http://www.hepmall.cn
版　　次 2024年5月第1版
印　　次 2024年5月第1次印刷
定　　价 38.00元

物 料 号 61254-00

目录

第七章　机 械 振 动

第七章　数字资源

振动是物质运动的一种基本形式,是力学中重要的研究领域之一。人类对振动现象的认识具有悠久的历史。战国时期,人们就已经定量总结出了弦线发音与长度的关系,将基音弦长分为三等份,减去或增加一份可确定相隔五度音程的各个音;《庄子·徐无鬼》中更是明确记载"鼓宫宫动,鼓角角动,音律同矣"的共振现象。振动广义的定义是指某一量随时间波动的现象,例如血液的循环、收音机中的振荡电路、医疗设备中的彩超、潮汐的涨落、电磁振荡等。振动狭义的定义是指物体相对平衡位置的往复运动,即机械振动,例如心脏的跳动、钟摆的摆动、车辆行驶时引起的桥梁振动、地震、固体中原子的振动等。研究机械振动的基本规律也是学习和研究其他形式振动以及波动、无线电技术、波动光学等的基础,在生产技术中有着广泛的应用。本章将重点研究简谐振动,同时研究一般情况下振动随时间减弱,以及施加周期性外力时一些振动振幅越来越大的原因。

本章内容提要

1. 掌握描述简谐振动的振幅、周期、频率、相位和初相位的物理意义及各量间的关系。

2. 掌握描述简谐振动的解析法、旋转矢量法和图线表示法,并讨论和分析相关问题。

3. 掌握简谐振动的基本特征,建立一维简谐振动的微分方程,能根据给定的初始条件写出一维简谐振动的运动方程。

4. 理解简谐振动的能量特征。

5. 掌握同方向、同频率简谐振动的合成的方法和规律。

6. 了解阻尼振动、受迫振动和共振发生的条件和规律。

7.1 简谐振动的描述

7.1.1 简谐振动

机械振动的形式多种多样,一般非常复杂。如果机械振动可以通过一个余弦或正弦函数描述,则称为**简谐振动**。简谐振动是最简单、基础的振动,是各种形式振动的基础。

如图 7-1-1 所示,质量可以忽略不计的轻弹簧一端固定,另一端与质量为 m 且可视为质点的物体相连,该物体放置在光滑的水平导轨上(如直线型空气导轨),弹簧弹性力是作用在物体上的唯一水平力,我们把这一振动系统称为**弹簧振子**。当弹簧处于自然伸长时,此时物体在水平方向所受合外力为零,物体处于平衡位置 O 点。取平衡位置 O 点为坐标原点,水平向右为 Ox 轴正方向。接下来我们施加一外力 F' 将物体向右移动到 $x=A$ 处,然后释放[图 7-1-1(a)]。此时由于弹簧被拉伸,物体受到一个水平向左、且指向平衡位置的弹性力 F,物体向平衡位置 O 点运动,且速率增加。当物体到达平衡位置时,作用在物体上的弹性力减小到零,其速率最大。由于物体的惯性,它将冲过平衡位置[图 7-1-1(b)]。在平衡位置的另一侧,物体继续向左运动,致使弹簧被压缩。此时物体受到水平向右、且指向平衡位置的弹性力 F,物体继续向左运动,直到速率减小至零。对于理想的弹簧,物体将停止在 $x=-A$ 处[图 7-1-1(c)]。之后,物体在弹簧弹性力的作用下加速向右运动,再次冲过平衡位置[图 7-1-1(d)]。在平衡位置的另一侧,物体继续向右运动,致使弹簧被拉伸。此时物体受到水平向左、指向平衡位置的弹性力,物体继续向右运动,直到速率减小至零,停止在 $x=A$ 处[图 7-1-1(e)]。这样，在弹簧弹性力的作用下，物体在平衡位置附近作往复运动，不停地重复以上过程。

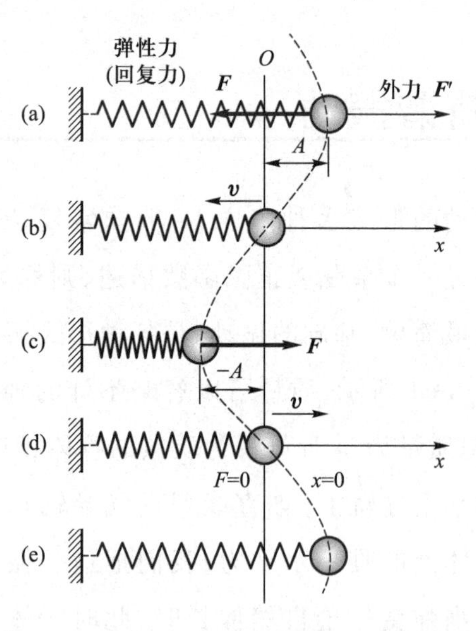

图 7-1-1 弹簧振子模型

只要物体偏离平衡位置，物体就会受到弹性力的作用，将物体恢复到平衡位置，我们把具有这种特性的力称为**回复力**。图 7-1-1 中，由胡克定律可知，物体受到的弹性力 F 正比于离开平衡位置的位移 x，即

$$F=-kx$$

式中 $k>0$，为弹簧的**弹性系数**，单位为 N/m，它与弹簧材料、形状、大小等本身的性质有关。负号表示力与位移的方向相反。**当回复力正比于离开平衡位置的位移时（如上式所示），这种运动称为简谐振动**。由牛顿第二定律可得

$$F=ma=m\frac{\mathrm{d}^2x}{\mathrm{d}t^2}$$

由此可得

$$-kx=ma=m\frac{\mathrm{d}^2x}{\mathrm{d}t^2} \tag{7-1-1}$$

令

$$\omega^2=\frac{k}{m} \tag{7-1-2}$$

式(7-1-1)可写成

$$a=-\omega^2 x \tag{7-1-3a}$$

上式说明弹簧振子的加速度和位移的大小成正比,且方向相反。

式(7-1-1)还可写成

$$\frac{d^2x}{dt^2}=-\omega^2 x \tag{7-1-3b}$$

上式称为**简谐振动的微分方程**,解此微分方程可得

$$x=A\cos(\omega t+\varphi) \tag{7-1-4}$$

其中 A 和 φ 为积分常量,式(7-1-4)为简谐振动的运动方程,简称**简谐振动方程**①。作简谐振动的物体称为**谐振子**。

根据第一章位移、速度和加速度之间的关系可得,作简谐振动物体的速度 v 和加速度 a 分别为

$$v=\frac{dx}{dt}=-\omega A\sin(\omega t+\varphi) \tag{7-1-5}$$

$$a=\frac{d^2x}{dt^2}=-\omega^2 A\cos(\omega t+\varphi) \tag{7-1-6}$$

由式(7-1-4)、式(7-1-5)、式(7-1-6),可以作出简谐振动 $x-t$、$v-t$ 和 $a-t$ 的变化关系曲线。图 7-1-2 所示为 $\varphi=0$ 时,简谐振动的物体位移、速度和加速度随时间的变化关系曲线。由图可以看出,这三个物理量随时间作周期性相同的变化,且均具有最大值。与 $x-t$ 曲线[图 7-1-2(a)]相比,$v-t$ 曲线[图 7-1-2(b)]和 $a-t$ 曲线[图 7-1-2(c)]分别偏移了 $\frac{1}{4}$ 和 $\frac{1}{2}$ 个周期,即当物体处于正的最大位移 $x=A$ 和负的最大位移 $x=-A$ 处时,速度为零,物体瞬时静止。在这两点处,物体加速度具有最大值。当物体处于 $x=A$ 处时,加速度为正值;当物体处于 $x=-A$ 处时,加速度为负值。当物体

① 通过三角函数变换,$x=A\cos(\omega t+\varphi)=A\sin\left(\omega t+\varphi+\frac{\pi}{2}\right)$。令 $\varphi'=\varphi+\frac{\pi}{2}$,则 $x=A\sin(\omega t+\varphi')$,简谐振动位移随时间的变化关系也可以表述为正弦函数,为了统一起见,本书采用余弦函数。

通过平衡位置时，位移为零，加速度为零，速度具有最大值。在该点处，物体向负方向运动，速度即为负值；物体向正方向运动，速度即为正值。

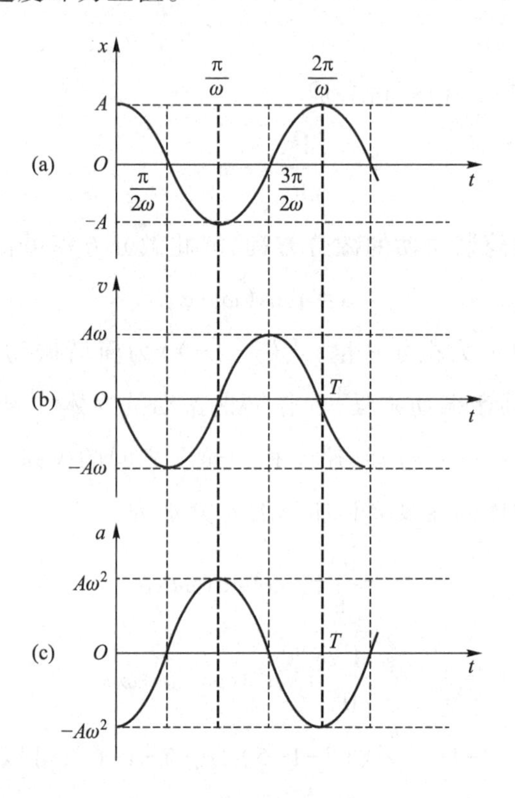

图 7-1-2 $\varphi=0$ 时，简谐振动物体的 (a) $x-t$，(b) $v-t$，(c) $a-t$ 变化曲线

7.1.2 描述振动特征的物理量

1. 振幅

由式(7-1-4)简谐振动方程可得，物体离开平衡位置的位移在 A 和 $-A$ 之间变化。作**简谐振动的物体离开平衡位置的最大位移的绝对值**，称为**振幅**，用 A 表示，单位名称为米，符号为 m。

2. 周期、频率和角频率

物体完成一次全振动所经历的时间为振动周期，用 T 表示。周期为正值，单位名称为秒，符号为 s。如图 7-1-1 所示，物体从 A 运动到 $-A$，再返回到 A，所经历的时间就是一个周期。这里需要注意的是，物体从 A 运动到 $-A$ 是半个周期。由此可得,物体在任意时刻 t 的位移、速度和加速度的值与物体在时刻 $t+T$ 时的对应量的值完全相同。以简谐振动方程为例

$$x=A\cos(\omega t+\varphi)=A\cos[\omega(t+T)+\varphi]=A\cos(\omega t+\varphi+\omega T)$$

根据三角函数的周期性特点,可得物体完成一次全振动后应有 $\omega T=2\pi$,则

$$T=\frac{2\pi}{\omega} \tag{7-1-7}$$

单位时间内物体所作的完全振动次数为振动频率,用 ν 表示。频率同样为正值,单位名称为赫兹,符号为 Hz。这个单位是为了纪念德国物理学家海因里希·鲁道夫·赫兹(Heinrich Rudolf Hertz,1857—1894)而命名的,他是研究电磁波的先驱。

$$1\ \mathrm{Hz}=1\ \mathrm{s}^{-1}$$

单位时间内物体所作的完全振动次数的 2π 倍为振动角频率(又称圆频率),用 ω 表示,单位名称为弧度每秒,符号为 rad/s。频率、角频率与周期之间的关系有

$$\nu=\frac{1}{T}=\frac{\omega}{2\pi} \tag{7-1-8}$$

根据式(7-1-2)可得,弹簧振子的角频率 $\omega=\sqrt{\frac{k}{m}}$,因此可得弹簧振子的周期为

$$T=2\pi\sqrt{\frac{m}{k}} \tag{7-1-9}$$

弹簧振子的频率为

$$\nu=\frac{1}{2\pi}\sqrt{\frac{k}{m}} \tag{7-1-10}$$

弹簧振子的角频率 ω 由弹簧振子的质量 m 和弹性系数 k 决定,由此可知简谐振动的周期和频率**只与振动系统本身的物理性质有关**。我们把这种只与振动系统本身固有属性所决定的周期和频率,称为振动的**固有周期**和**固有**

频率。

音叉振动是简谐振动,它以固有频率振动。这就是音叉可以用作音高标准的原因。如果简谐振动没有这个特点,那么就没有办法使各种乐器的旋律和谐一致。生活中还有很多这样的例子,例如走时准确的机械表和钟摆等。

3. 相位

质点运动学中,物体某一时刻的运动状态,可以通过位矢和速度描述。对于确定的简谐振动系统,由式(7-1-4)和式(7-1-5)可知,当 A 和 ω 一定时,物体在任一时刻相对于平衡位置的位移和速度随着$(\omega t+\varphi)$变化,我们把$(\omega t+\varphi)$称为振动的**相位**。以图 7-1-1 的弹簧振子为例,当相位 $\omega t_1+\varphi=0$ 时,$x=A$,$v=0$,即在时刻 t_1 物体处于正的最大位移,速率为零,接下来将向左运动;当相位 $\omega t_2+\varphi=\pi$ 时,$x=-A$,$v=0$,即在时刻 t_2 物体处于负的最大位移,速率为零,接下来将向右运动。由此可见,对应不同时刻 t_1 和 t_2,振动的相位不同,导致物体的运动状态也不相同。当振动物体的相位经历 2π 变化时,即相位由$(\omega t+\varphi)$变成$(\omega t+\varphi+2\pi)$时,物体将恢复到原来的运动状态。因此,相位既能确定物体的运动状态,又能反映简谐振动的周期性。当 $t=0$ 时,$\omega t+\varphi=\varphi$,φ 称为振动的**初相位**,简称**初相**。它决定了初始时刻振动物体的运动状态。

7.1.3 振动方程中 A 和 φ 的确定

当 $t=0$ 时,物体相对平衡位置的位移为 x_0,速度为 v_0,称为**简谐振动的初始条件**。由式(7-1-4)和式(7-1-5)可得

$$x_0=A\cos\varphi,\quad v_0=-\omega A\sin\varphi$$

由此两式可得

$$A=\sqrt{x_0^2+\frac{v_0^2}{\omega^2}} \tag{7-1-11}$$

$$\varphi=\arctan\frac{-v_0}{\omega x_0} \tag{7-1-12}$$

式(7-1-11)和式(7-1-12)表明,已知 x_0 和 v_0,很容易求得简谐振动的振幅 A 以及初相 φ。需要注意的是:(1) 当物体的初始速度 $v_0=0$ 时,物体的振幅 A 等于初始位移 x_0,但是当物体的初始速度 $v_0\neq 0$ 时,物体的振幅 A 不再等于初始位移 x_0。这是合理的,如果我们让物体从正 x_0 的位置开始,并给予它正方向的速度 v_0 运动,物体折返前的位置比 x_0 远。(2) 初相 φ 所在的象限可由 x_0 和 v_0 的正负号确定。物理中约定:当 $x_0>0$、$v_0<0$ 时,φ 取第一象限的值;当 $x_0<0$、$v_0<0$ 时,φ 取第二象限的值;当 $x_0<0$、$v_0>0$ 时,φ 取第三象限的值;当 $x_0>0$、$v_0>0$ 时,φ 取第四象限的值。

例 7-1-1

一弹簧振子的弹性系数 $k=8$ N/m,物体的质量为 2 kg。初始时刻物体的位移为 $x_0=3$ m、速度为 $v_0=8$ m/s。求简谐振动的角频率、振幅、初相以及简谐振动方程。

解 根据式(7-1-2)有

$$\omega=\sqrt{\frac{k}{m}}=\sqrt{\frac{8}{2}}\ \text{rad/s}=2\ \text{rad/s}$$

由式(7-1-11)和式(7-1-12)有

$$A=\sqrt{x_0^2+\frac{v_0^2}{\omega^2}}=\sqrt{3^2+\left(\frac{8}{2}\right)^2}\ \text{m}=5\ \text{m}$$

$$\varphi=\arctan\left(-\frac{v_0}{\omega x_0}\right)=\arctan\left(-\frac{8}{2\times 3}\right)=\arctan\left(-\frac{4}{3}\right)$$

所以

$$\varphi\approx-53.13^\circ \quad 或 \quad \varphi\approx 126.87^\circ$$

若取 $\varphi\approx 126.87^\circ$,则有

$$x_0=A\cos\varphi<0$$

与题意不符舍去,因此初相取 $\varphi\approx-53.13^\circ\approx-0.295\pi$。故简谐振动方程为

$$x=5\cos(2t-0.295\pi)\ (\text{m})$$

7.2 旋转矢量

为了形象、直观和有效地理解和计算机械振动问题，本节介绍简谐振动的**旋转矢量表示法**。

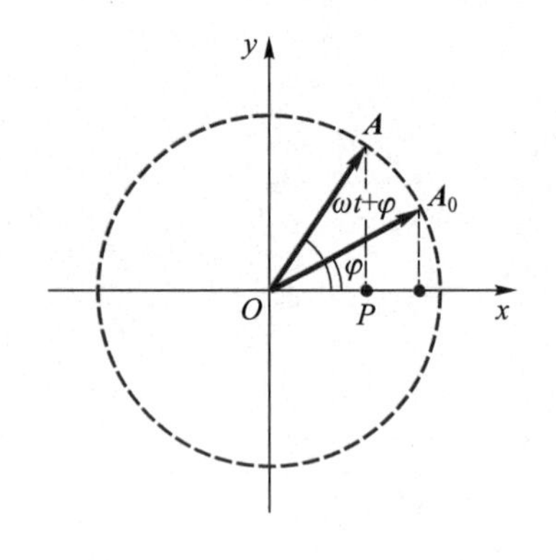

图 7-2-1 旋转矢量图

如图 7-2-1 所示，在 x 轴上，从坐标原点 O 作一矢量，使它的模等于简谐振动的振幅 A，并使矢量以简谐振动角频率 ω 大小的角速度在 Oxy 平面内作**逆时针**方向的匀角速度转动，这样作出的矢量称为**旋转矢量**。设时刻 $t=0$，矢量的矢端在位置 A_0，且与 Ox 轴之间的夹角为 φ。经过时间 t，矢量沿逆时针方向转过 ωt 的角度，此时它的矢端在位置 A，且与 x 轴之间的夹角为 $\omega t+\varphi$。由图可见，矢量在 x 轴上的投影为 $x=A\cos(\omega t+\varphi)$①，与简谐振动方程相同。也就是说，简谐振动是矢量的矢端在 x 轴上的投影点 P 的运动。当矢量以角速度 ω 旋转一周时，相当于物体完成了一次全振动。投影点 P 沿 x 轴方向的速度等于作匀速圆周运动物体在 A 点速度矢量沿 x 轴的分量[图 7-2-2(a)]，作匀速圆周运动的物体的速度数值为定值，大小为 $v_{\mathrm{m}}=\omega A$（见上册1.2 节），可以得出投影点 P 的速度为

$$v_x=-v_{\mathrm{m}}\sin(\omega t+\varphi)=-\omega A\sin(\omega t+\varphi)$$

投影点 P 沿 x 轴方向的加速度等于作匀速圆周运动物体在 A 点加速度矢量沿 x 轴的分量[图 7-2-2(b)]，作匀速圆周运动的物体的加速度数值同样为定值，大小为 $a_{\mathrm{n}}=\omega^2 A$（见上册 1.2 节），可以得出投影点 P 的加速度为

$$a_x=-a_{\mathrm{n}}\cos(\omega t+\varphi)=-\omega^2 A\cos(\omega t+\varphi)$$

上面两式与谐振子的速度公式式(7-1-5)和加速度公式式(7-1-6)完全相同。

① 矢量既可以在 x 轴上投影 $x=A\cos(\omega t+\varphi)$，也可以在 y 轴上投影 $y=A\sin(\omega t+\varphi)$，为了对应简谐振动方程，本书采用在 x 轴上投影。

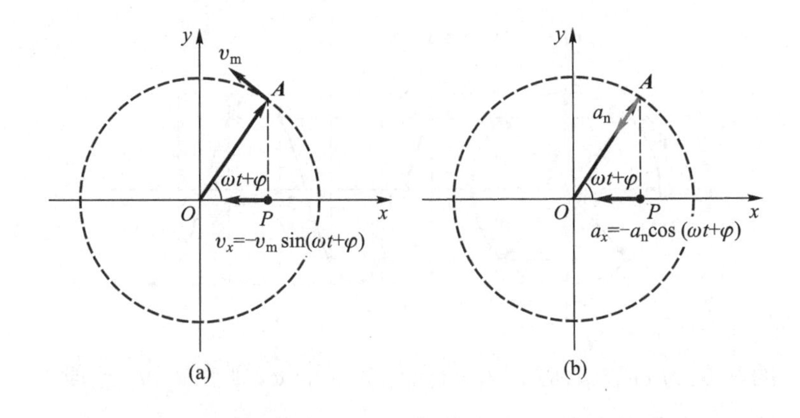

图 7-2-2 旋转矢量图中 x 轴方向的速度和加速度

教学视频 旋转矢量法

需要注意的是,旋转矢量本身并不作简谐振动,本章只是利用旋转矢量端点在 x 轴上投影点的运动特点,形象地展示了简谐振动的规律。下面通过旋转矢量法来描绘某一简谐振动的位移-时间($x-t$)曲线,即振动曲线。以简谐振动 $x=2\cos\left(\frac{\pi}{2}t+\frac{\pi}{4}\right)$(m)为例,如图 7-2-3 所示,沿竖直方向作旋转矢量的 x 轴,且正方向向上,则可以在其右侧描绘出简谐振动的 $x-t$ 曲线。当 $t=0$ 时,矢量与 x 轴之间的夹角为初相 $\varphi=\frac{\pi}{4}$,在 x 轴上的投影为 $x=\frac{\sqrt{2}}{2}A=\sqrt{2}$ m,接下来矢量沿逆时针旋转,此时物体向 x 轴负方向运动。经过$t=\frac{1}{2}$ s 时,矢量与 x 轴之间的夹角为初相 $\varphi=\frac{\pi}{2}$,在 x 轴上的投影为 0,此时物体处于平衡位置,并继续向 x 轴负方向运动……这样经过一个周期(图 7-2-3 中为 4 s),物体完成一次全振动,相位改变 2π 后,物体又将进行重复的振动。通过以上分析,我们可以发现通过旋转矢量图可以非常简便地绘制出一条直观的简谐振动曲线。

相反,已知振动曲线,我们也可以通过旋转矢量确定各时刻物体的振动相位(旋转矢量与 x 轴之间的夹角)。对同一简谐振动,研究物体在一段时间内的运动状态的改变,即对应振动状态的相位变化,设作简谐振动的物体在时刻 t_2

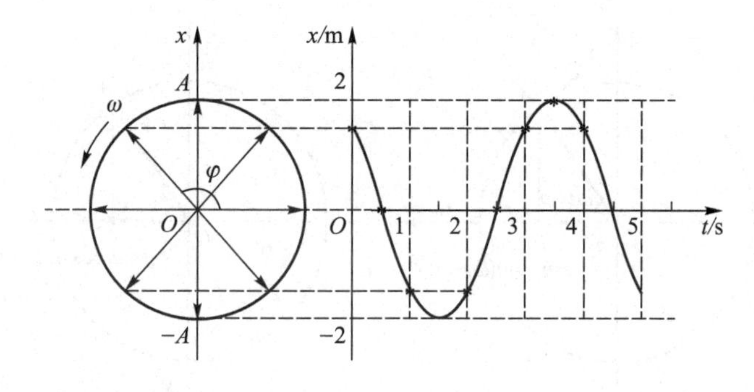

图 7-2-3　旋转矢量图与简谐振动 x-t 曲线的对应关系

的相位为 $\omega t_2+\varphi$，时刻 t_1 的相位为 $\omega t_1+\varphi$，则在 t_2-t_1 这段时间内，简谐振动相位的变化用 $\Delta\varphi$ 表示为

$$\Delta\varphi=(\omega t_2+\varphi)-(\omega t_1+\varphi)=\omega\Delta t \tag{7-2-1}$$

上式称为**相位差**。利用式(7-2-1)，可以求解简谐振动的角频率 ω 或 Δt。

对于两个同频率简谐振动，可以比较这两个简谐振动的“步调”差异。设两个同频率简谐振动的方程分别为

$$x_1=A_1\cos(\omega t+\varphi_1)$$

$$x_2=A_2\cos(\omega t+\varphi_2)$$

在同一时刻，两个简谐振动的相位差为

$$\Delta\varphi=(\omega t+\varphi_2)-(\omega t+\varphi_1)=\varphi_2-\varphi_1 \tag{7-2-2}$$

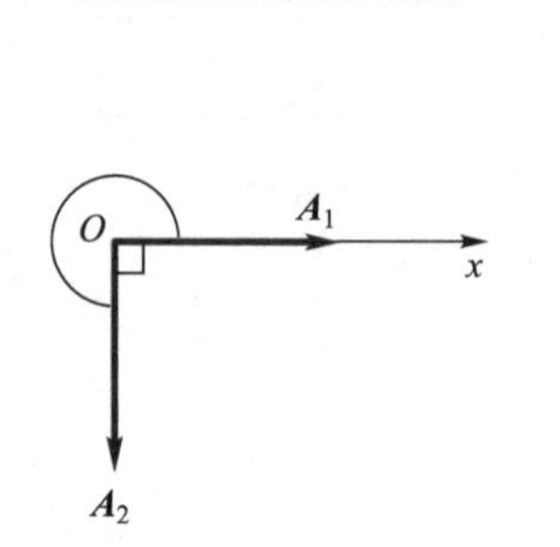

图 7-2-4　两同频率简谐振动的相位差

即在任意时刻，两个同频率简谐振动的相位差等于其**初相差**。根据 $\Delta\varphi$ 的正负，我们可以判断两个简谐振动的振动状态的**超前**或**滞后**。若 $\Delta\varphi>0$，我们通常说 x_2 振动**超前** x_1 振动 $\Delta\varphi$，或者 x_1 振动**滞后** x_2 振动 $\Delta\varphi$。由于简谐振动具有周期性，因此为了简便，一般取 $|\Delta\varphi|\leqslant\pi$ 的值($-\pi\leqslant\Delta\varphi\leqslant\pi$)。如图 7-2-4 所示，$\Delta\varphi$ 可以取 $\frac{3}{2}\pi$ 和 $-\frac{\pi}{2}$，我们一般不说 x_2 振动超前 x_1 振动 $\frac{3}{2}\pi$，而是说 x_2 振动**滞后** x_1 振动 $\frac{\pi}{2}$，或者 x_1 振动**超前** x_2 振动 $\frac{\pi}{2}$。

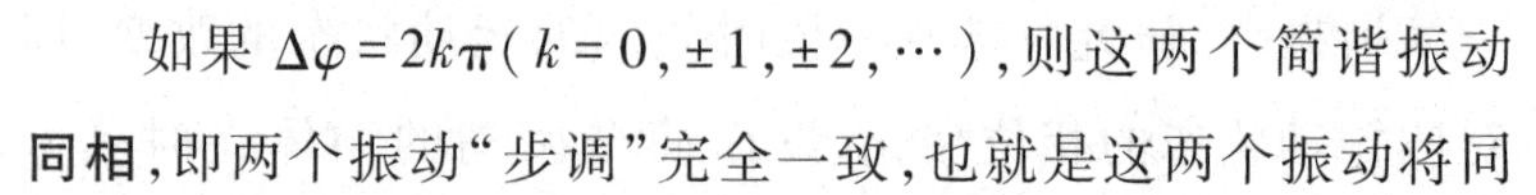

如果 $\Delta\varphi=2k\pi(k=0,\pm1,\pm2,\cdots)$，则这两个简谐振动**同相**，即两个振动“步调”完全一致，也就是这两个振动将同

时到达正的最大位移处，又同时往负方向运动，到达平衡位置，又同时到达负的最大位移处[图 7-2-5(a)]。如果 $\Delta\varphi=(2k+1)\pi(k=0,\pm1,\pm2,\cdots)$，则这两个简谐振动**反相**，即两个振动"步调"完全相反，也就是这两个振动一个到达正的最大位移处时，另一个到达负的最大位移处，然后一个向负方向运动，另一个向正方向运动，同时到达平衡位置，接下来一个继续向负方向运动到达负的最大位移处，另一个继续向正方向运动到达正的最大位移处[图 7-2-5(b)]。

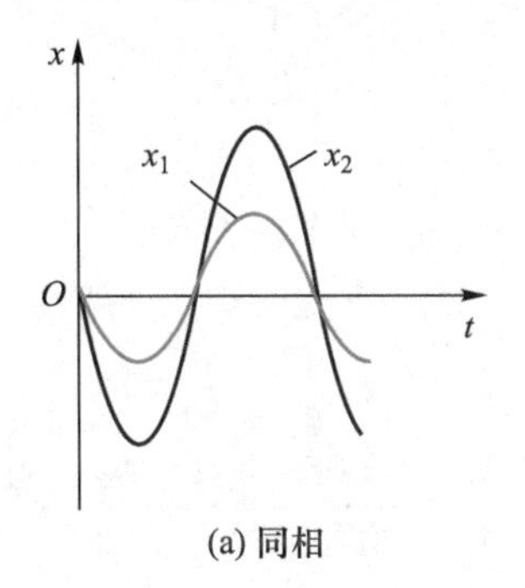

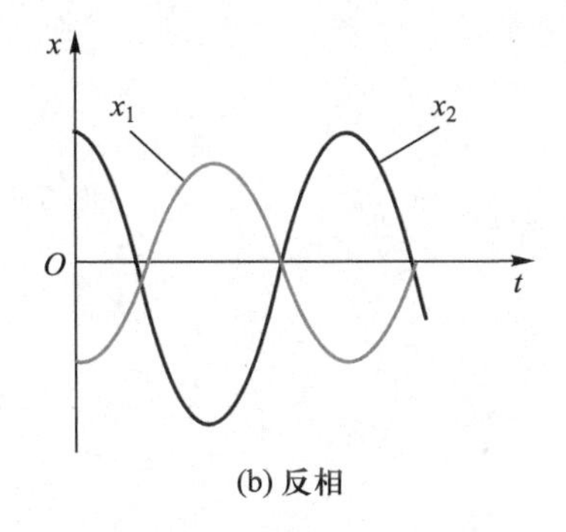

图 7-2-5 两同相和反相简谐振动 x-t 曲线

例 7-2-1

如图 7-2-6 所示，一轻弹簧的右端连着一物体作简谐振动，弹簧的弹性系数 $k=0.72\ \mathrm{N/m}$，物体的质量 $m=20\ \mathrm{g}$。

(1) 把物体从平衡位置向右拉到 $x=0.05\ \mathrm{m}$ 处停下后再释放，求该简谐振动方程；

(2) 求物体从初始位置运动到第一次经过最大位移一半处时的速度；

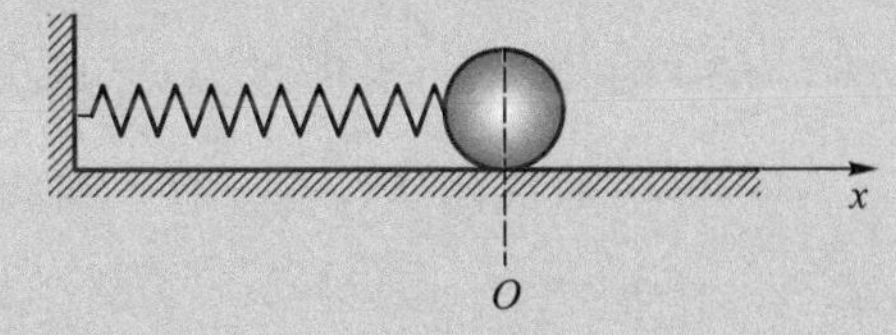

图 7-2-6 例 7-2-1 图

(3) 如果物体在 $x=0.05\ \mathrm{m}$ 处时速度不等于零，而是具有向右的初速度 $v_0=0.30\ \mathrm{m/s}$，则求其简谐振动方程。

解 (1) 根据式(7-1-2)有

$$\omega=\sqrt{\frac{k}{m}}=\sqrt{\frac{0.72}{0.02}}\ \mathrm{rad/s}=6\ \mathrm{rad/s}$$

由题意 $t=0$ 时，$x_0=0.05\ \mathrm{m}$，$v_0=0$，代入式(7-1-11)，可得

$$A=\sqrt{x_0^2+\frac{v_0^2}{\omega^2}}=x_0=0.05\ \mathrm{m}$$

作旋转矢量图 7-2-7，从图中可知，$t=0$ 时应取

$$\varphi=0$$

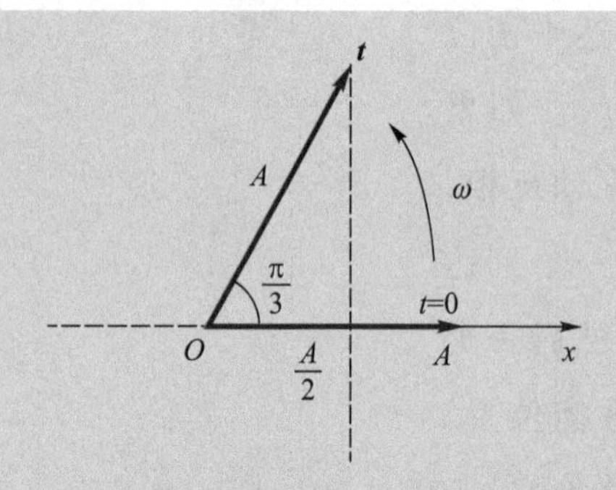

图 7-2-7　旋转矢量图

由此可得简谐振动方程为

$$x=0.05\cos(6.0t)\,(\mathrm{m})$$

(2) 由题意可知 $x=\dfrac{A}{2}$，从旋转矢量图 7-2-7 中可以看出

$$\omega t=\frac{\pi}{3}$$

由式(7-1-5)可得

$$v=-\omega A\sin\omega t=-6\times0.05\times\sin\frac{\pi}{3}\ \mathrm{m/s}\approx-0.26\ \mathrm{m/s}$$

负号表示此刻速度沿 x 轴负方向。

(3) 由题意 $t=0$ 时，$x_0=0.05\ \mathrm{m}$，$v_0=0.30\ \mathrm{m/s}$，代入式(7-1-11)，可得

$$A'=\sqrt{x_0^2+\frac{v_0^2}{\omega^2}}\approx0.070\ 7\ \mathrm{m}$$

初始时刻，物体 $x_0>0$，$v_0>0$，简谐振动的初相应在第四象限，作旋转矢量图 7-2-8。

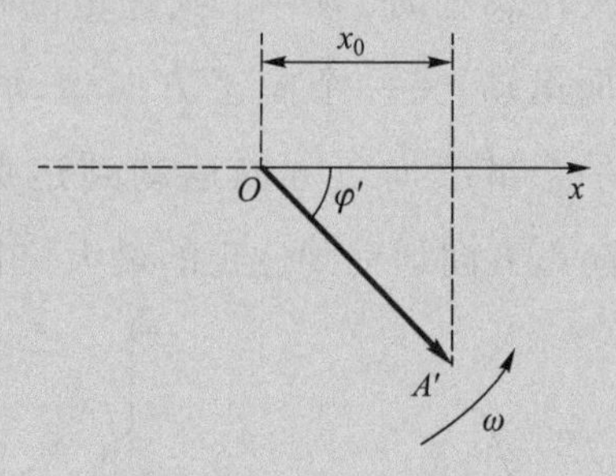

图 7-2-8　旋转矢量图

得

$$\cos\varphi'=\frac{x_0}{A'}=\frac{0.05}{0.070\ 7}\approx\frac{1}{\sqrt{2}}$$

故

$$\varphi'=-\frac{\pi}{4}$$

所以简谐振动方程为

$$x=0.070\ 7\cos\left(6.0t-\frac{\pi}{4}\right)(\mathrm{m})$$

7.3　简谐振动的能量

以弹簧振子为例，从能量的角度考虑，我们对简谐振动进行更多的研究。图 7-1-1 中弹簧末端连接一物体，弹性力是作用在物体上的唯一水平力，这个理想弹簧的弹性力

为保守力，在竖直方向的力不做功，所以系统的总机械能守恒。设某一时刻，物体的位移为 x，速度为 v，则谐振子系统的势能和动能分别为

$$E_p=\frac{1}{2}kx^2=\frac{1}{2}kA^2\cos^2(\omega t+\varphi) \qquad (7-3-1)$$

$$E_k=\frac{1}{2}mv^2=\frac{1}{2}m\omega^2A^2\sin^2(\omega t+\varphi) \qquad (7-3-2)$$

式(7-3-1)和式(7-3-2)表明弹簧振子的势能和动能是按余弦或正弦函数的平方随时间变化的。图 7-3-1 所示为 $\varphi=0$ 时，弹簧振子的动能、势能和总能量随时间变化的曲线。从图中可以看出，弹簧振子的动能和势能随时间 t 作周期性的变化。由于没有非保守力做功，所以总的机械能 $E=E_k+E_p=$常量。当物体运动到 $x=A$（或 $-A$）时，物体静止，动能为零，能量全部为势能，$E=E_p=\frac{1}{2}kA^2$；当物体位移为零时，势能为零，能量全部为动能。因为 E 是常量，所以物体在任意位置的机械能也为 $\frac{1}{2}kA^2$。势能最大时，动能最小；动能最大时，势能最小。简谐振动过程是动能和势能相互转化的过程。

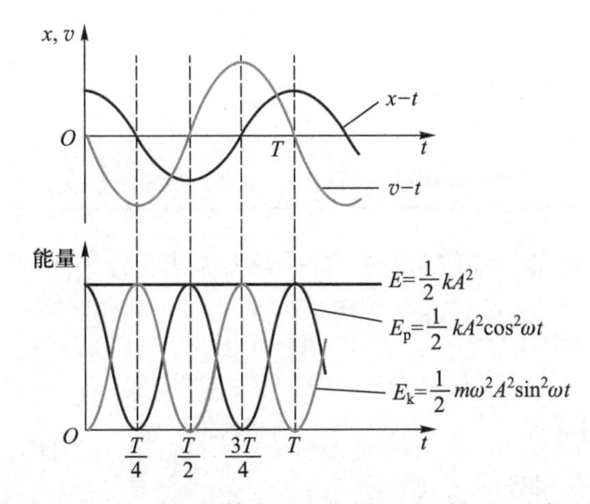

图 7-3-1 弹簧振子的能量和时间关系曲线

我们可以对上述弹簧振子总能量的结论进行验证。

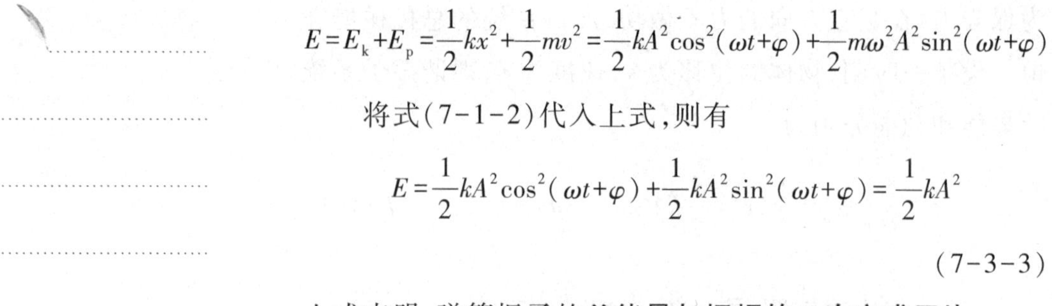

$$E=E_k+E_p=\frac{1}{2}kx^2+\frac{1}{2}mv^2=\frac{1}{2}kA^2\cos^2(\omega t+\varphi)+\frac{1}{2}m\omega^2A^2\sin^2(\omega t+\varphi)$$

将式(7-1-2)代入上式,则有

$$E=\frac{1}{2}kA^2\cos^2(\omega t+\varphi)+\frac{1}{2}kA^2\sin^2(\omega t+\varphi)=\frac{1}{2}kA^2 \tag{7-3-3}$$

上式表明,弹簧振子的**总能量与振幅的二次方成正比**。

近代物理中,常采用图 7-3-2 所示的弹簧振子势能曲线研究微观粒子的运动。曲线 BOC 表示势能 E_p 随位移 x 的变化关系,水平 E 线表示物体在各个振动位移处的总能量,为常量,即物体在任意位移 x 处的动能 E_k 等于总能量 E 和势能 E_p 之差。从图中可以看出,如果 x 大于 A 或小于 $-A$,势能 E_p 将大于总能量 E,此处动能 E_k 将为负值。但是 E_k 不可能为负值,所以 x 不可能大于 A 或小于 $-A$。

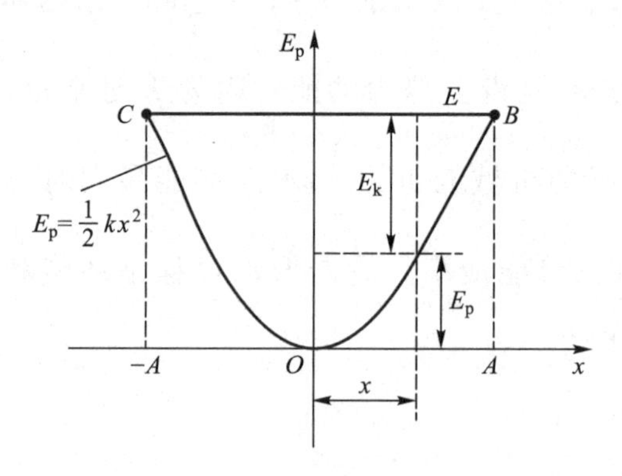

图 7-3-2 简谐振动势能曲线

例 7-3-1

一个质量为 0.1 kg 的物体,以 0.01 m 的振幅作简谐振动,其最大加速度为 0.04 m/s^2,求:

(1) 振动的周期;

(2) 总能量;

(3) 物体在何处时动能与势能相等?

(4) 位移等于振幅的一半时,动能和势能之比。

解 (1) 因为 $a_{max}=A\omega^2$

所以 $\omega=\sqrt{\dfrac{a_{max}}{A}}=\sqrt{\dfrac{0.04}{0.01}}\ \text{rad/s}=2\ \text{rad/s}$

则 $T=\dfrac{2\pi}{\omega}=\dfrac{2\pi}{2}\ \text{s}=3.14\ \text{s}$

(2) 由式(7-3-3)得

$$E=\frac{1}{2}kA^2=\frac{1}{2}m\omega^2A^2=\frac{1}{2}\times0.1\times2^2\times0.01^2\ \text{J}=2\times10^{-5}\ \text{J}$$

(3) 当 $E_k=E_p$ 时,$E_p=\dfrac{1}{2}E=1\times10^{-5}\ \text{J}$,

由 $E_p=\dfrac{1}{2}kx^2$,得

$$x=\pm\sqrt{\frac{E}{k}}=\pm\sqrt{\frac{E}{m\omega^2}}=\pm\sqrt{\frac{2\times10^{-5}}{0.1\times2^2}}\ \text{m}$$

$$\approx\pm7.07\times10^{-3}\ \text{m}$$

(4) 当 $x=\dfrac{A}{2}$时,得

$$E_p=\frac{1}{2}kx^2=\frac{1}{2}k\left(\frac{A}{2}\right)^2=\frac{1}{8}kA^2$$

$$E_k=E-E_p=\frac{1}{2}kA^2-\frac{1}{8}kA^2=\frac{3}{8}kA^2$$

所以 $\dfrac{E_k}{E_p}=3$

7.4 单摆和复摆

7.4.1 单摆

如图 7-4-1 所示,一根无质量、不可伸长的细线的一端固定在 A 点,另一端悬挂一体积很小、质量为 m 的物体。静止时物体处于竖直位置 O 点,此时,物体所受的合外力为零,O 点为平衡位置。把物体略微拉离竖直平衡位置一侧释放,物体会在平衡位置附近往复运动。这一振动系统叫**单摆**。通常把物体称为**摆锤**,细线称为**摆线**。生活中,起重机缆索上的破碎球或者荡秋千的人,都可以看作单摆。

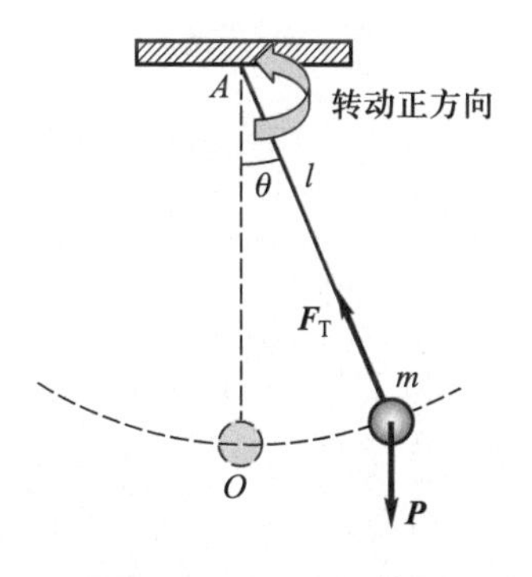

图 7-4-1 理想单摆

设摆线长度为 l,某一时刻,偏离竖直线的角位移为 θ。规定摆锤相对平衡位置向右转动的角位移 θ 为正,向左转动的角位移 θ 为负,则物体所受重力 $\boldsymbol{P}$ 对 A 点的力矩为

$M=-mgl\sin\theta$，式中负号表示力矩方向与转动正方向相反。拉力 $\boldsymbol{F}_{\mathrm{T}}$ 过转轴，所以对 A 点的力矩为零。如果 θ 角很小（θ 小于 5°），$\sin\theta\approx\theta$（以弧度度量），则摆锤所受力矩为

$$M=-mgl\theta$$

根据转动定律 $M=J\dfrac{\mathrm{d}^2\theta}{\mathrm{d}t^2}$，代入上式，可得单摆的角加速度为

$$\frac{\mathrm{d}^2\theta}{\mathrm{d}t^2}=-\frac{mgl}{J}\theta \qquad (7-4-1)$$

根据转动惯量 J 的定义，摆锤对 A 点的转动惯量为 $J=ml^2$，代入上式得

$$\frac{\mathrm{d}^2\theta}{\mathrm{d}t^2}=-\frac{g}{l}\theta \qquad (7-4-2)$$

上式表明，在角位移 θ 很小时，单摆的角加速度正比于角位移，且方向相反，式（7-4-2）与式（7-1-3b）形式完全一样，由此可得单摆的运动为简谐振动。

比较式（7-4-2）与式（7-1-3b），可得单摆的角频率 ω 为

$$\omega=\sqrt{\frac{g}{l}} \qquad (7-4-3)$$

单摆的周期 T 和频率 ν 分别为

$$T=\frac{2\pi}{\omega}=2\pi\sqrt{\frac{l}{g}} \qquad (7-4-4)$$

$$\nu=\frac{1}{T}=\frac{1}{2\pi}\sqrt{\frac{g}{l}} \qquad (7-4-5)$$

上述这些物理量公式并不包含摆锤的质量 m，只与摆线长度 l 和重力加速度 g 有关。摆线长度越长，单摆的周期就越长。重力加速度增大，单摆的频率增加，周期减小。通过测量单摆的周期，利用式（7-4-4）可以确定该地点的重

力加速度，图 7-4-2 为 2013 年 6 月 20 日，我国航天员正在“神舟”十号飞船上做太空单摆实验。

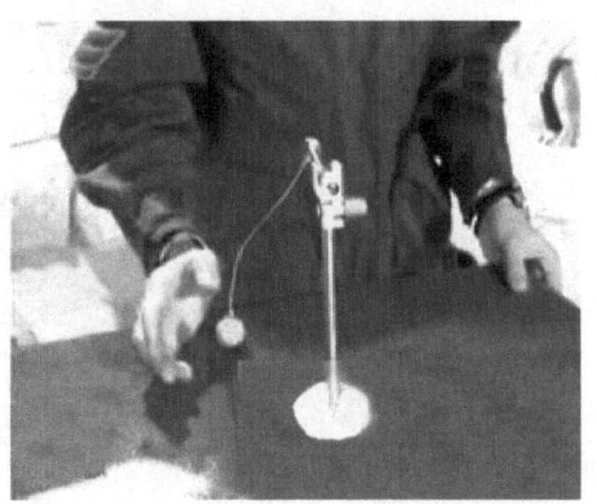

图 7-4-2　太空单摆实验

需要强调的是，单摆的摆动是近似的简谐振动，当摆动振幅较大时，其摆动就不能再被看作简谐振动。生活中常见的钟摆，其振幅很小，因此钟摆的周期几乎和振幅没有关系。随着时间的流逝，尽管钟摆的摆动振幅会慢慢减小，但是减量极小，其时钟仍然非常准确。

动画　蛇摆

7.4.2 复摆

动画　惠更斯等时摆

一质量为 m 的任意形状的物体，可绕通过其自身某固定 O 点的水平轴无摩擦转动，如图 7-4-3 所示。把物体略微拉离平衡位置一侧释放，物体将绕固定轴作微小的自由摆动，这一系统叫**复摆**，又称为**物理摆**。与简单的单摆模型不同，复摆是使用有形物体的真实摆。

设复摆对通过 O 点转轴的转动惯量为 J，复摆质心 C 到 O 点的距离为 l。当复摆处于平衡位置时，质心 C 在轴的正下方。规定复摆相对平衡位置向右转动角位移 θ 为正，向左转动角位移 θ 为负。当物体偏离平衡位置 θ 角时（图 7-4-3），该时刻复摆受到的重力矩为 $M=-mgl\sin\theta$，如果 θ 角很小，$\sin\theta\approx\theta$（以弧度度量），则 $M=-mgl\theta$，若不计空

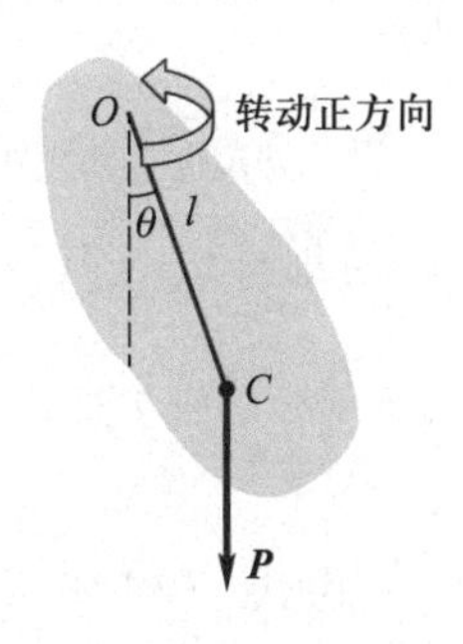

图 7-4-3　复摆

气阻力,由转动定律可得

$$\frac{d^2\theta}{dt^2}=-\frac{mgl}{J}\theta \tag{7-4-6}$$

比较式(7-4-6)与式(7-1-3b),可得复摆作小角度运动时,可近似为简谐振动,其角频率 ω 和周期 T 分别为

$$\omega=\sqrt{\frac{mgl}{J}} \tag{7-4-7}$$

$$T=2\pi\sqrt{\frac{J}{mgl}} \tag{7-4-8}$$

式(7-4-8)是一种确定复杂形状物体转动惯量的常用实验方法。其步骤为,首先通过平衡确定物体的质心;然后将物体悬挂起来,使其绕轴转动,在振幅较小的情况下测量复摆的周期 T;最后测量出质心与该轴的距离 l,利用式(7-4-8)计算物体的转动惯量。有趣的是在生物学中,研究人员就是通过这种方法测量出动物的转动惯量,从而分析出动物是如何行走的。例如观众在电影中看到的恐龙的行走姿态,它的步数都可以通过这种方法计算出来。

例 7-4-1

一长度为 L 的均匀细杆,当细杆绕过其一端的轴转动时,求细杆作为一个复摆的周期。

解 设细杆的质量为 m,上册 3.2 节中给出均匀细杆绕过其一端转轴的转动惯量为 $J=\frac{1}{3}mL^2$,转轴到细杆质心的距离为 $d=\frac{L}{2}$,由式(7-4-8),可得

$$T=2\pi\sqrt{\frac{J}{mgd}}=2\pi\sqrt{\frac{\frac{1}{3}mL^2}{mg\frac{L}{2}}}=2\pi\sqrt{\frac{2L}{3g}}$$

*7.5 阻尼振动 受迫振动 共振

7.5.1 阻尼振动

前面我们讨论的简谐振动是一种理想化的振动，振动系统没有摩擦，系统总机械能守恒。系统一旦振动起来，就会一直持续下去，振幅不会减小。然而现实世界中振动系统总要受到阻力的作用，由于需要克服阻力做功，因此振动会随着时间流逝而消失。如生活中常见的钟，任其自由摆动，最终它会由于空气阻力和悬挂处的摩擦力而停止。这**种振幅随时间而减小的振动称为阻尼振动**。

接下来，我们以摩擦阻力正比于振动物体速度的弹簧振子为例，分析阻尼振动。这种情况发生在物体以不太大的速率在黏性介质中运动过程中，物体受到的摩擦阻力为

$$F_r = -bv$$

式中 b 是描述阻尼力强度的常量，称为**阻力系数**，其数值与物体形状、大小及介质的性质有关，负号表明力与速度的方向相反。对于弹簧振子，物体受到的合力为

$$F = -kx - bv$$

由牛顿第二定律可得

$$-kx - bv = ma$$

或

$$m\frac{d^2x}{dt^2} + b\frac{dx}{dt} + kx = 0 \tag{7-5-1a}$$

对于给定的振动系统，m、k、b 为常量。令 $\frac{k}{m} = \omega_0^2$，$\frac{b}{m} = 2\beta$，则上式可以写成

$$\frac{d^2x}{dt^2} + 2\beta\frac{dx}{dt} + \omega_0^2 x = 0 \tag{7-5-1b}$$

式中 $\omega_0=\sqrt{\dfrac{k}{m}}$ 为振动系统的固有角频率，由系统本身的性质决定；β 为**阻尼系数**，对于给定振动系统，其大小由阻力系数 b 决定。式(7-5-1b)为二阶常系数齐次线性微分方程，通解为

$$x=c_1\mathrm{e}^{-(\beta-\sqrt{\beta^2-\omega_0^2})t}+c_2\mathrm{e}^{-(\beta+\sqrt{\beta^2-\omega_0^2})t} \tag{7-5-2}$$

式中 c_1 和 c_2 是积分常量，由初始条件决定。

当阻尼系数较小，即 $\beta^2<\omega_0^2$ 时，这种情况称为**欠阻尼**。式(7-5-2)可写成

$$x=A\mathrm{e}^{-\beta t}\cos(\omega t+\varphi) \tag{7-5-3}$$

式中振动频率 $\omega=\sqrt{\omega_0^2-\beta^2}$，$A$、$\varphi$ 为常量，由振动系统初始条件决定。式(7-5-3)描述的振动与无阻尼时不同。振幅 $A\mathrm{e}^{-\beta t}$ 不是常量，是随着时间而稳定减小的一个变量。β 值越大，振幅衰减越快。图 7-5-1 所示为 $\varphi=0$ 时，振幅为 $A\mathrm{e}^{-\beta t}$，角频率为 ω 的振动曲线。

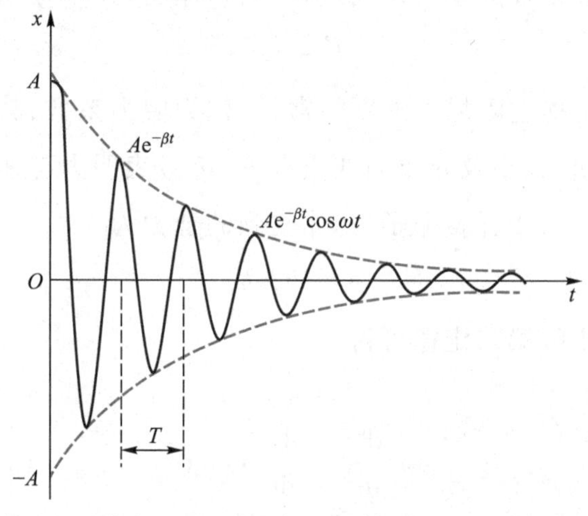

图 7-5-1 欠阻尼振动位移随时间变化的关系曲线

图中可以看出，阻尼振动不是简谐振动，但在小阻尼的情况下，可以近似看成是一种振幅逐渐减小的简谐振动，且振动周期 $T=\dfrac{2\pi}{\omega}=\dfrac{2\pi}{\sqrt{\omega_0^2-\beta^2}}$ 小于无阻尼简谐振动周期。

当 ω 变为零，即 $\beta^2=\omega_0^2$ 时，这种情况称为**临界阻尼**。物体不作往复振动，而是较快地回到平衡位置静止下来。

当阻尼很大，即 $\beta^2>\omega_0^2$ 时，这种情况称为**过阻尼**。式(7-5-2)为过阻尼振动方程，此时物体也不作往复振动，但回到平衡位置要比临界阻尼缓很多。图 7-5-2 分别给出了 $\varphi=0$ 时，上述三种振动的位移随时间变化的关系曲线。

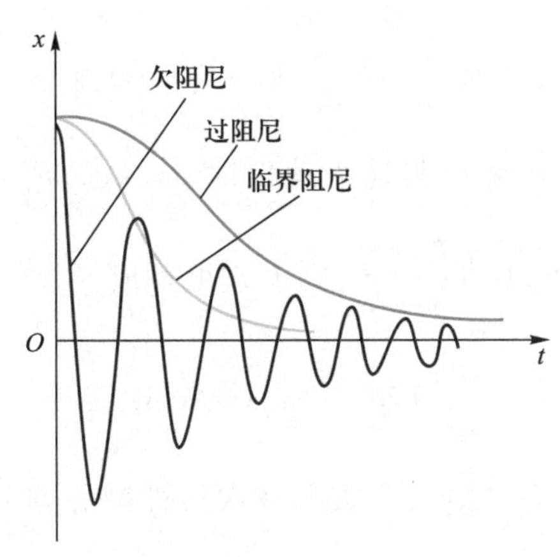

图 7-5-2 三种阻尼振动比较

生活中，人们可以根据实际需求，改变阻尼的大小来调节系统的振动。例如音叉或吉他弦的振动，通常是尽可能减小阻尼。而在汽车中，减震器则必不可少，它提供了一个与速度相关的阻尼力，使汽车在越过障碍时不会一直振动。另一方面，减震器提供的阻尼力又不能过大。如果阻尼过大，就会使得汽车在越过第一个障碍后立即遇到第二个障碍时，减震器中悬挂的弹簧由于第一次碰撞后正处于压缩状态，就不能完全吸收第二次的冲击了。最佳的情况是减震系统处于临界阻尼或略微欠阻尼状态。

7.5.2 受迫振动

阻尼振动系统任其自由振动，最终振动会停下来。若要振动持续不断地进行，我们可以对系统施加一个以一定周期或频率随时间周期性变化的外力，来保持其振动的振幅不变。**系统在周期性外力作用下进行的振动**，称为**受迫振动**。小孩在公园荡秋千时，如果想保持一定幅度摆动，就需要大人每一周推一下。这个周期性的外力称作**驱动力**。

设一弹簧振子在阻力 $-bv$ 和周期性外力 $F_m\cos\omega_p t$ 的作用下作受迫振动，其中 F_m 为驱动力的最大值，ω_p 为驱动力的角频率，由牛顿第二定律可得

$$-kx-bv+F_m\cos\omega_p t=ma$$

或

$$m\frac{d^2x}{dt^2}+b\frac{dx}{dt}+kx=F_m\cos\omega_p t \tag{7-5-4a}$$

当系统、环境和驱动力确定时，m、k、b、F_m、ω_p 为常量。令 $\frac{k}{m}=\omega_0^2$，$\frac{b}{m}=2\beta$ 和 $\frac{F_m}{m}=F$，则上式可写成

$$\frac{d^2x}{dt^2}+2\beta\frac{dx}{dt}+\omega_0^2x=F\cos\omega_p t \tag{7-5-4b}$$

式(7-5-4b)为二阶常系数非齐次线性微分方程，通解为

$$x=A_0e^{-\beta t}\cos(\omega t+\varphi)+A\cos(\omega_p t+\psi) \tag{7-5-5}$$

即受迫振动是由阻尼振动 $A_0e^{-\beta t}\cos(\omega t+\varphi)$ 和简谐振动 $A\cos(\omega_p t+\psi)$ 合成的。

实际上，开始时受迫振动比较复杂，经过不长的时间，阻尼振动很快就衰减到可以忽略不计，此时受迫振动达到稳定的状态，振动的周期(角频率)为驱动力的周期(角频率)，与系统固有周期(频率)没有关系，振动的振幅保持稳定不变，于是受迫振动变成简谐振动，振动方程为

$$x=A\cos(\omega_p t+\psi) \tag{7-5-6}$$

式中振动的频率为驱动力的角频率 ω_p，振幅 A 和初相 ψ 可以通过把式(7-5-6)代入式(7-5-4b)求解

$$A=\frac{F}{\sqrt{(\omega_0^2-\omega_p^2)^2+4\beta^2\omega_p^2}} \tag{7-5-7}$$

$$\tan\psi=\frac{-2\beta\omega_p}{\omega_0^2-\omega_p^2} \tag{7-5-8}$$

需要强调的是，受迫振动和弹簧振子作的自由振动都是简谐振动，但它们是有区别的。受迫振动是在驱动力的作用下而产生，而自由振动是在回复力的作用下产生；受迫振动的周期

等于驱动力的周期，而自由振动的周期等于系统的固有周期。

由式(7-5-7)可知，当 $\omega_0=\omega_p$ 时，振幅 A 在 $\omega_0=\sqrt{\frac{k}{m}}$ 附近具有峰值，且峰值正比于 $\frac{1}{b}$。阻尼越小时，峰值越大。当驱动力角频率 $\omega_p=0$ 时，可得 $A=\frac{F}{k}$。图 7-5-3 给出了受迫振动振幅 A 随驱动力角频率 ω_p 变化的关系曲线。我们在图中可以看到，当阻尼 b 较小时，振幅 A 随着 ω_p 的值接近 ω_0 时，出现一个尖锐的共振峰；当阻尼 b 较大时，振幅的峰值减小，并向低频方向移动，同时峰宽变宽；当阻尼 b 很大时，峰完全消失。

图 7-5-3　受迫振动振幅 A 随驱动力角频率 ω_p 变化的关系曲线

7.5.3 共振

对式(7-5-7)中振幅 A 的分析可知，其大小与驱动力角频率 ω_p 有很大的关系。**当驱动力角频率 ω_p 为某一定值时，受迫振动振幅达到极大，这一现象称为共振**。共振时的角频率称为**共振角频率**，用 ω_r 表示，其大小可以通过求解

视频　演示实验　共振摆

$\frac{dA}{d\omega_p}=0$ 得出，即

$$\frac{dA}{d\omega_p}=\frac{d}{d\omega_p}\left[\frac{F}{\sqrt{(\omega_0^2-\omega_p^2)^2+4\beta^2\omega_p^2}}\right]$$

$$=\frac{2\omega_p F}{[(\omega_0^2-\omega_p^2)^2+4\beta^2\omega_p^2]^{\frac{3}{2}}}(\omega_0^2-2\beta^2-\omega_p^2)=0$$

则当 $\omega_0^2-2\beta^2-\omega_p^2=0$ 时，振幅 A 为最大值，由产生共振的条件，可得

$$\omega_r=\sqrt{\omega_0^2-2\beta^2} \tag{7-5-9}$$

式(7-5-9)表明，系统的共振频率 ω_r 由系统的固有频率 ω_0 和阻尼系数 β 决定。将式(7-5-9)代入式(7-5-7)可得，系统共振时的振幅为

$$A_r=\frac{F}{2\beta\sqrt{\omega_0^2-\beta^2}} \tag{7-5-10}$$

式(7-5-10)表明，阻尼系数越小，共振角频率越接近系统固有频率，此时共振的振幅也越大(图 7-5-3)。

共振现象在生活中随处可见，它既有益也有害。例如，人们可以通过收音机或电视机中的调谐电路对其共振频率附近的波产生强烈感应，实现选台的目的；钢琴、小提琴等乐器可以利用共振现象使其成为一个共鸣盒，实现提高音响的效果；修建桥梁时需要把管柱插入江底作为基础，就是利用共振打桩的方法来实现的。使打桩机打击管柱的频率和管柱的固有频率一致，管柱发生共振，其周围的泥沙发生松动。这样，管柱就很容易克服泥沙的阻力，插入江底。当然我们也要防止共振给人们的生产、生活带来的危害。例如，19 世纪，一队威武的法国士兵曾经迈着整齐划一的步伐通过一座大桥，快到桥中间时，桥梁突然断裂坍塌，士兵们也纷纷落入水中。后来，许多国家规定，列队行进的士兵在过桥前，要改齐步走为便步走；还有在冰山雪峰之间，当登山队员高声讲话的声波频率等于雪层中某一部分的固有频

率时,会发生雪崩,因此登山队员通常采用打手势来传递消息;对于飞机设计师来说,要避免飞机发动机的振动频率和机翼的固有频率相等,否则会产生共振现象,导致机翼脱落。

7.6 简谐振动的合成

生活中,常会遇到一个质点同时参与几个振动的情况。例如,当两个声波同时传到某一点时,该处质点就同时参与两个振动。根据运动叠加原理,该处质点所作的振动实际上就是这两个振动的合成。通常振动的合成比较复杂,下面讨论两个简谐振动合成的几种情况,属于最简单、最基本的简谐振动的合成。

7.6.1 同方向、同频率两个简谐振动的合成

设两个角频率 ω 相同,振幅分别为 A_1 和 A_2,初相分别为 φ_1 和 φ_2,且同方向的简谐振动方程分别为

$$x_1 = A_1\cos(\omega t+\varphi_1)$$

$$x_2 = A_2\cos(\omega t+\varphi_2)$$

因为两个简谐振动方向相同,所以它们在任一时刻的合位移 x 为

$$x = x_1 + x_2$$

上式中合位移 x 可以通过旋转矢量图求出,如图 7-6-1 所示。两个分振动对应的旋转矢量分别为 $\boldsymbol{A}_1$ 和 $\boldsymbol{A}_2$,时刻 $t=0$,它们与 x 轴之间的夹角分别为 φ_1 和 φ_2,在 x 轴上的投影分别为 x_1 和 x_2。由平行四边形法则可得,合矢量 $\boldsymbol{A}$ 为

$$\boldsymbol{A} = \boldsymbol{A}_1 + \boldsymbol{A}_2$$

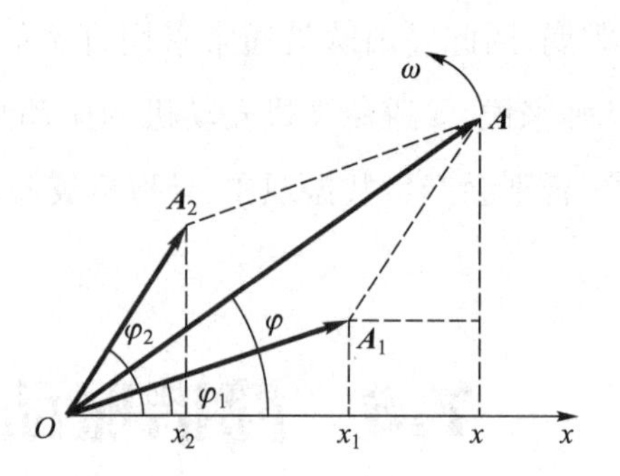

图 7-6-1 旋转矢量的合成

由于旋转矢量 $\boldsymbol{A}_1$ 和 $\boldsymbol{A}_2$ 以相同的角速度 ω 绕点 O 作逆时针旋转，所以随着时间的变化，它们之间的夹角 $\varphi_2-\varphi_1$ 保持不变。由此可得合矢量 $\boldsymbol{A}$ 的大小保持不变，且以相同的角速度 ω 绕 O 点作逆时针旋转。从图 7-6-1 可以看出，合矢量 $\boldsymbol{A}$ 为合振动对应的旋转矢量，时刻 $t=0$，矢量 $\boldsymbol{A}$ 与 x 轴之间的夹角 φ 为合振动的初相。由此可得合振动方程为

$$x=A\cos(\omega t+\varphi)$$

上式表明，**两个同方向、同频率简谐振动合成后仍为简谐振动，且角频率与分振动角频率相同**。合振动的振幅和初相分别为

$$A=\sqrt{A_1^2+A_2^2+2A_1A_2\cos(\varphi_2-\varphi_1)} \qquad (7-6-1)$$

$$\varphi=\arctan\frac{A_1\sin\varphi_1+A_2\sin\varphi_2}{A_1\cos\varphi_1+A_2\cos\varphi_2} \qquad (7-6-2)$$

式(7-6-1)表明，合振动的振幅与两个分振动的振幅以及它们的相位差有关。下面我们讨论两种特殊情况下的振幅及振动曲线：

(1) 若两个简谐振动相位差 $\Delta\varphi=\varphi_2-\varphi_1=2k\pi(k=0,\pm1,\pm2,\cdots)$，则

$$A=\sqrt{A_1^2+A_2^2+2A_1A_2}=A_1+A_2 \qquad (7-6-3)$$

当两个分振动的相位相同或相位差为 2π 的整数倍时，合振动振幅等于分振动振幅之和，即合振幅最大，这种情况称为**振动加强**，合振动方程为 $x=(A_1+A_2)\cos(\omega t+\varphi)$，式中 $\varphi=\varphi_1=\varphi_2$。图 7-6-2 为三个简谐振动的旋转矢量以及对

应的振动曲线。

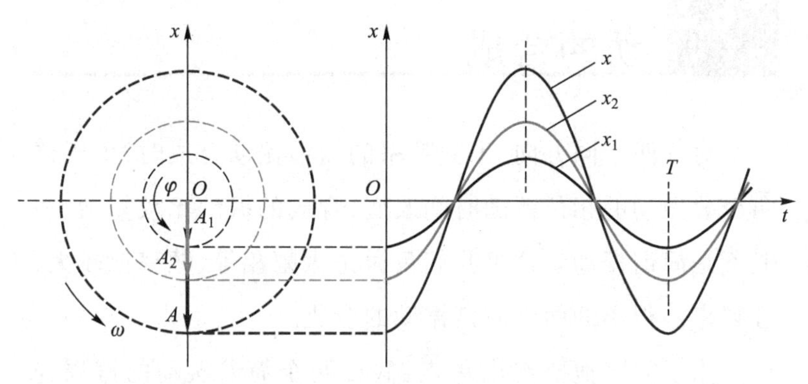

图 7-6-2　三个振动的旋转矢量图及简谐振动的振动曲线（$\varphi=\pi$），振动加强

（2）若两个简谐振动相位差 $\Delta\varphi=\varphi_2-\varphi_1=(2k+1)k\pi(k=0,\pm1,\pm2,\cdots)$，则

$$A=\sqrt{A_1^2+A_2^2+2A_1A_2}=|A_1-A_2| \qquad (7-6-4)$$

当两个分振动的相位差为 π 的整数倍时，合振动振幅等于分振动振幅之差的绝对值，即合振幅最小，这种情况称为**振动减弱**，合振动方程为 $x=|A_1-A_2|\cos(\omega t+\varphi)$。若 $A_1>A_2$，则 $\varphi=\varphi_1$；若 $A_1<A_2$，则 $\varphi=\varphi_2$。若 $A_1=A_2$，则合振动振幅等于零，说明两个分振动完全抵消。图 7-6-3 给出了 $A_1<A_2$ 情况下，三个简谐振动的旋转矢量以及对应的振动曲线。

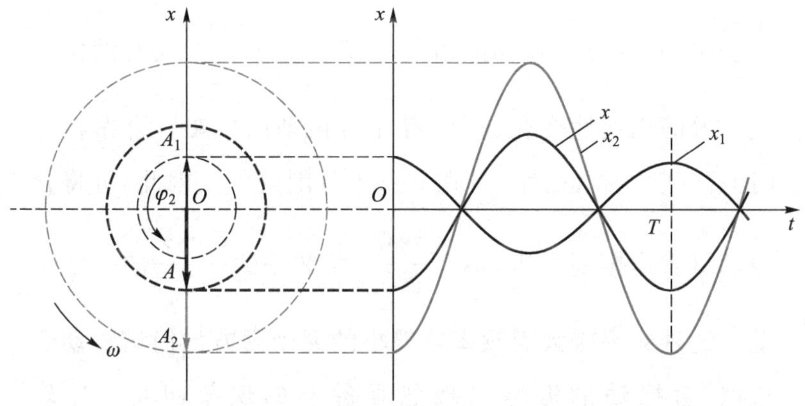

图 7-6-3　三个振动的旋转矢量图及简谐振动的振动曲线（$\varphi=\pi$），振动减弱

一般情况下，相位差并不等于上面的特殊值，合振动既不是加强，也不是减弱，因此合振幅在 A_1+A_2 和 $|A_1-A_2|$ 之间。

7.6.2 同方向、不同频率两个简谐振动的合成

对于两个同方向、不同频率的简谐振动合成时，由于这两个分振动的相位差随时间改变，合成的振动比较复杂，一般不是简谐振动。这里我们只讨论振幅相等、频率比较大，且频率差很小的两个简谐振动的合成。

为了简明扼要突出重点，假设两个简谐振动的振幅为A，初相位均为零，角频率分别为ω_1和ω_2，且$\omega_2>\omega_1$，其振动方程分别为

$$x_1=A\cos\omega_1 t,\quad x_2=A\cos\omega_2 t$$

则合振动在任意时候的位移为

$$x=x_1+x_2=A\cos\omega_1 t+A\cos\omega_2 t=2A\cos\frac{\omega_2-\omega_1}{2}t\cos\frac{\omega_2+\omega_1}{2}t \tag{7-6-5}$$

上式表明，合振动并不是简谐振动。由于两个简谐振动的频差较小，即$\omega_1\approx\omega_2$，可得$\frac{\omega_2+\omega_1}{2}\approx\omega_1\approx\omega_2$、$\omega_2-\omega_1\ll\omega_2+\omega_1$，$\frac{\omega_2+\omega_1}{2}$可以看作合振动的角频率，$2A\cos\frac{\omega_2-\omega_1}{2}t$随时间作极其缓慢的周期性变化，可以看作合振动的振幅。合振幅随时间的变化时大时小，且在$0\sim 2A$范围变化。因此，可将合振动可看作振幅为$2A\cos\frac{\omega_2-\omega_1}{2}t$，角频率为$\frac{\omega_2+\omega_1}{2}$的一个振动。这种**频率较大而频率差很小的两个同方向简谐振动合成时，合振动的振幅出现忽强忽弱的现象叫拍**。比较式(7-6-5)中两个周期变化的因子，第二个的角频率比第一个的大很多，也就是在振幅变化一个周期时间内，频率已经变化了很多个周期。合振幅变化的频率称为**拍频**，有

$$2A\cos\frac{\omega_2-\omega_1}{2}t=2A\cos\frac{\omega_2-\omega_1}{2}(t+T)=2A\cos\left(\frac{\omega_2-\omega_1}{2}t+\pi\right)$$

动画 拍的模拟

可得，合振幅变化的周期为 $T=\frac{2\pi}{\omega_2-\omega_1}$，则拍频为

$$\nu=\frac{\omega_2-\omega_1}{2\pi}=\nu_2-\nu_1 \qquad (7-6-6)$$

视频 演示实验 拍现象

即合振动的拍频为两个分振动频率之差。图 7-6-4 通过位移-时间曲线，描述了分振动频率及合振动的拍频之间的关系。

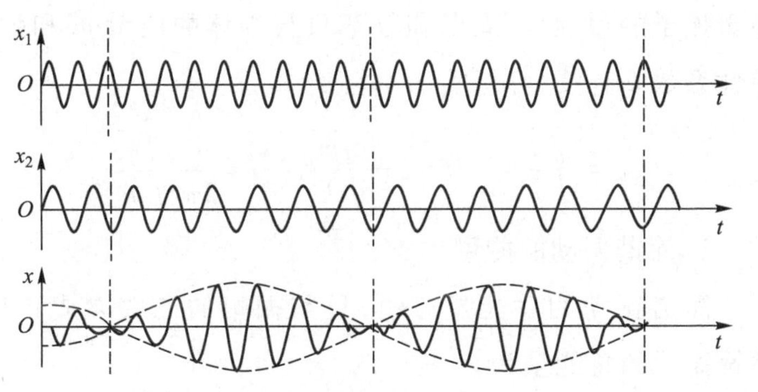

图 7-6-4 拍的形成

乐器音准的校准原理就是使其与标准音叉产生的拍音消失。此外，拍的原理在超外差式收音机中的变频器、汽车速度监视器、地面卫星跟踪等领域也得到了广泛应用。

内容小结

1. 简谐振动描述

若物体受到回复力正比于离开平衡位置的位移，则这种运动称为简谐振动。

$$F=-kx$$

其加速度和简谐振动微分方程可写成

$$a=-\omega^2x\left(\omega=\sqrt{\frac{k}{m}}\right) \text{和} \quad \frac{d^2x}{dt^2}+\omega^2x=0$$

简谐振动方程

$$x=A\cos(\omega t+\varphi)$$

振幅 A 和初相位 φ 由物体的初始位移和初始速度决定，角频率 ω 与振动系统本身的物理性质有关。周期 T 是描述物体完成一次全振动需要的时间，频率 ν 是单位时间内物体所作的完全振动的次数。角频率、周期和频率三者的关系为

$$\nu=\frac{1}{T}=\frac{\omega}{2\pi},\quad T=\frac{2\pi}{\omega}$$

弹簧振子的角频率、周期和频率只与物体的质量 m 和弹簧弹性系数 k 有关，可写成

$$\omega=\sqrt{\frac{k}{m}},\quad T=2\pi\sqrt{\frac{m}{k}},\quad \nu=\frac{1}{2\pi}\sqrt{\frac{k}{m}}$$

2. 简谐振动的能量

简谐振动的总能量守恒，且与振幅的二次方成正比。弹簧振子的总能量为

$$E=E_{\mathrm{k}}+E_{\mathrm{p}}=\frac{1}{2}kx^2+\frac{1}{2}mv^2=\frac{1}{2}m\omega^2A^2=\frac{1}{2}kA^2$$

3. 单摆和复摆

单摆由一根质量不计，长度为 l 的弦线，一端固定，另一端悬挂一个质量为 m 的物体构成。单摆作小角度运动时，近似作简谐振动，角频率、频率和周期只与 g 和 l 有关，与物体质量和振幅无关。

$$\omega=\sqrt{\frac{g}{l}},\quad T=\frac{2\pi}{\omega}=2\pi\sqrt{\frac{l}{g}},\quad \nu=\frac{1}{T}=\frac{1}{2\pi}\sqrt{\frac{g}{l}}$$

复摆由一个悬挂在转轴上、任意形状的、质量为 m 的物体构成。复摆作小角度运动时，近似作简谐振动，角频率和周期与物体质量、转轴到质心的距离 l 及物体对转轴的转动惯量 J 有关

$$\omega=\sqrt{\frac{mgl}{J}},\quad T=2\pi\sqrt{\frac{J}{mgl}}$$

4. 阻尼振动、受迫振动和共振

振幅随时间而减小的振动称为阻尼振动。当 $\beta^2<\omega_0^2(b<2\sqrt{km})$ 时,这种情况为欠阻尼,系统振动振幅逐渐衰减;当 $\beta^2=\omega_0^2(b=2\sqrt{km})$ 时,这种情况为临界阻尼,当 $\beta^2>\omega_0^2(b>2\sqrt{km})$ 时,这种情况为过阻尼,后两种情况下,系统偏离平衡位置后,都不作往复振动地返回平衡位置。

阻尼系统在周期性外力(驱动力)作用下进行的振动,称为受迫振动。当驱动力角频率 ω_p 趋近于系统的固有频率时,振幅达到最大,这种现象称为共振。

5. 简谐振动合成

(1) 同方向、同频率简谐振动的合成

两个同方向、同频率简谐振动合成后仍为简谐振动,且角频率与分振动角频率相同。合振动的振幅和初相为

$$A=\sqrt{A_1^2+A_2^2+2A_1A_2\cos(\varphi_2-\varphi_1)}$$

$$\varphi=\arctan\frac{A_1\sin\varphi_1+A_2\sin\varphi_2}{A_1\cos\varphi_1+A_2\cos\varphi_2}$$

(a) 当两个简谐振动相位差 $\Delta\varphi=\varphi_2-\varphi_1=2k\pi$ $(k=0,\pm1,\pm2,\cdots)$,合振动加强

$$A=A_1+A_2$$

(b) 当两个简谐振动相位差 $\Delta\varphi=\varphi_2-\varphi_1=(2k+1)k\pi$ $(k=0,\pm1,\pm2,\cdots)$,合振动减弱

$$A=|A_1-A_2|$$

(c) 一般情况下

$$|A_1-A_2|<A<|A_1+A_2|$$

(2) 同方向、不同频率简谐振动的合成

两个频率较大而频率差很小的同方向简谐振动合成时,合振动的振幅出现忽强忽弱的现象称为拍,其振幅随时间周期性变化,为 $2A\cos\frac{\omega_2-\omega_1}{2}t$,拍频为 $\nu=\frac{\omega_2-\omega_1}{2\pi}=\nu_2-\nu_1$。

习题 7

7-1 若简谐振动方程为 $x=6\cos\left(5t-\frac{\pi}{4}\right)$，式中 x 的单位为 cm，t 的单位为 s。求：

（1）该振动的振幅、周期、频率；

（2）$t=\pi$ s 时的位移、速度和加速度。

7-2 一水平放置的弹簧左端固定，右端与一弹簧秤相连，如习题 7-2(a) 图所示。当弹簧秤向右拉，且拉力为 6 N 时位移为 0.03 m。若用一个质量为 0.5 kg 的滑块代替弹簧秤，与弹簧相连。将滑块沿无摩擦的气垫轨道向右拉 0.02 m 后由静止释放，如习题 7-2(b) 图所示。求：

（1）弹簧的弹性系数；

（2）滑块振动的振幅、角频率、周期和初相位。

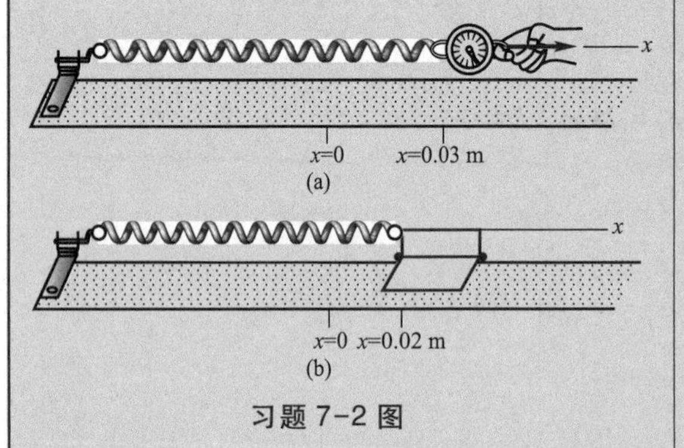

习题 7-2 图

7-3 在一弹性系数为 k 的轻弹簧下悬挂着质量分别为 m_1 和 m_2 的物体，在系统处于平衡状态下，轻轻取走小物体 m_2 并开始计时，以向上为正方向，求系统作简谐振动的运动方程。

7-4 如图所示，一弹性系数为 k 的轻弹簧，一端固定在墙上，另一端通过一个半径为 R，转动惯量为 J 的定滑轮并用细绳与一质量为 m 的物体相连。使物体略偏离平衡位置后放手，任其振动（设细绳不可伸长）。

（1）证明此物体的运动是简谐振动；

（2）计算其周期。

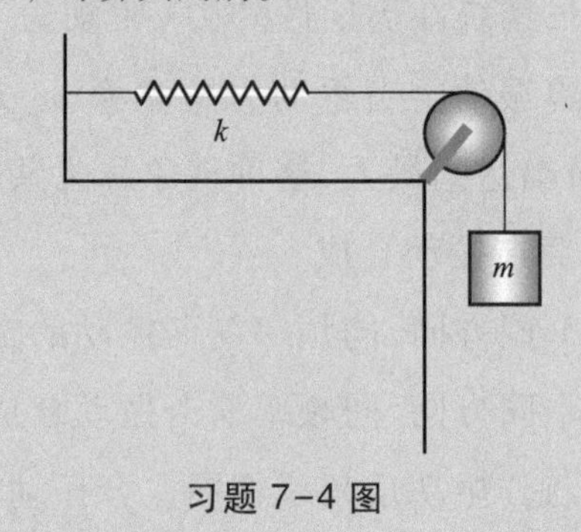

习题 7-4 图

7-5 一水平弹簧振子系统，其振幅 $A=2.0\times10^{-2}$ m、周期为 0.5 s，（1）当 $t=0$ 时，物体过 $x=1.0\times10^{-2}$ m 处，且向负方向运动。（2）当 $t=0$ 时，物体过 $x=-1.0\times10^{-2}$ m 处，且向正方向运动。求以上两种情况简谐振动的初相位及运动方程。

7-6 如图所示为一简谐振动的 $v-t$ 关系曲线，求其运动方程。

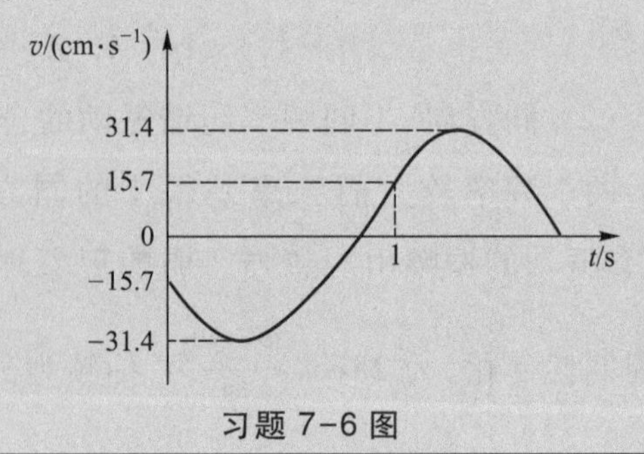

习题 7-6 图

7-7　图示为一简谐振动的 x-t 曲线，求：

（1）该简谐振动的初相位；

（2）a、b 两点对应的相位；

（3）从 $t=0$ 到达 a、b 两点相应位置所需要的时间。

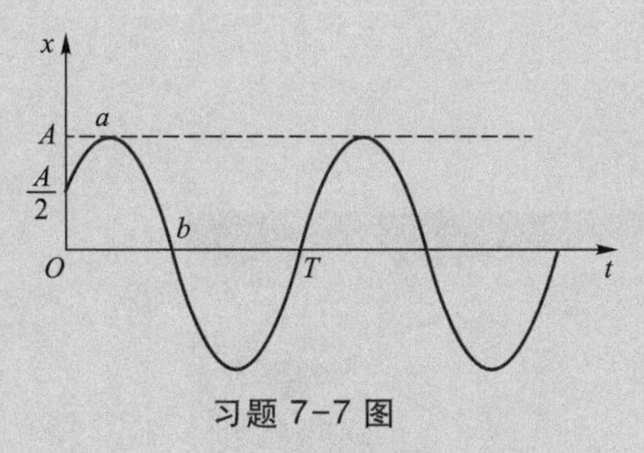

习题 7-7 图

7-8　一质量为 $m=1.27\times10^{-3}$ kg 的水平弹簧振子，其运动方程为 $x=0.2\cos\left(2\pi t+\frac{\pi}{4}\right)$（SI 单位）。求 $t=0.25$ s 时弹簧振子的位移、速度、加速度以及动能和势能。

7-9　一弹簧振子系统的弹性系数为 $k=250$ N/m，物体的质量为 $m=2.5$ kg，当物体处于平衡位置右方且向 x 轴负方向运动开始计时，此时的动能 $E_k=0.2$ J，势能 $E_p=0.6$ J。试求：

（1）初始时刻物体的位移和速度；

（2）运动方程。

7-10　如图所示，质量为 m_1 的物体与一弹性系数为 k 的弹簧相连，在光滑的水平面上作振幅为 A 的简谐振动。当物体通过平衡位置时，一质量为 m 的黏土从高处落下并黏在物体上。求：

（1）简谐振动的振幅和周期有何变化？

（2）若物体运动到最大位移处时，黏土落下并黏在物体上，振幅和周期又有何变化？

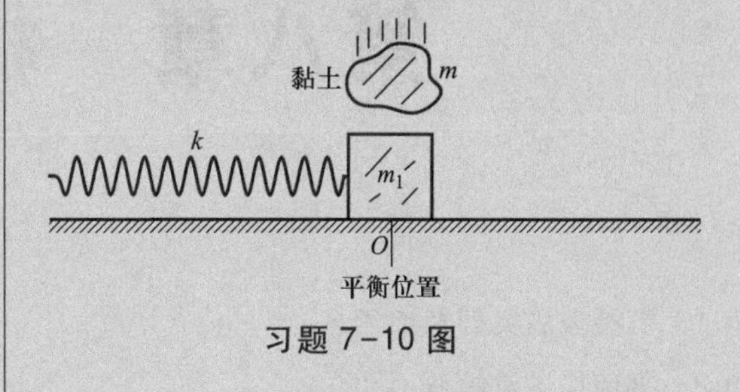

习题 7-10 图

7-11　两个同方向、同频率的简谐振动，其合振动的振幅为 20 cm。若合振动的相位与其中一个分振动的相位差为 30°，且该分振动的振幅为 17.3 cm。求：另外一个分振动的振幅以及两个分振动的相位差。

7-12　已知两个同方向、同频率的简谐振动方程分别为 $x_1=4\cos\left(2t+\frac{\pi}{6}\right)$，$x_2=3\cos\left(2t-\frac{5\pi}{6}\right)$，式中 x_1、x_2 的单位为 m，t 的单位为 s。求合振动的振幅和初相位。

7-13　已知两个同方向、同频率的简谐振动运动方程分别为 $x_1=\cos6t$，$x_2=\sqrt{3}\cos\left(6t+\frac{\pi}{2}\right)$，式中 x_1、x_2 的单位为 m，t 的单位为 s。

（1）求合振动运动方程；

（2）若有另一个同方向、同频率的简谐振动 $x_3=5\cos(6t+\varphi_3)$，式中 x_3 的单位为 m，t 的单位为 s，则问 φ_3 为多少时，x_2+x_3 的振幅最小？最小值为多少？

第八章 机 械 波

第八章 数字资源

海浪、北京天坛公园的回音壁、蝙蝠回声定位、地震引起的震颤——这些都是波动现象。波动是一种常见的物质运动形式。当一个振动系统处于弹性介质中时，振源振动将引起周围介质的振动，使其振动状态沿介质向四周传递，机械波就形成了。并非所有的波动都是机械波，电磁波就是由交变电磁场在空间的传播形成的。电磁波可以在没有介质的真空中传播。机械波和电磁波本质上是不同的，但它们都具有波动的共同特征，即它们都能产生干涉、衍射、折射和反射等现象，传播时都携带能量。本章将重点研究机械波的形成、波函数、波的能量、波的干涉、驻波和多普勒效应等。

本章内容提要

1. 掌握机械波产生的条件、传播过程的特点以及不同类型的机械波。

2. 掌握描述机械波的物理量（波长、频率、周期和波速）及各个物理量之间的关系。

3. 掌握平面简谐波波动方程的物理意义，能够建立波动方程。

4. 理解波的能量传播特征及能流、能流密度概念。

5. 理解惠更斯原理和波的叠加原理。掌握波的相干条件，能应用相位差和波程差分析、确定相干波叠加后各点振动的强度。

6. 了解弦线上驻波的特征以及多普勒效应。

8.1 机械波的类型及描述

8.1.1 机械波的形成

机械波是机械振动在弹性介质(固体、液体和气体)内的传播。机械振动振源(常称为**波源**)引起弹性介质中与其相邻的质元发生运动,离开平衡位置,导致介质发生形变。因为弹性介质内各质元之间有弹性力的作用,所以该质元将受到与它邻近质元的弹性力,并在平衡位置附近运动。根据牛顿第三定律,该邻近质元也将受到弹性力的作用在自己的平衡位置附近振动,同时还会带动更远的质元振动。这样,在弹性介质各质元之间弹性力的作用下,振动在介质中传播开来,从而形成波动。因此,机械波的形成需要两个条件:产生机械振动的振源和传播机械振动的弹性介质。

8.1.2 机械波的类型

根据质元的振动方向和波的传播方向之间的关系,可以把机械波分为横波和纵波两种,如图 8-1-1 所示。图 8-1-1(a)中的弹性介质是一根拉紧的软绳。用手握住绳的左端上下摆动时,这个摆动会沿着绳子的方向行进。绳子上各部分依次经历与绳左端相同的上下振动,但发生的时间相继推后。这种介质中质元振动方向与波的传播方向相互垂直的波,称为**横波**,绳波是典型的横波。从图 8-1-1(a)中可以看到,绳子上交替出现凸起的波峰和凹陷的波谷,这就是横波的外形特征。图 8-1-1(b)中弹性介质为一端固定的软弹簧,用手拍打软弹簧的另一端,弹簧各部分依次左右振动起来,这个振动会沿着弹簧的方向进行。弹簧中交替出现“**稀疏**”和“**稠密**”的区域。这种介质中质元的振动方向与波的传播方向相互平行的波，称为**纵波**，生活中常见的声波是典型的纵波。

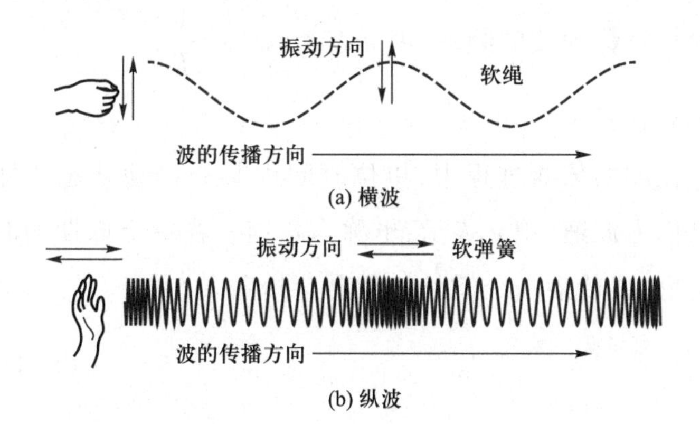

图 8-1-1 机械波

从图 8-1-1 中的两个例子可以看出，无论是横波还是纵波，弹性介质中各个质元都绕各自的平衡位置作往复运动或上下运动，介质并没有在空间穿行。由此可见，波是振动状态(振动相位)的传播。

8.1.3 描述机械波特征的物理量

波长、周期、角频率、频率和波速是描述波动的重要物理量。

1. 波长

沿波的传播方向，两个相邻的相位差为 2π 的振动质元之间的距离，称为波的**波长**，用 λ 表示，如图 8-1-2 所示，y 轴表示介质中各质元相对平衡位置 x 的位移。波长在横波中为相邻两个波峰之间或相邻两个波谷之间的距离；在纵波中为相邻两个疏部或相邻两个密部之间的距离。

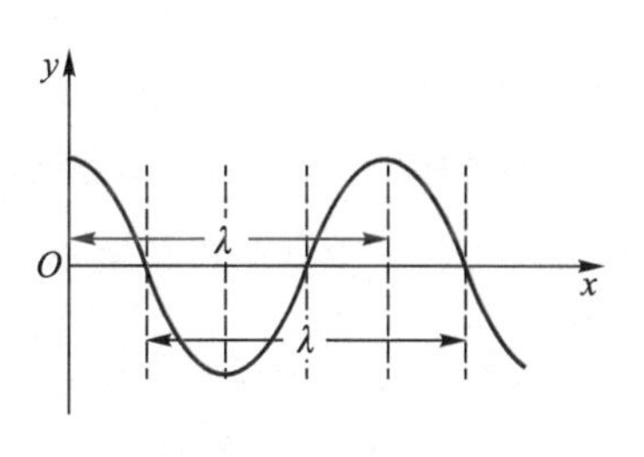

图 8-1-2 波长

2. 周期、角频率和频率

波前进一个波长的距离所需要的时间，称为**周期**，用 T 表示。由于波源完成一次全振动，波前进一个波长的距离，因此波的周期等于波源的振动周期。波的**角频率**用 ω 表示,与周期的关系为 $\omega=\frac{2\pi}{T}$。单位时间内波传播的完整波形的数目称为波的**频率**,用 ν 表示,则 $\nu=\frac{1}{T}$。

3. 波速

在波的传播过程中,单位时间内某一振动状态传播的距离称为**波速**,用 u 表示,也称为相速。在一个周期的时间间隔里,波传播一个波长的距离,则有

$$u=\frac{\lambda}{T} \tag{8-1-1}$$

或

$$u=\lambda\nu \tag{8-1-2}$$

机械波波速的大小完全由介质的性质决定,所有频率的波都以相同的波速传播。根据式(8-1-2),若波的频率增加,则传播的波长减小。

下面我们讨论几种情形下的波速,理论和实验证明:

(1) 拉紧的绳子或弦线中横波的波速为 $u=\sqrt{\frac{F_T}{\lambda}}$,其中 F_T 为绳中或弦线中的张力,λ 为线密度,且 $\lambda=\frac{m}{l}$;

(2) 均匀细棒中纵波的波速为 $u=\sqrt{\frac{E}{\rho}}$,其中 E 为棒的弹性模量,ρ 为棒的密度;

(3) 各向同性均匀固体中横波的波速为 $u=\sqrt{\frac{G}{\rho}}$,其中 G 为固体的切变模量,ρ 为固体的密度;

(4) 在液体和气体(统称流体)中,只能传播纵波,其波速为 $u=\sqrt{\frac{K}{\rho}}$,其中 K 为流体的体积模量,ρ 为流体的密度。

例 8-1-1

空气中传播的声波是纵波,且声速受温度的影响而变化。当空气温度为 20 ℃时,声速为 344 m/s。若 20 ℃时,空气中一声波的频率为 262 Hz,则求此声波的波长。

解 根据式(8-1-2)可得

$$\lambda=\frac{u}{\nu}=\frac{344\ \mathrm{m/s}}{262\ \mathrm{Hz}}=\frac{344\ \mathrm{m/s}}{262\ \mathrm{s^{-1}}}\approx 1.31\ \mathrm{m}$$

8.1.4 波线 波面 波前

为了形象地描述波的传播,我们引入波线、波面和波前的概念。沿波的传播方向作一些带箭头的线,称为**波线**。把不同波线上相位相同的点连接所构成的曲面,称为**波面**。某一时刻,由波源最初振动状态传到的各点所连成的曲面,或者传到最前面的波面,称为**波前**。任一时刻波面有任意多个,但是波前只有一个。波面是平面的波称为**平面波**,波面是球面的波称为**球面波**,如图 8-1-3 所示,画图时一般使相邻的两个波面之间的距离等于波长。在各向同性介质中,波线和波面相互垂直。

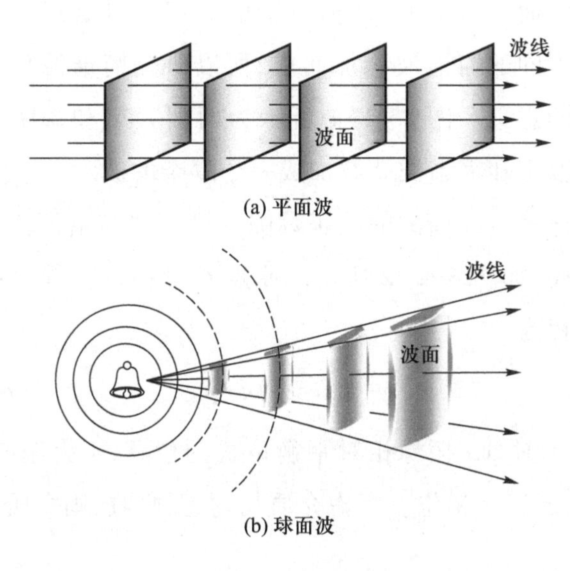

图 8-1-3 机械波的几何描述

8.2 平面简谐波的波函数

8.2.1 平面简谐波的波函数

波长、波速、周期和频率等物理量可以描述机械波的一些特征，但是我们也经常需要更详细地描述波在传播过程中，介质内各质元的运动，即用数学形式描述介质中各质元的位移随时间而变化的规律。若波沿 x 轴传播，处于平衡位置 x 处质元在任意时刻 t 的位移为 y，则 y 是 x 和 t 的函数，即 $y=y(x,t)$。我们称 $y=y(x,t)$ 为波动函数，简称**波函数**。知道了一列波的波函数，就可以用它求出任意时刻任一位置处质元离开平衡位置的位移、速度和加速度等介质的一些其他方面的信息。

常见波的波函数是比较复杂的。我们只研究一种最简单、最基本的波，即作简谐振动的波源在均匀、无吸收的介质中传播所形成的波，称为**平面简谐波**。理论和实验表明，没有一种波在传播过程中频率和振幅保持单一不变，且在空间和时间上无限延展，因此平面简谐波是一种理想化的模型。然而可以证明，任何复杂的波都可以看成是由若干个频率不同的简谐波叠加而成，所以研究简谐波仍具有特别重要的意义。图 8-2-1 所示为两列频率和振幅均不同的简谐波 1 和简谐波 2 叠加成一个复杂的波。

怎样确定简谐波的波函数呢？设一列简谐波沿 x 轴正方向传播，如图 8-2-2 所示。原点 O 处振源作简谐振动的运动方程为

$$y_O=A\cos(\omega t+\varphi) \qquad (8-2-1)$$

式中 y_O 为时刻 t 振源相对平衡位置的位移，A 为振幅，ω 为角频率，φ 为初相位。考虑介质均匀、无吸收，则介质中各质

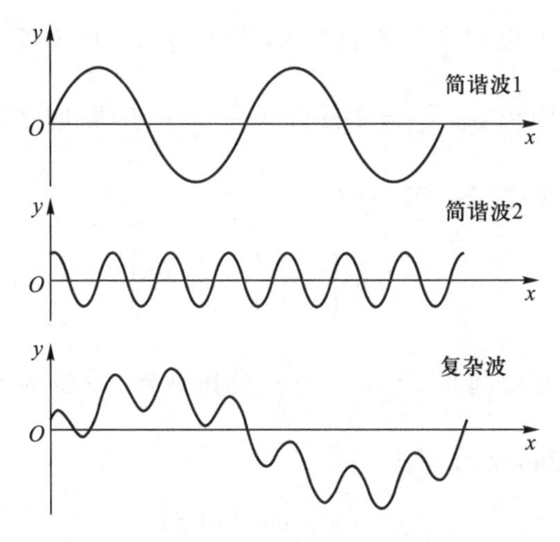

图 8-2-1 简谐波叠加成复杂的波

元作相同振幅和频率的简谐振动。振动状态经过一定时间从 O 点传播到 P 点,P 点处的质元将以相同的振幅和频率重复 O 点处振源的振动。若 P 点离 O 点的距离为 x,传播所用时间为$\dfrac{x}{u}$(其中 u 为波速),则 P 点的运动在时间上滞后 O 点的运动,换言之,P 点在时刻 t 的运动与 O 点在较早时刻,即时刻 $t-\dfrac{x}{u}$的运动是相同的。因此只需要把式(8-2-1)中的 t 用 $t-\dfrac{x}{u}$替换,就可以得到时刻 t 的 P 点的位移为

$$y_P=A\cos\left[\omega\left(t-\frac{x}{u}\right)+\varphi\right] \qquad (8-2-2a)$$

教学视频 平面简谐波

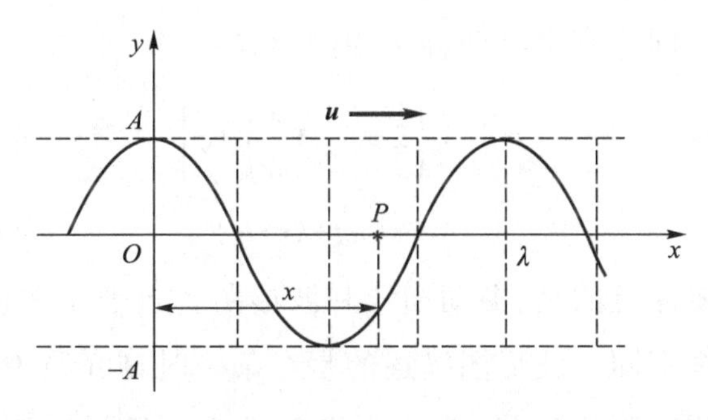

图 8-2-2 振源振动的传播

由于 P 点是在介质中任取的,上式可以用于描述 x 轴上任一质元的运动,所以式(8-2-2a)为沿 x 轴正方向传播的**平面简谐波的波函数**,也称为**平面简谐波的波动方程**。

我们可以用几种不同的形式改写式(8-2-2a)给出的波函数。因为 $\omega=\frac{2\pi}{T}=2\pi\nu$, $u=\frac{\lambda}{T}=\lambda\nu$,用周期 T 和波长 λ 表示,式(8-2-2a)可写成

$$y=A\cos\left[2\pi\left(\frac{t}{T}-\frac{x}{\lambda}\right)+\varphi\right] \qquad (8-2-2b)$$

为了方便起见,定义 $k=\frac{2\pi}{\lambda}$ 为**角波数**,单位为 rad/m,则式(8-2-2a)又可写成

$$y=A\cos(\omega t-kx+\varphi) \qquad (8-2-2c)$$

具体问题中究竟要选用哪个波函数,视问题而定。

式(8-2-2a)、式(8-2-2b)和式(8-2-2c)描述的是沿 x 轴正方向传播的波,称为**右行波**。如果波沿 x 轴负方向传播,则 P 点的运动在时间上超前 O 点的运动,换言之,P 点在时刻 t 的运动与 O 点在时刻 $t+\frac{x}{u}$ 的运动是相同的,所以只需要把式(8-2-1)中的 t 用 $t+\frac{x}{u}$ 替换,就可以得到时刻 t 的 P 点位移为

$$y=A\cos\left[\omega\left(t+\frac{x}{u}\right)+\varphi\right] \qquad (8-2-3a)$$

上式为沿 x 轴负方向传播的平面简谐波的波函数,也称为**左行波**。同样它也有两种常用的形式:

$$y=A\cos\left[2\pi\left(\frac{t}{T}+\frac{x}{\lambda}\right)+\varphi\right] \qquad (8-2-3b)$$

$$y=A\cos(\omega t+kx+\varphi) \qquad (8-2-3c)$$

需要注意的是,振动曲线和波形图看起来非常相似,但它们完全不同。波形图描述的是在某一时刻介质中质元离开平衡位置的位移,而振动曲线则描述的是某一位置处质元的位移随时间变化的关系曲线。

8.2.2 波函数的物理意义

为了理解波函数的物理意义，下面以式(8-2-2)右行波函数为例进行讨论。

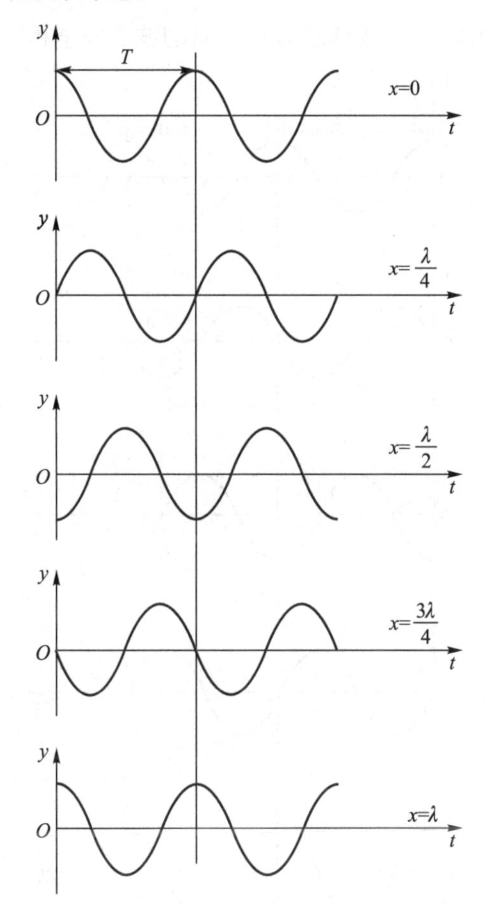

图 8-2-3 介质中各质元作简谐振动的位移-时间曲线

(1) 当 x 固定，如 $x=x_0$ 时，y 仅为时间 t 的函数。此时式(8-2-2)表示 x_0 处质元在不同时刻的位移，也就是该质元作简谐振动的运动方程。图 8-2-3 为介质中各质元作简谐振动的位移时间曲线。从这些曲线可以看出，位置相差为$\dfrac{\lambda}{4}$的质元，它们的振动相位相差$\dfrac{\pi}{2}$，且沿波的传播方向看，前方质元的振动相位相继落后于波源的相位。当质元之间位置相差 λ 时，振动状态完全相同。

(2) 当 t 固定时，y 仅为 x 的函数。此时式(8-2-2)表示 x

轴上所有质元的位移分布情况。以 y 为纵坐标,表示质元位移;x 为横坐标,表示质元的平衡位置,可得不同时刻介质中各质元波形曲线,称为**波形图**,如图 8-2-4 所示。从波形图可以看出,不同时刻的波形图不同,经过一个周期 T 的时间后,波向前传播一个波长的距离,此刻波形图与 $t=0$ 时的波形完全相同。

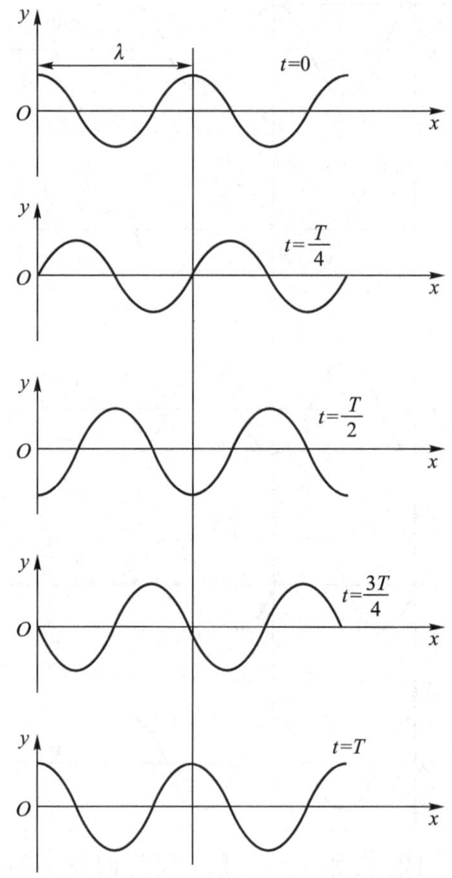

图 8-2-4 不同时刻介质中各质元波形曲线

由式(8-2-2)可得,在同一时刻,距离波源 O 分别为 x_1 和 x_2 的两质元相位为

$$\varphi_1=\omega\left(t-\frac{x_1}{u}\right)+\varphi=2\pi\left(\frac{t}{T}-\frac{x_1}{\lambda}\right)+\varphi$$

$$\varphi_2=\omega\left(t-\frac{x_2}{u}\right)+\varphi=2\pi\left(\frac{t}{T}-\frac{x_2}{\lambda}\right)+\varphi$$

相位差为

$$\Delta\varphi_{21}=\varphi_2-\varphi_1=2\pi\left(\frac{t}{T}-\frac{x_2}{\lambda}\right)-2\pi\left(\frac{t}{T}-\frac{x_1}{\lambda}\right)=2\pi\,\frac{x_1-x_2}{\lambda}$$

式中 $\Delta x_{12}=x_1-x_2$，称为**波程差**，则上式可以写成

$$\Delta\varphi_{21}=2\pi\frac{\Delta x_{12}}{\lambda} \tag{8-2-4a}$$

若 $x_2>x_1$，则 $\Delta\varphi_{21}<0$，即 $\varphi_1>\varphi_2$，说明 x_2处质元的相位滞后于 x_1处质元的相位。通常情况下，我们并不需要明确指出不同位置处质元的相位超前或滞后，因此式(8-2-4a)可以简单写成

$$\Delta\varphi=2\pi\frac{\Delta x}{\lambda} \tag{8-2-4b}$$

(3) 当 x 和 t 都变化时，波函数表示波线上所有质元的位移随时间变化的规律。图 8-2-5 所示为时刻 t 和时刻 $t+\Delta t$ 的两个波形图。从图中可以看出，时刻 t 的 x 处质元的振动状态，经过时间 Δt 传到了 $x+\Delta x$ 处，相应波形曲线沿波的传播方向移动了距离 Δx，也就是 $y(x+\Delta x,t+\Delta t)=y(x,t)$，由式(8-2-2b)可得

$$2\pi\left(\frac{t}{T}-\frac{x}{\lambda}\right)=2\pi\left(\frac{t+\Delta t}{T}-\frac{x+\Delta x}{\lambda}\right)$$

即

$$\Delta x=\frac{\lambda}{T}\Delta t=u\Delta t$$

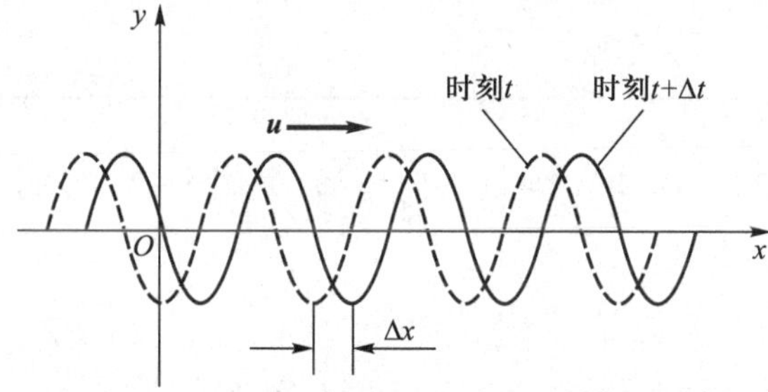

图 8-2-5 波形的传播

上述计算表明，波的传播是相位的传播，也是振源振动状态的传播，或者整个波形的传播，波速 u 是相位或者波形的传播速度，因此称为“**相速**”。当 x 和 t 都变化时，波函数描述了波的传播过程，这就是这种波也称为**行波**的原因。

行波的相速也可以用角波数描述，即

$$u=\frac{\lambda}{T}=\frac{\dfrac{\lambda}{2\pi}}{\dfrac{T}{2\pi}}=\frac{\dfrac{1}{k}}{\dfrac{1}{\omega}}=\frac{\omega}{k} \tag{8-2-5}$$

例 8-2-1

一平面简谐波，沿 x 轴负方向传播，振幅 $A=5$ m，波速为 $u=120$ m/s，波长为 60 m，以坐标原点处质元在 $y=\frac{A}{2}$ 处并向 y 轴正方向运动作为计时零点，求波动方程。

解 由题意可知

$$\omega=\frac{2\pi u}{\lambda}=\frac{2\pi\times120}{60}\ \text{rad/s}=4\pi\ \text{rad/s}$$

按照题中给的条件，波动方程取如下形式：

$$y=A\cos\left[\omega\left(t+\frac{x}{u}\right)+\varphi\right]$$

式中 φ 为坐标原点处质元振动的初相。根据题意，由旋转矢量图（图 8-2-6）可得

$$\varphi=-\frac{\pi}{3}$$

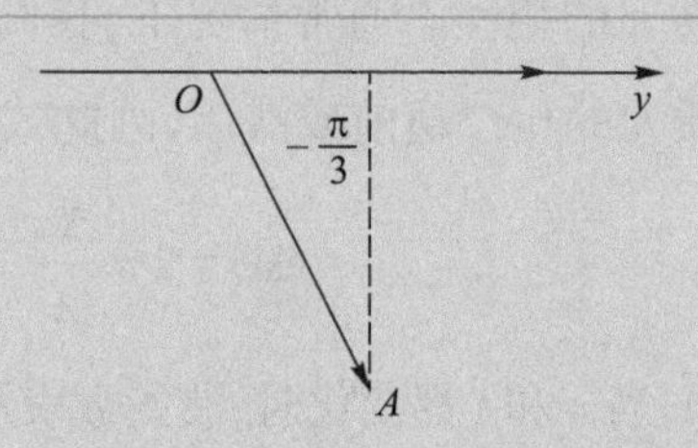

图 8-2-6 例 8-2-1 图

代入所给数据，得波动方程

$$y=5\cos\left[4\pi\left(t+\frac{x}{120}\right)-\frac{\pi}{3}\right]\ (\text{m})$$

式中 y 和 x 的单位为 m，t 的单位为 s。

例 8-2-2

一平面简谐波在某介质中以 $u=20$ m/s 沿 x 轴正方向传播，如图 8-2-7(a) 所示。若波线上 A 点的振动曲线如图 8-2-7(b) 所示。求：

(1) A 点的振动方程；

(2) 分别以 A 点、B 点和 O 点为原点的波动方程。

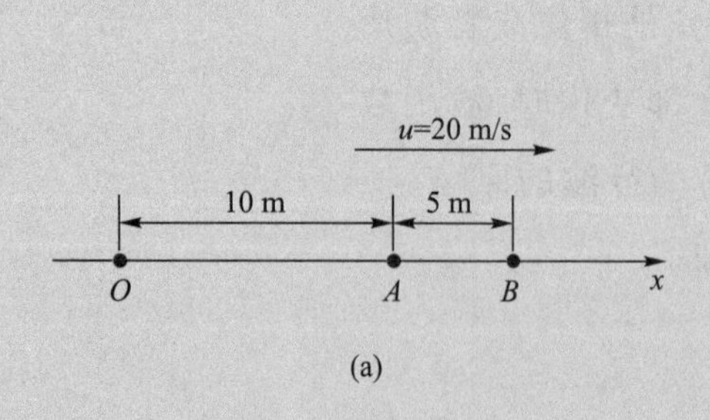

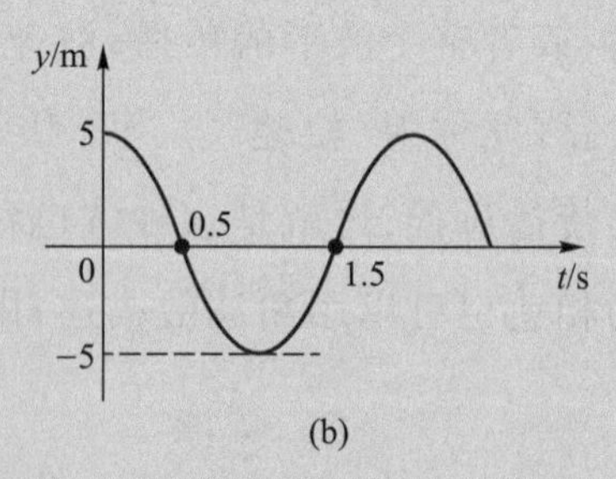

图 8-2-7 例 8-2-2 图

解 (1) 由图 8-2-7(b)给出的 A 点的振动曲线可知

$$A=5\ \text{m}, T=2\ \text{s}, \omega=\frac{2\pi}{T}=\frac{2\pi}{2}\ \text{rad/s}=\pi\ \text{rad/s}$$

初始条件 $t=0$ 时, $y_0=5$ m, $v_0<0$, 可得

$$\varphi=0$$

因此 A 点的振动方程为

$$y_A=5\cos\ \pi t(\text{m})$$

(2) 以 A 点为原点的波动方程为

$$y_{AW}=5\cos\ \pi\left(t-\frac{x}{20}\right)(\text{m})$$

由于波向右传播,故 O 点的相位超前 A 点,其简谐振动方程为

$$y_O=5\cos\pi\left(t+\frac{10}{20}\right)=5\cos\left(\pi t+\frac{\pi}{2}\right)(\text{m})$$

则以 O 点为原点的波动方程为

$$y_{OW}=5\cos\left[\pi\left(t-\frac{x}{20}\right)+\frac{\pi}{2}\right](\text{m})$$

B 点的相位滞后 A 点,其简谐振动方程为

$$y_B=5\cos\ \pi\left(t-\frac{5}{20}\right)=5\cos\left(\pi t-\frac{\pi}{4}\right)(\text{m})$$

则以 B 点为原点的波动方程为

$$y_{BW}=5\cos\left[\pi\left(t-\frac{x}{20}\right)-\frac{\pi}{4}\right](\text{m})$$

8.3 波的能量 能流密度

8.3.1 波动能量的传播

在波动传播过程中,波源的振动通过介质由近及远地传播,使介质中各个质元依次在各自的平衡位置附近作振动。介质中各个质点具有动能,同时介质因发生形变还具有势能。所以每个波动都携带能量,波传向远处时,它以动能和势能的形式传递能量。海浪和地震的破坏效果证明了这一点。

我们以棒中纵波为例分析波的能量传播,如图 8-3-1 所示。现观察离棒一端为 x 处且线度为 Δx 的体积元。设棒的密度为 ρ,横截面积为 S,则棒中的该体积元的体积为

$\Delta V=S\Delta x$,质量为 $\Delta m=\rho\Delta V$。当波传播到该体积元时,若它的左端发生了 y 的位移,右端发生了 $y+\Delta y$ 的位移,表明该体积元不仅发生了运动,具有动能,同时还发生了形变,具有弹性势能。其振动的动能为

$$dE_k=\frac{1}{2}\Delta mv^2$$

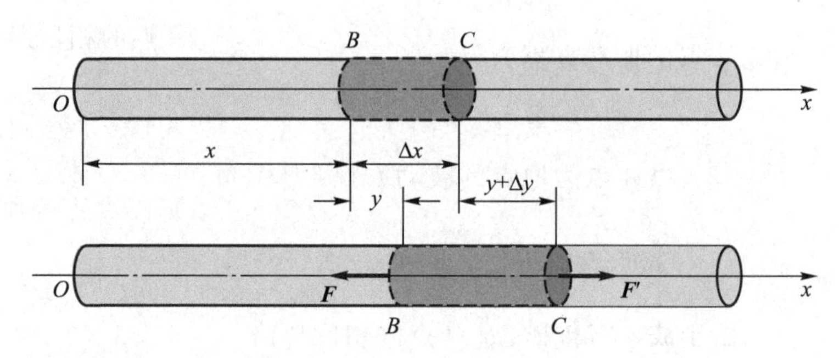

图 8-3-1 机械波能量

式中速度 v 由式(8-2-2a)可得

$$v=\frac{\partial y}{\partial t}=-A\omega\sin\left[\omega\left(t-\frac{x}{u}\right)+\varphi\right]$$

则
$$dE_k=\frac{1}{2}(\rho\Delta V)A^2\omega^2\sin^2\left[\omega\left(t-\frac{x}{u}\right)+\varphi\right] \quad (8-3-1)$$

同时,由于该体积元发生形变具有的势能为

$$dE_p=\frac{1}{2}k(dy)^2$$

式中 k 为棒的弹性系数。由胡克定律

$$\frac{F}{S}=E\frac{\Delta l}{l} \quad (8-3-2a)$$

即

$$F=\frac{ES}{l}\Delta l \quad (8-3-2b)$$

式中 E 为棒的弹性模量,Δl 为棒的形变量,l 为棒的长度,可得 $k=\frac{ES}{l}$,则该体积元的弹性势能可写成

$$dE_p=\frac{1}{2}\frac{ES}{\Delta x}(\Delta y)^2=\frac{1}{2}ES\Delta x\left(\frac{\Delta y}{\Delta x}\right)^2=\frac{1}{2}E\Delta V\left(\frac{\Delta y}{\Delta x}\right)^2$$

(8-3-3a)

由棒中纵波的波速 $u=\sqrt{\dfrac{E}{\rho}}$,上式可改写成

$$dE_p=\frac{1}{2}\rho u^2\Delta V\left(\frac{\Delta y}{\Delta x}\right)^2 \tag{8-3-3b}$$

且 y 是 x 和 t 的函数,于是有

$$dE_p=\frac{1}{2}\rho u^2 dV\left(\frac{\partial y}{\partial x}\right)^2 \tag{8-3-3c}$$

由式(8-2-2a)可得

$$\frac{\partial y}{\partial x}=A\frac{\omega}{u}\sin\left[\omega\left(t-\frac{x}{u}\right)+\varphi\right]$$

因此,式(8-3-3c)可写成

$$dE_p=\frac{1}{2}(\rho dV)A^2\omega^2\sin^2\left[\omega\left(t-\frac{x}{u}\right)+\varphi\right] \tag{8-3-3d}$$

当 $\Delta x\to 0$ 时,比较式(8-3-1)和式(8-3-3d),可得 $dE_k=dE_p$,即在波的传播过程中,质元的动能和势能时时相等。

该体积元的总能量为

$$dE_{总}=dE_k+dE_p=(\rho dV)A^2\omega^2\sin^2\left[\omega\left(t-\frac{x}{u}\right)+\varphi\right] \tag{8-3-4}$$

介质中单位体积内波的能量称为能量密度,用 w 表示,则

$$w=\frac{dW}{dV}=\rho A^2\omega^2\sin^2\left[\omega\left(t-\frac{x}{u}\right)+\varphi\right] \tag{8-3-5}$$

上式说明,介质中任一质元内波的能量密度随时间 t 改变。通常取能量密度在一个周期内的平均值,称为**平均能量密度**,用 $\overline{w}$ 表示,则

$$\overline{w}=\frac{1}{T}\int_0^T w\,dt=\frac{1}{2}\rho A^2\omega^2 \tag{8-3-6}$$

平均能量密度与时间无关。我们接下来对波动能量进行

讨论：

(1) 由式(8-3-1)和式(8-3-3d)可知，在波的传播过程中，介质中任一质元的动能和势能是同步变化的，在平衡位置处，质元的速度 v 最大，形变$\frac{\partial y}{\partial x}$也最大；在最大位移处，质元的速度为零，形变$\frac{\partial y}{\partial x}$也为零。这里要与单个质点的简谐振动能量的变化规律区分开来。表 8-3-1 列出了简谐振动能量和波动能量的对比。

表 8-3-1 简谐振动能量和波动能量的对比

简谐振动能量	波动能量
质点的动能和势能周期性变化	质元的动能和势能周期性变化
动能最大，势能最小； 动能最小，势能最大	动能最大，势能最大； 动能最小，势能最小
动能和势能的“步调”相反	动能和势能的“步调”相同
机械能守恒	任一质元的机械能不守恒

(2) 由式(8-3-4)可知，质元的机械能随时空周期性变化，表明质元在波传播过程中不断吸收和释放能量。因此，波动过程是能量的传递过程。

(3) 由式(8-3-6)可知，质元的能量密度在一个周期内的平均值是常量，表明质元不断地从其后面的介质获得能量，又不断地把能量传递给它前面的介质。平均来讲，介质中没有能量的累积。

8.3.2 能流和能流密度

如上所示，波动过程是能量的传递或能量的流动过程。这里引入能流的概念，描述波动能量的这一特征。**单位时间内垂直通过某一面积的能量**定义为通过该面积的能流，

用 P 表示。在介质内，垂直于波速 $\boldsymbol{u}$ 方向取一面积 S，如图 8-3-2 所示。单位时间内通过面积 S 的能量为

$$P=\frac{wuS\Delta t}{\Delta t}=wuS \tag{8-3-7}$$

由式(8-3-5)可知，P 也是随时间周期性变化的，取其时间平均值，可得**平均能流**

$$\overline{P}=\overline{w}uS \tag{8-3-8}$$

能流的单位名称是瓦特，符号为 W，因此波的能流也称为波的功率。

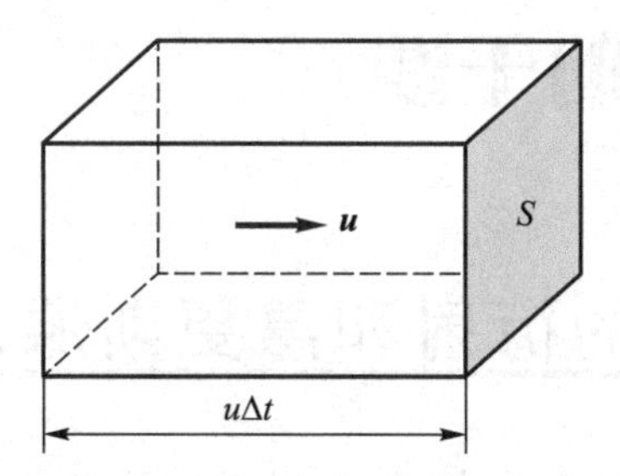

图 8-3-2 平均能流

垂直通过单位面积的平均能流，称为**能流密度**，用 I 表示：

$$I=\frac{\overline{P}}{S}=\overline{w}u=\frac{1}{2}\rho A^2\omega^2u \tag{8-3-9}$$

上式表明能流密度越大，单位时间内垂直通过单位面积的平均能量就越多，说明波动越强烈。因此能流密度也称为**波的强度**，单位为 $\mathrm{W\cdot m^{-2}}$。

现以波源为中心，r_1 和 r_2 为半径作两个球面。如果波从波源向所有方向以相同的速度传播开来，则波通过这两球面的平均能流相等。设通过半径为 r_1 和 r_2 的球面的能流密度分别为 I_1 和 I_2，则

$$4\pi r_1^2I_1=4\pi r_2^2I_2$$

由此可得

$$\frac{I_1}{I_2}=\frac{r_2^2}{r_1^2} \tag{8-3-10}$$

上式表明球面波在任意 r 处的强度 I 反比于 r^2，这个关系称为强度的**平方反比定律**。

将式(8-3-9)代入式(8-3-10)，可得

$$\frac{A_1}{A_2}=\frac{r_2}{r_1}$$

即球面波的振幅 A 与离开波源的距离 r 成反比。

8.4 波的衍射和惠更斯原理 波的干涉

8.4.1 波的衍射和惠更斯原理

波在传播过程中如果遇到了障碍物会发生什么变化呢？图 8-4-1 所示为一列水波，在水波传播的方向放置一开了小孔的挡板，可以清晰看到，在挡板的另外一侧，穿过小孔的波是圆形的，好像是以小孔为波源产生了新的水波，与原来的波的形状无关。波在传播过程中，遇到障碍物时，波绕过障碍物继续在其几何阴影区内传播的现象，称为**波的衍射**。实验表明，当障碍物的宽度远大于波长时，衍射现象不明显；当障碍物的宽度与波长相近时，衍射现象比较明显；当障碍物的宽度小于波长时，衍射现象更加明显。日常生活中，屋内的人能够听到室外的声音，就是声波的衍射现象。声波绕过门（或窗）的这些障碍物传播到了室内。衍射现象是波动的重要特征之一，机械波和电磁波都会产生衍射现象。

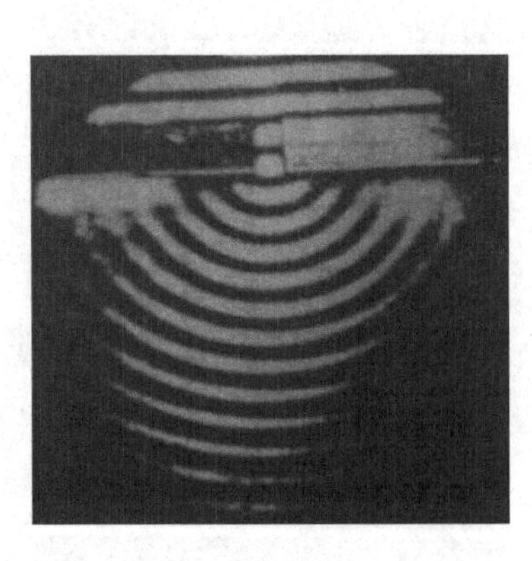

图 8-4-1 水波的衍射

通过大量实验研究，17 世纪末，荷兰物理学家惠更斯(Christiaan Huygens，1629—1695)首次提出：**介质中波动所到达的各点都可以看作发射子波的波源，其后任意时刻，这**

些子波的包络面就是新的波前。这就是**惠更斯原理**。惠更斯原理适用任何波动过程(机械波和电磁波)以及任何介质(均匀的、非均匀的、各向同性和各向异性的)。根据惠更斯原理,如果已知某一时刻波前,就可以通过几何方法决定下一时刻波前,从而确定波的传播方向。

下面通过球面波和平面波举例说明惠更斯原理的应用。一球面波以波速 u 在介质中传播,时刻 t 波传播到了如图 8-4-2(a)所示的位置。根据惠更斯原理,时刻 t 球形波面上的各点可以看作子波波源。以 $r=u\Delta t$ 为半径可以画出许多半球形子波,这些子波的包络形成了时刻 $t+\Delta t$ 新的波前。同理,也可以根据惠更斯原理,已知时刻 t 平面波的波前求得时刻 $t+\Delta t$ 的新波前,如图 8-4-2(b)所示。平面波的获得一般通过在半径很大的球面波波前上截取一部分,此波前面可以看作平面波的波前。例如太阳发射的球面波传播到地面时,波前上的一部分可以看作平面波。

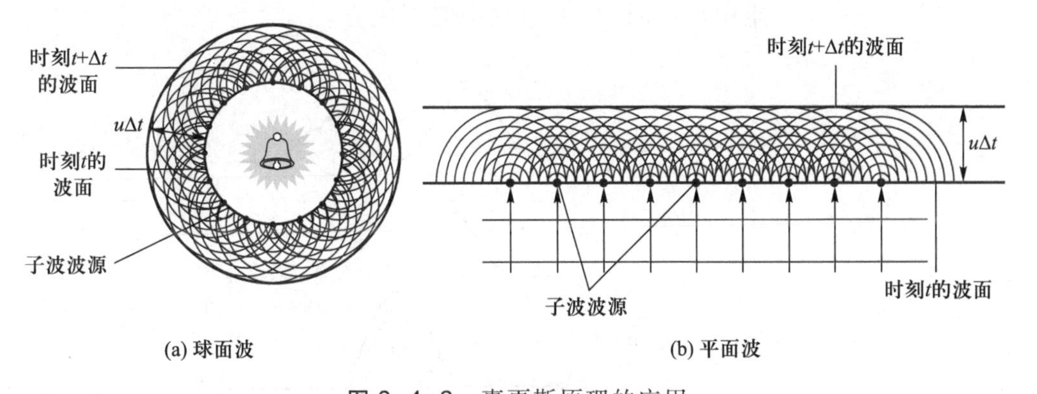

图 8-4-2 惠更斯原理的应用

8.4.2 波的叠加原理和波的干涉

前面我们讨论了同一方向连续传播的波。生活中,我们常常会遇到两个或多个波同时通过同一区域的情况。例如,听音乐会或大家在一起讨论问题时,从许多乐器或者几

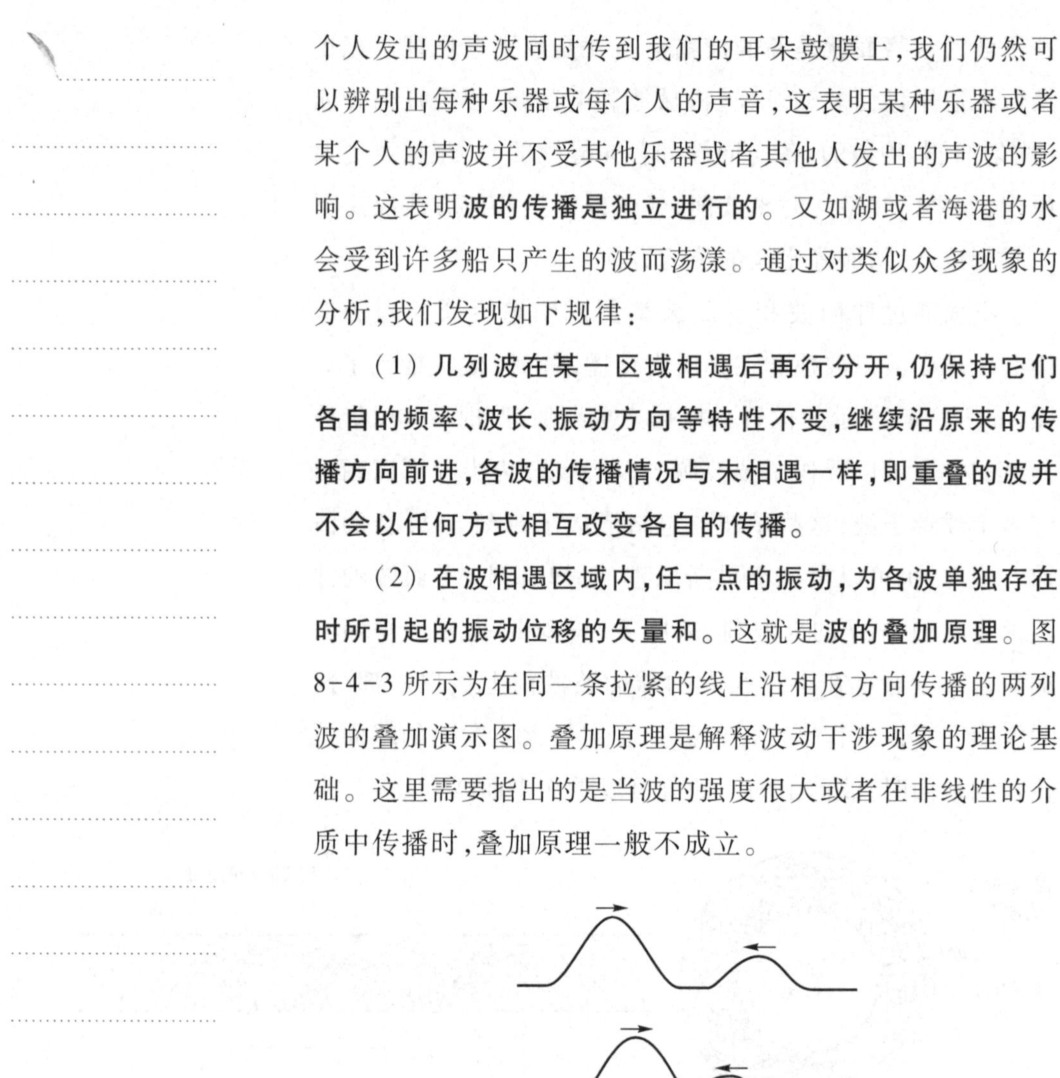

个人发出的声波同时传到我们的耳朵鼓膜上，我们仍然可以辨别出每种乐器或每个人的声音，这表明某种乐器或者某个人的声波并不受其他乐器或者其他人发出的声波的影响。这表明**波的传播是独立进行的**。又如湖或者海港的水会受到许多船只产生的波而荡漾。通过对类似众多现象的分析，我们发现如下规律：

（1）**几列波在某一区域相遇后再行分开，仍保持它们各自的频率、波长、振动方向等特性不变，继续沿原来的传播方向前进，各波的传播情况与未相遇一样，即重叠的波并不会以任何方式相互改变各自的传播。**

（2）**在波相遇区域内，任一点的振动，为各波单独存在时所引起的振动位移的矢量和。**这就是**波的叠加原理**。图 8-4-3 所示为在同一条拉紧的线上沿相反方向传播的两列波的叠加演示图。叠加原理是解释波动干涉现象的理论基础。这里需要指出的是当波的强度很大或者在非线性的介质中传播时，叠加原理一般不成立。

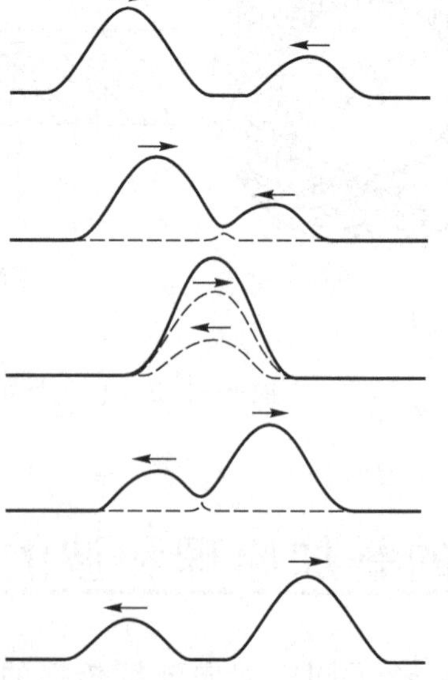

图 8-4-3　同一条拉紧的线上沿相反方向传播的两列波的叠加

那么当两个频率相同、振动方向相同、相位相同或者相位差恒定的两列波在介质中某区域相遇时，会出现什么样的合成波呢？我们以水波为例，观察一下实验现象。如图

8-4-4所示，两个小球装在同一支架上，小球下端紧靠水面。当支架沿竖直方向以一定的频率振动时，此时在小球和水面的接触点处形成了两个频率相同、振动方向相同、相位相同的波源。两波源激起的水波相遇之后，在交叠区出现某些地方振动始终加强，某些地方振动始终减弱的现象。水面上呈现出稳定的、规则的凹凸图样，这种现象称为**波的干涉现象**。干涉现象是波动的重要特征之一，它是判别某种运动是否具有波动性的重要依据。**频率相同、振动方向相同、相位相同或相位差恒定的波源**，称为**相干波源**。

图 8-4-4　水波的干涉现象

如图 8-4-5 所示，S_1 和 S_2 为两相干波源，它们的机械振动方程分别为

$$y_1=A_1\cos(\omega t+\varphi_1)$$

$$y_2=A_2\cos(\omega t+\varphi_2)$$

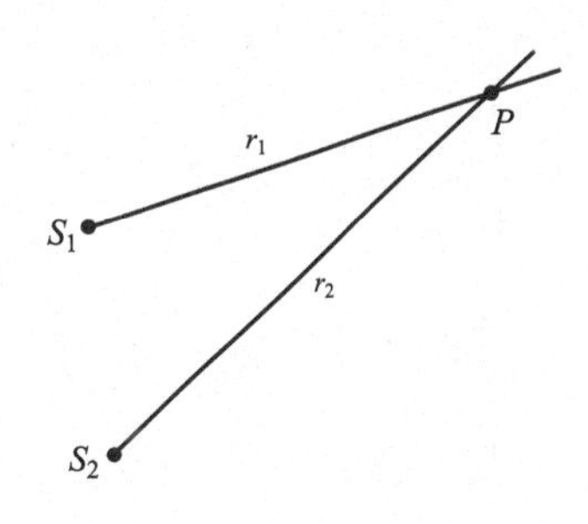

图 8-4-5　两相干波源发射的简谐波在介质中 P 点相遇

两波源发出的波在同一种介质中传播，且它们的波长均为 λ。设两列波分别经过 r_1 和 r_2 的距离后在 P 点相遇，则它们在 P 点引起的振动分别为

$$y_{1P}=A_1\cos\left(\omega t+\varphi_1-\frac{2\pi r_1}{\lambda}\right)$$

$$y_{2P}=A_2\cos\left(\omega t+\varphi_2-\frac{2\pi r_2}{\lambda}\right)$$

由于上述两个为同方向、同频率的简谐振动，由 7.6 节内容可知，P 点的合振动也是简谐振动，且合振动的运动方程可表示为

$$y_P=y_{1P}+y_{2P}=A\cos(\omega t+\varphi)$$

式中 φ 为合振动的初相，由式(7-6-2)可知

$$\tan\varphi=\frac{A_1\sin\left(\varphi_1-\frac{2\pi r_1}{\lambda}\right)+A_2\sin\left(\varphi_2-\frac{2\pi r_2}{\lambda}\right)}{A_1\cos\left(\varphi_1-\frac{2\pi r_1}{\lambda}\right)+A_2\cos\left(\varphi_2-\frac{2\pi r_2}{\lambda}\right)}\qquad(8-4-1)$$

A为合振动的振幅，即

$$A=\sqrt{A_1^2+A_2^2+2A_1A_2\cos\Delta\varphi} \tag{8-4-2}$$

式中 $$\Delta\varphi=\left(\varphi_2-\frac{2\pi r_2}{\lambda}\right)-\left(\varphi_1-\frac{2\pi r_1}{\lambda}\right)$$

$$=\varphi_2-\varphi_1-2\pi\frac{r_2-r_1}{\lambda}=\text{常量} \tag{8-4-3a}$$

由式(8-4-2)和式(8-4-3a)可知，合振动的振幅和相位差不随时间变化，干涉图样呈现稳定状态。

由式(8-4-2)合振动的振幅公式可知，若

$$\Delta\varphi=\varphi_2-\varphi_1-2\pi\frac{r_2-r_1}{\lambda}=2k\pi \quad (k=0,\pm1,\pm2,\cdots) \tag{8-4-3b}$$

则$A=A_1+A_2$，即相干区域中对应空间各点的合振幅始终最大，称为**干涉加强**。

若

$$\Delta\varphi=\varphi_2-\varphi_1-2\pi\frac{r_2-r_1}{\lambda}=(2k+1)\pi \quad (k=0,\pm1,\pm2,\cdots) \tag{8-4-3c}$$

则$A=|A_1-A_2|$，即相干区域中对应空间各点的合振幅始终最小，称为**干涉减弱**。由此可以看出，干涉使得空间某些点的振动始终加强，而另外一些点的振动始终减弱。式(8-4-3b)和式(8-4-3c)分别称为**相干波的干涉加强**和**干涉减弱的条件**。

由式(8-4-3a)可得，若$\varphi_1=\varphi_2$，则$\Delta\varphi=2\pi\frac{r_2-r_1}{\lambda}$，取$\delta=r_2-r_1$为两相干波源各自到$P$点的波程差，式(8-4-3b)和式(8-4-3c)可简化成如下形式。

若

$$\delta=r_2-r_1=k\lambda \quad (k=0,\pm1,\pm2,\cdots) \tag{8-4-4a}$$

即波程差等于零或波长的整数倍时，对应空间中各点合振幅始终最大。

若

$$\delta=r_2-r_1=(2k+1)\frac{\lambda}{2} \quad (k=0,\pm1,\pm2,\cdots) \qquad (8-4-4b)$$

即波程差等于半波长的奇数倍时，对应空间中各点合振幅始终最小。同理，式(8-4-4a)和式(8-4-4b)也称为相干波的相干加强和相干减弱的条件。

当相位差 $\Delta\varphi$ 或波程差 δ 不满足上述相干加强和减弱条件时，则合振动的振幅 A 介于振幅最大值和振幅最小值之间，即 $|A_1-A_2|<A<A_1+A_2$。

由上述讨论可知，两相干波在空间任一点相遇时，干涉加强和减弱的条件只与两相干波源的初相位差以及两相干波源到该点的波程差有关。对于非相干波源来讲，则不会出现上述情况。

干涉现象在生产和生活中都非常重要。例如在大礼堂和歌剧院的设计中，设计者需要考虑声波的干涉，避免某些区域声音过强，而某些区域声音过弱。在蒸汽涡轮发电厂或喷气发动机测试区，可以通过干涉效应控制非常响的噪声。通常采用在空间某些区域设置附加声源，使其与一些频率的声音发生干涉减弱，从而达到消除噪声的目的。

图 8-4-6 所示为只用单一波源产生干涉现象的示意图。在波源 S 附近放置一障碍物，障碍物上开了 S_1 和 S_2 两个小孔，根据惠更斯原理，从分别从 S_1 和 S_2 发出的两列波满足相干条件，因此在后场相遇时会产生干涉现象。图 8-4-6 给出了由 S_1 和 S_2 发射的一系列球面波的波阵面，分别用实线和虚线的圆弧表示波峰和波谷，两相邻波峰或波谷之间的距离为一个波长 λ，则相邻波峰和波谷之间的距离为半个波长 $\frac{\lambda}{2}$。两列波在空间相遇时，在波峰与波峰或者波谷与波谷相交处，合振动的振幅最大，振动始终加强；在波峰与波谷相交处，合振动的振幅最小，振动始终减弱。这与

图 8-4-4中水波干涉现象显示的结果一致。通常把产生干涉现象的两列波称为**相干波**，而产生相干波的波源称为**相干波源**。

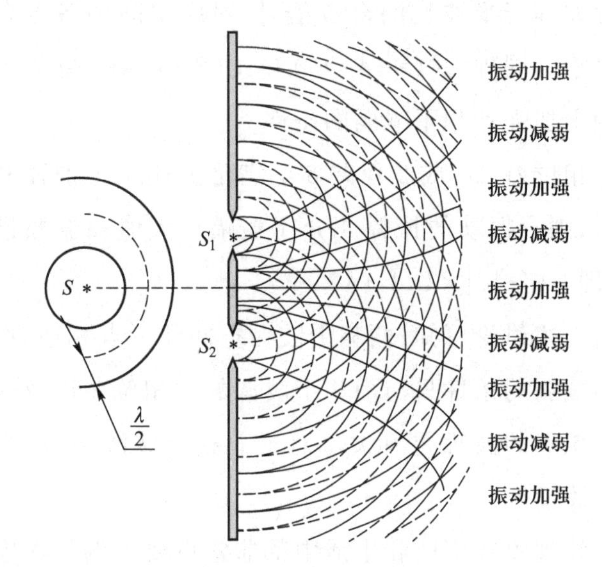

图 8-4-6 波的干涉示意图

例 8-4-1

两相干波源 S_1 和 S_2，相距 20 m，振幅相等，在同一介质中传播，波速为 $u=400$ m/s。振动方程分别为 $y_1=A\cos\left(100\pi t+\frac{\pi}{2}\right)$；$y_2=A\cos\left(100\pi t-\frac{\pi}{2}\right)$，现以 S_1 和 S_2 连线为坐标轴 x，S_1 和 S_2 连线中点为坐标原点，如图 8-4-7 所示，求 S_1 和 S_2 之间因干涉而静止的各点的坐标。

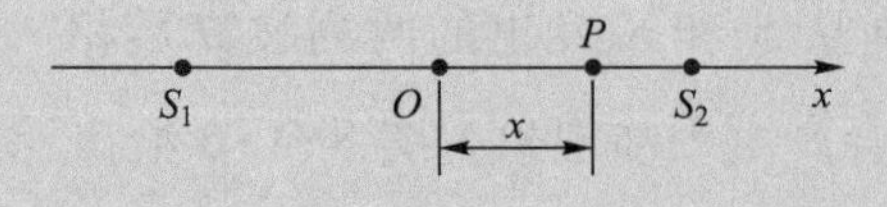

图 8-4-7 例 8-4-1 图

解 由题可知波源 S_1 和 S_2 的初相位分别为 $\varphi_1=\frac{\pi}{2}$ 和 $\varphi_2=-\frac{\pi}{2}$，$\omega=100\pi\ \text{s}^{-1}$，则

$$\lambda=uT=u\frac{2\pi}{\omega}=400\times\frac{2\pi}{100\pi}\ \text{m}=8\ \text{m}$$

图 8-4-7 中，在 S_1 和 S_2 之间任选一干涉点 P，设 P 点的坐标为 x，则根据相干波的相干减弱条件

$$\Delta\varphi=\varphi_1-\varphi_2-\frac{2\pi}{\lambda}(r_1-r_2)=\frac{\pi}{2}-\left(-\frac{\pi}{2}\right)-\frac{2\pi}{8}(r_1-r_2)$$

$$=\pi-\frac{\pi}{2}x=(2k+1)\pi$$

由上式可得

$$x=-4k\ \mathrm{m}$$

由于 S_1 和 S_2 之间的距离为 20 m，则 $-10\ \mathrm{m}\leqslant x\leqslant 10\ \mathrm{m}$，由此可得

$$-2\leqslant k\leqslant 2$$

所以 S_1 和 S_2 之间因干涉而静止的各点的坐标分别为 -8 m，-4 m，0，4 m，8 m。

8.5 驻波

8.5.1 驻波的产生

驻波是波在传播过程中出现的一种特殊的干涉现象。下面用拉紧的弦线做驻波实验，来分析驻波的形成及其现象。如图 8-5-1 所示，弦线的一端系在音叉上，另一端通过滑轮系一砝码，使弦线紧绷。当音叉振动时，音叉带动弦线 A 端振动，产生一沿弦线传播的右行波，传播到 B 点劈尖所在的位置处时发生反射，反射波以相同的波速沿弦线向左传播。此时，入射波和反射波叠加，当劈尖调节至适当的位置时，弦线 AB 被分成几段长度相等且作**稳定振动**的部分，线上各点的振幅不同，有些点始终保持静止，即振幅为零，称为**波节**。有些点振动最强，即振幅最大，称为**波腹**。整条弦线上没有波形的传播，这就是**驻波**。驻波与在 8.1 节—8.4 节研究的波不同，后者是沿弦线传播的行波，振幅不变，以波速传播。图 8-5-2 所示为高速照相机拍摄下的弦线上的三种驻波形态。

视频 演示实验
驻波演示（一）

视频 演示实验
驻波演示（二）

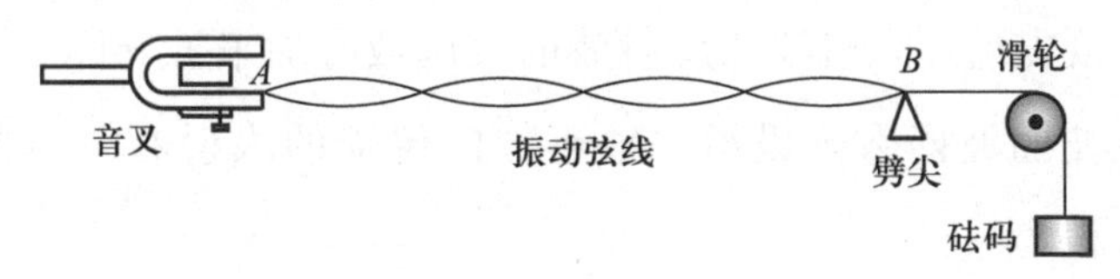

图 8-5-1 弦线的驻波实验示意图

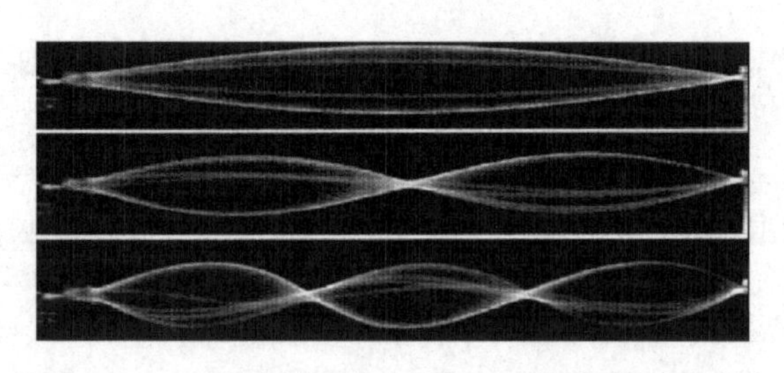

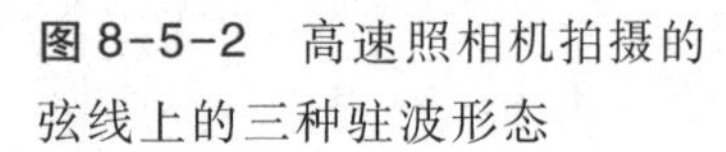

图 8-5-2　高速照相机拍摄的弦线上的三种驻波形态

可以通过 8.4 节中的叠加原理，解释入射波和反射波怎样合成了驻波。图 8-5-3 为沿 x 轴正方向（表示入射波）、负方向（表示反射波）传播的波速、频率和振幅均相同的两列简谐波，这两列波的振动位移相加，就是弦线上的合成波，用粗线表示，图中显示了每隔$\frac{1}{16}T$ 的波形图。当 $t=\frac{1}{4}T$ 时，入射波和反射波的波形重合，合成波形为两列波在各点处相加，此时各点的合振幅为单列波振幅的两倍。当 $t=\frac{1}{2}T$ 时，两列波彼此反相，各点处的合振幅为零，合成波形为一直线。图 8-5-3 中底部标 N 的位置，相应点的合位移总是零，这些地方就是波节。波节处，入射波和反射波的位移总是大小相等、方向相反、互相抵消。底部标 A 的位置，相应点的振幅最大，这些地方就是波腹。波腹处，入射波和反射波的位移始终相同，相应点的合位移最大。从图中可以看出，**相邻波节或相邻波腹之间的距离等于半个波长**，即$\frac{\lambda}{2}$。由以上分析可以得出，**驻波是由在同一直线上，沿相反方向传播的振幅、频率和传播速度都相同的两列相干波叠加而成的一种特殊形式的干涉现象。**

8.5.2 驻波方程

现在通过入射波和反射波的波函数叠加来推导图 8-5-3 中驻波的波函数。设沿 x 轴正方向传播的入射右行波的波动方程为

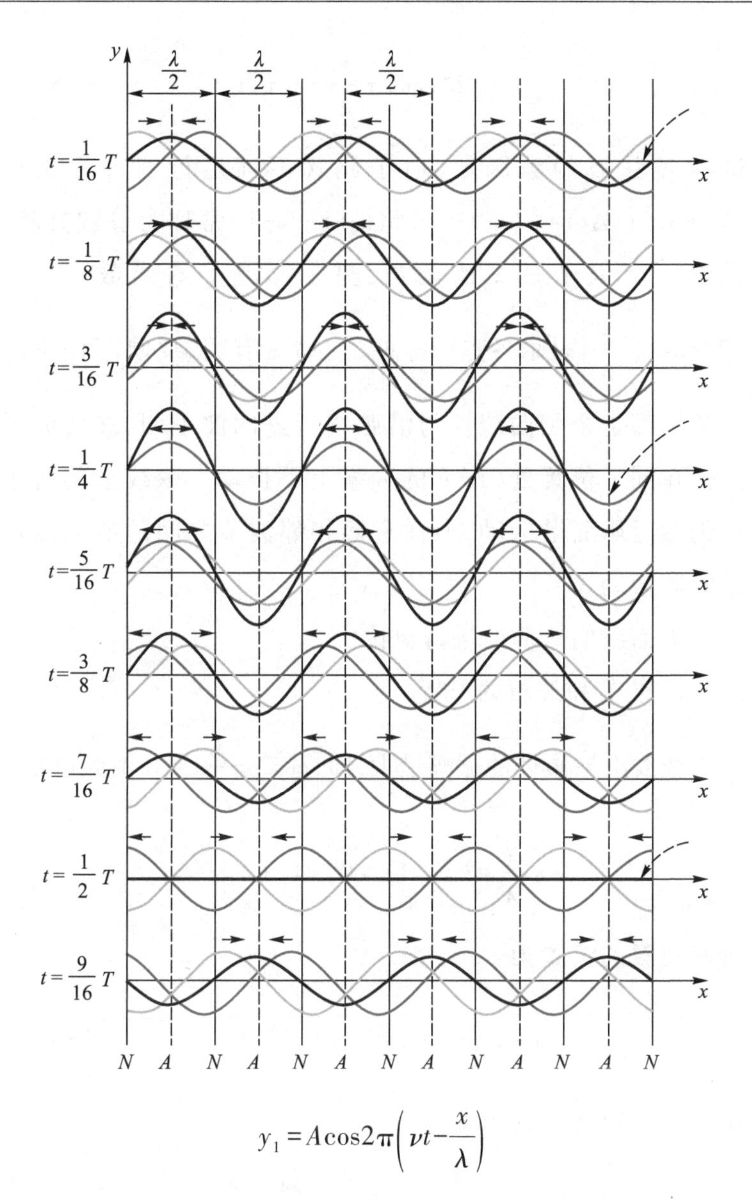

动画 一维驻波的形成

图 8-5-3 驻波的形成

$$y_1=A\cos 2\pi\left(\nu t-\frac{x}{\lambda}\right)$$

则反射左行波的波动方程为

$$y_2=A\cos 2\pi\left(\nu t+\frac{x}{\lambda}\right)$$

由波的叠加原理得，两波在相遇空间任意点的位移为

$$y=y_1+y_2=A\cos 2\pi\left(\nu t-\frac{x}{\lambda}\right)+A\cos 2\pi\left(\nu t+\frac{x}{\lambda}\right)$$

应用三角关系式，上式可化为

$$y=2A\cos 2\pi\frac{x}{\lambda}\cos 2\pi\nu t \qquad (8-5-1)$$

这就是驻波的波函数，由于此式不满足行波方程条件 $y(x+\Delta x,t+\Delta t)=y(x,t)$，因此式(8-5-1)常称为**驻波方程**。式中一个因子是 x 的函数，另一个是 t 的函数。其中 $\left|2A\cos 2\pi\frac{x}{\lambda}\right|$ 表示各点的振幅，它与 x 有关，反映了任意时刻弦线都是余弦曲线。与沿弦线行进的波不同，驻波波形保持在同一位置处，按 ν 的频率上下振动。弦线上的每个点仍然经历简谐振动，但任意两相邻波节之间的所有点均是同向振动。

下面我们对驻波进行讨论。

1. 波节和波腹的位置

弦线上波腹处的振幅最大，即 $\left|\cos 2\pi\frac{x}{\lambda}\right|=1$，由此可得

$$2\pi\frac{x}{\lambda}=k\pi \quad (k=0,\pm1,\pm2,\cdots)$$

所有波腹的位置为

$$x=k\frac{\lambda}{2} \quad (k=0,\pm1,\pm2,\cdots) \qquad (8-5-2)$$

相邻两波腹之间的距离为

$$\Delta x_{腹}=(n+1)\frac{\lambda}{2}-n\frac{\lambda}{2}=\frac{\lambda}{2}$$

弦线上波节处的振幅为零，即 $\left|\cos 2\pi\frac{x}{\lambda}\right|=0$，由此可得

$$2\pi\frac{x}{\lambda}=(2k+1)\frac{\pi}{2} \quad (k=0,\pm1,\pm2,\cdots)$$

所有波节的位置为

$$x=(2k+1)\frac{\lambda}{4} \quad (k=0,\pm1,\pm2,\cdots) \qquad (8-5-3)$$

相邻两波节之间的距离为

$$\Delta x_{节}=[2(n+1)+1]\frac{\lambda}{4}-(2n+1)\frac{\lambda}{4}=\frac{\lambda}{2}$$

而相邻波腹和波节之间的距离为

$$x_{节}-x_{腹}=(2k+1)\frac{\lambda}{4}-k\frac{\lambda}{2}=\frac{\lambda}{4}$$

不满足式(8-5-2)和式(8-5-3)的各点,其振幅则在 0 和 $2A$ 之间。

以上讨论弦上驻波的结论,不仅适用各种介质中的机械驻波,对电磁波和光波的驻波也同样适用。

2. 各点的相位

由式(8-5-1)可得,弦线上各点的相位与 $\cos2\pi\frac{x}{\lambda}$ 的正负有关,当 $\cos2\pi\frac{x}{\lambda}>0$ 时,对应的各点的相位均为 $2\pi\nu t$,当 $\cos2\pi\frac{x}{\lambda}<0$ 时,对应的各点的相位均为 $2\pi\nu t+\pi$。相邻两波节之间,$\cos2\pi\frac{x}{\lambda}$ 具有相同的符号,因此各点振动相位相同;波节两边的点,$\cos2\pi\frac{x}{\lambda}$ 符号相反,因此波节两边的点相位相反。也就是说,波节两边各点同时沿相反方向到达各自最大位移,又同时沿相反方向通过平衡位置;而两波节之间各点沿相同方向到达各自最大位移,又同时沿相同方向通过平衡位置,如图 8-5-3 所示。

3. 驻波的能量

与前面讨论的行波不同,驻波并不能将能量从一端传播到另一端。我们以弦线为例分析驻波能量的特点。当弦线上各质点同时到达平衡位置时,弦线无形变,势能为零,此时驻波能量为动能。弦线上各质点的振动速度达到各自的最大值,且波腹处动能最大,驻波的能量基本集中在波腹附近。当弦线上各质点同时到达最大位移处时,振动速度都为零,因此动能都为零,此时驻波能量为势能。弦线上各位置都有不同程度的形变,且波节处形变最大,势能最大,驻波能量基本集中在波节附近。由此可见,动能和势能不断在波腹和波节附近相互转化,形成能量交替传递。每个波节到相邻波腹都有能量流入流出,但每一点的平均能量传输率为零。

8.5.3 相位跃变

一般驻波可由入射波介质上的行波和其在界面处的反射波叠加而成,如图 8-5-1 中弦上形成的驻波。当入射波满足一定条件时,波在 B 点劈尖处反射,并形成波节。实验发现,当波在自由端发射时,则反射波点处为波腹。研究表明,一般情况下,在两种介质界面处,波的种类、两种介质的性质等因素决定了其形成波腹还是波节。研究证实,对机械波而言,在界面处的波腹或波节的形成与介质的密度 ρ 和波速 u 的乘积 ρu 有关,ρu 称为**波阻**。我们称 ρu 较大的介质为**波密介质**;ρu 较小的介质为**波疏介质**。当波从波疏介质垂直入射到波密介质,并被反射回波疏介质时,在反射处形成波节。说明此处入射波与反射波相位时时相反,即反射波在分界处的相位较入射波改变了 π,相当于出现了半个波长的波程差,把这种现象称为**相位跃变 π**,有时也称“**半波损失**”。当波从波密介质垂直入射到波疏介质,并被反射回波密介质时,在反射处形成波腹,说明此处入射波与反射波的相位时时相同,即反射波在分界处不产生相位跃变。表 8-5-1 分别列出了行波和驻波的特点,方便大家区分这两种波。

表 8-5-1 行波和驻波的特点

	行波	驻波
振幅	介质中各质元振幅不变	随质元位置 x 作周期性变化 波节处振幅最小 $A_{min}=0$ 波腹处振幅最大 $A_{max}=2A$ 其他处 0<振幅<2A
相位	沿波的传播方向,各处质元的相位依次落后波源的相位	相邻两波节之间的各点同相;波节两侧的各点相位相反。无相位传播,仅在波节处发生相位突变。
能量	能量沿波速方向传播,能流密度为 $I=\frac{1}{2}\rho A^2\omega^2 u$	没有能量传播,能量时而集中在波节,时而集中在波腹。

8.5.4 驻波的应用

1. 两端固定弦线上的驻波

如图 8-5-4 所示,弦线两端固定(例如二胡和吉他),弦受左端激振器的作用而发生振动,当弦线振动频率适当时,弦线上将形成驻波,既有波节同时有较大的波腹。这种驻波是在**共振**时产生的,这些频率称为**共振频率**。如果弦线振动的频率不是共振频率,驻波就不会产生。弦线上右行波和左行波的干涉只能使弦线产生小的振动,不具有波腹和波节的稳定波形,有时可能难以观察到。

为了求出弦线共振频率的表达式,设两端固定拉紧的弦线的长度为 L,则弦线两端为波节(不可能振动)。我们在前面已推导出,相邻两个波节之间的距离为$\frac{\lambda}{2}$,所以弦线的长度必须是$\frac{\lambda}{2}$的整数倍,即

$$L=n\frac{\lambda_n}{2}\quad(n=1,2,3,\cdots)\qquad(8-5-4)$$

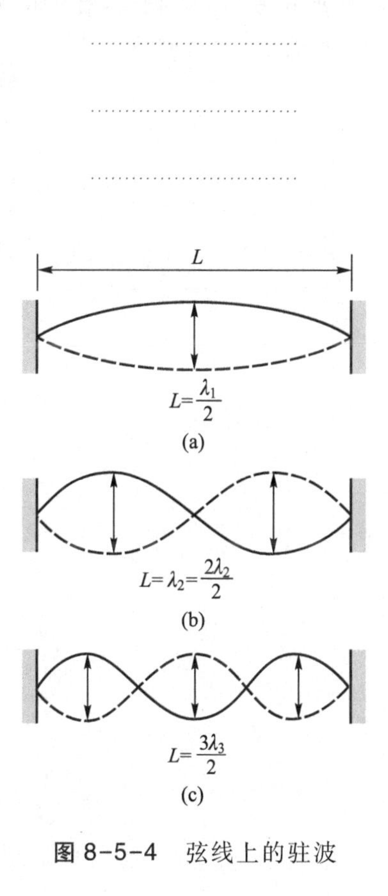

图 8-5-4 弦线上的驻波

由 $\nu=\frac{u}{\lambda}$得，共振频率为

$$\nu_n=\frac{u}{\lambda_n}=n\frac{u}{2L}\quad(n=1,2,3,\cdots)\qquad(8-5-5)$$

式(8-5-4)和式(8-5-5)中 n 为弦线上形成的驻波数目，λ_n和 ν_n分别为第 n 个驻波的波长和**本征频率**。各个本征频率中，对应 $n=1$ 的频率 ν_1常称为**基频**，其他的频率 $\nu_2,\nu_3,\cdots$为基频的整数倍，称为二次、三次、……**谐频**，音乐理论中又称**泛频**。对应的驻波分别称为**二次弦波、三次弦波**等。

2. 空气柱中的驻波

驻波可以在两端固定并拉紧的弦线产生，也可以在充有空气的管子里产生。设管长为 L，且一端开口，另一端封闭。管封闭端形成波节，开口端形成波腹。我们在前面已推导出，相邻的波腹和波节之间的距离为$\frac{\lambda}{4}$。图 8-5-5(a)显示了最低频率模式的驻波，管的长度满足 $L=\frac{\lambda_1}{4}$，基频 $\nu_1=\frac{u}{\lambda_1}$。谐频和基频相比应该成对地增加波节和波腹，图 8-5-5(b)显示了下一个驻波模式，此时音管的长度满足 $L=\frac{3\lambda_3}{4}$，对应于 $3\nu_1$的频率。图 8-5-5(c)显示的驻波模式满足 $L=\frac{5\lambda_5}{4}$，对应于 $5\nu_1$的频率。由此可推算出，管中驻波波长与管长的关系为

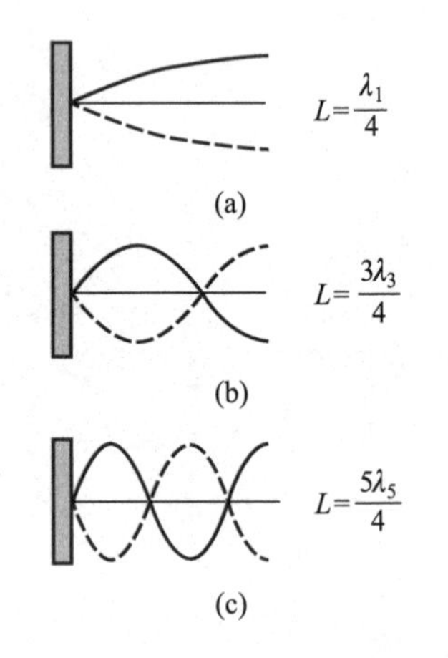

图 8-5-5　一端开口一端封闭的玻璃管内空气驻波

$$L=n\frac{\lambda_n}{4}\quad(n=1,3,5,\cdots)\qquad(8-5-6)$$

驻波频率为

$$\nu_n=n\frac{u}{4L}\quad(n=1,3,5,\cdots)\qquad(8-5-7)$$

式(8-5-7)表明，在一端封闭的管中，只存在奇次弦波的

可能。

弦线上驻波和空气柱中驻波的理论推导，为管弦乐器的制作提供了科学的依据。实际使用的弦乐器和管乐器中，总是同时存在几种驻波模式。例如吉他就是利用弦线上形成的声波驻波来发声的。人们拨动某根琴弦时，将激起一系列驻波，基频决定了琴弦的音调，谐频则使得音色更加优美，共鸣腔决定了发声的响度和音质。

例 8-5-1

有一两端固定且紧绷的弦线上的驻波方程为 $y=3.0\times10^{-2}\cos(1.6\pi x)\cos(550\pi t)$（SI 单位），求：

（1）入射波和反射波的振幅、波长、频率和波速；

（2）相邻两波节之间的距离；

（3）当 $t=3.0\times10^{-3}$ s 时，位于 $x=0.625$ m 处质点的振动速度。

解（1）由驻波的标准方程

$$y=2A\cos 2\pi\frac{x}{\lambda}\cos 2\pi\nu t，\text{可得}$$

$$2A=3.0\times10^{-2}\ \text{m}，2\pi\frac{x}{\lambda}=1.6\pi x，2\pi\nu t=550\pi t$$

则 $A=1.5\times10^{-2}\text{m}，\lambda=1.25\ \text{m}，\nu=275\ \text{Hz}$

$$u=\lambda\nu=1.25\times275\ \text{m/s}\approx343.8\ \text{m/s}$$

（2）相邻两波节之间的距离为

$$\Delta x=\frac{\lambda}{2}=\frac{1.25\ \text{m}}{2}=0.625\ \text{m}$$

（3）$x=0.625$ m 处质点的振动速度为

$$v=\frac{\partial y}{\partial t}=-16.5\pi\cos(1.6\pi x)\sin(550\pi t)$$

$$\approx-46.2\ (\text{m/s})$$

8.6 多普勒效应

日常生活中，我们都有这样的经历，当一辆高速行驶的救护车或消防车靠近时，汽笛声会变得越来越高，即频率变大;当救护车或消防车通过我们身边并远离时,汽笛声变得低沉,直到消失,即频率变小。这种效应称为**多普勒效应**,它是由奥地利物理学家和数学家多普勒(Christian Doppler,1803—1853)于1842年首先发现,并用他的名字命名的。多普勒效应表明当声源和观察者彼此相对运动时,观察者听到的声音频率与声源频率不一样。不仅声波,光波和无线电波也有类似效应。

为了分析多普勒效应,我们先把波源的频率、观察者接收到的频率和波的频率区分开来:波源的频率 ν 为波源在单位时间内振动的次数,或波源在单位时间内发出完整波形的数目;观察者接收到的频率 ν' 为观察者在单位时间内接收到的完整波形数目;波的频率 ν_b 为介质内质点在单位时间振动的次数,或单位时间内通过介质中某点的完整波形数目,等于波在介质中的波速除以介质中的波长,即 $\nu_b=\dfrac{u}{\lambda_b}$,以上三个频率可能互不相同。为简单起见,我们只考虑在介质中的声源与观察者沿两者之间连线相对运动的情况。

1. 观察者移动 波源静止

图8-6-1中的观察者以速度 v_L 向着波源 S 运动。波源发出波长为 λ_b,频率为 ν_b 的球面波,波以速度 $u=\lambda_b\nu_b$ 在介质中传播,则波相对于观察者的传播速率为 v_L+u。移动的观察者在单位时间内接收到的完整波形的数目,即接收到波的频率为

视频 演示实验 多普勒效应

$$\nu'=\frac{v_L+u}{\lambda_b}=\frac{v_L+u}{\dfrac{u}{\nu_b}}=\frac{v_L+u}{u}\nu_b \tag{8-6-1a}$$

当波源静止不动时,波的频率 ν_b 等于波源的频率 ν,因此上式可以写成

$$\nu'=\frac{v_L+u}{u}\nu \tag{8-6-1b}$$

动画 多普勒效应

式(8-6-1b)表明,当观察者向静止的波源靠近时,观

察者接收到的频率为波源频率的$\left(1+\frac{v_L}{u}\right)$倍，此时接收到的频率$\nu'$高于波源的频率$\nu$。仿照上述分析，当观察者远离波源运动时，$v_L<0$，代入式(8-6-1b)可得

$$\nu'=\frac{u-v_L}{u}\nu \tag{8-6-2}$$

即观察者接收到的频率低于波源。这也就解释了当救护车或消防车经过人们身边时，人们听到的鸣笛声由尖锐变得低沉的现象。

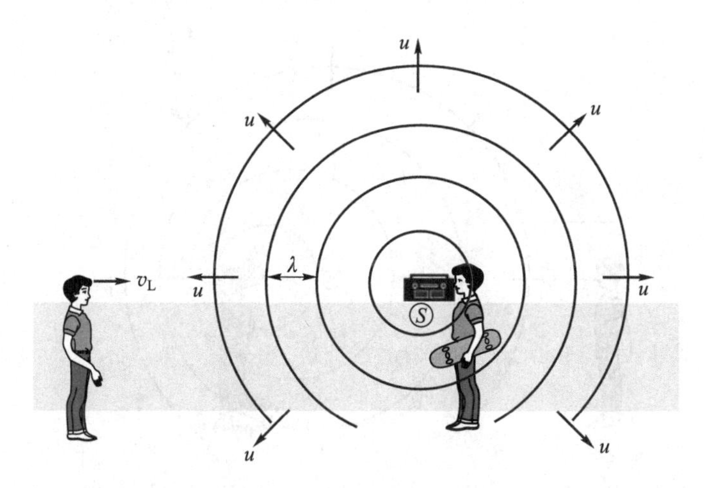

图 8-6-1 观察者向静止的声源靠近

2. 波源和观察者都在运动

在上面讨论情况的基础上，假设波源也在移动，且波源相对于介质的移动速度为v_S。波的速度由介质的性质所决定，仍然为u，然而波长发生了变化，不再等于$\frac{u}{\nu}$。很明显，沿着波源运动的方向，波长变短；背着波源运动的方向，波长变长，如图 8-6-2 所示。其原因为波在传播一个周期的时间内$T=\frac{1}{\nu}$，向前传播的距离为$\frac{u}{\nu}$，而波源移动的距离为$\frac{v_S}{\nu}$，波长则由波源和波的相对位移确定，从图 8-6-2 可以看出，这个相对位移在波源的前方和波源的后方是不同的。

在波源前方的波长为

$$\lambda_{前}=\frac{u-v_{\mathrm{S}}}{\nu} \tag{8-6-3}$$

而在波源后方的波长为

$$\lambda_{后}=\frac{u+v_{\mathrm{S}}}{\nu} \tag{8-6-4}$$

由式(8-6-4)可得,观察者接收的频率为

$$\nu'=\frac{u+v_{\mathrm{L}}}{\lambda_{后}}=\frac{u+v_{\mathrm{L}}}{u+v_{\mathrm{S}}}\nu \tag{8-6-5}$$

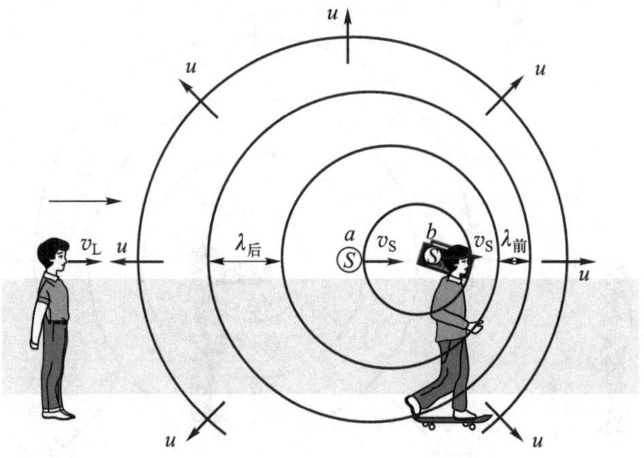

图 8-6-2 观察者向着移动的声源靠近

上式中,当波源向着观察者运动时,v_{S}前面取负号。式(8-6-5)尽管是在特例情况下推导出来的,但是涵盖了波源与观察者沿其连线所有可能运动的情况。然而,当波源的速度大于波速,即 $v_{\mathrm{S}}>u$ 时,式(8-6-5)将失去意义。实际上,急速运动着的波源前方无任何波动产生,所有的波前都将被挤压而聚集在一圆锥面上(图 8-6-3),波的能量被高度集中在这个圆锥面上,容易造成巨大的破坏。这种波称为**冲击波**,也称为**激波**。当飞机、子弹(图 8-6-4)等以超音速飞行时,或者火药爆炸时,都会在空气中激起冲击波。冲击波到达的地方,空气压强突然增加,足以损伤耳膜和内脏,甚至摧毁建筑物。这种现象称为**声爆**或**声震**。声爆的现象在身边也可以经常见到,例如公园里一些人抽陀螺,以及马戏团

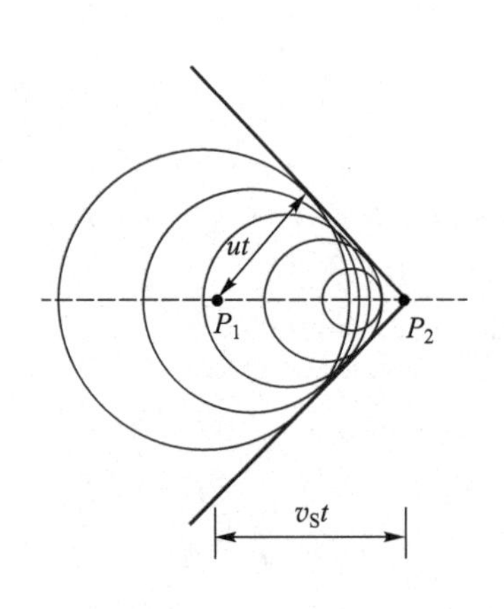

图 8-6-3 冲击波的产生

表演者抽鞭子时，你听到的清脆的鞭梢声就是一次次小小的声爆。

除了航天航空领域外，冲击波在其他领域也有广泛的应用。例如在医学领域，对肾结石和胆结石患者可以不做外科手术，而用冲击波粉碎结石，这一技术称为**体外冲击波碎石术**。用一个反射器或声透聚焦透镜将体外产生的冲击波尽可能多地聚焦在结石上，此时结石上有应力产生，当此应力超过结石的抗张强度时，结石就会被震碎成小块而被消除。采用这种技术时，可以通过超声波成像技术来实现结石位置的精确定位。

图 8-6-4 超音速子弹在空气中形成的冲击波

例 8-6-1

如图 8-6-5 所示，A、B 两处分别有鸣音喇叭，它们的频率均为 500 Hz，已知 A 处喇叭静止，B 处喇叭以 60 m/s 的速率向东运动，现有一人以 30 m/s 的速率也向东运动，设空气中的声速为 330 m/s。求：

(1) 观察者听到来自 A 处喇叭的频率；

(2) 观察者听到来自 B 处喇叭的频率。

图 8-6-5 例 8-6-1 图

解 (1) 由于 A 处喇叭静止，观察者远离 A 处运动，可以由式(8-6-2)得观察者听到来自 A 处喇叭的频率为

$$\nu' = \frac{u-v_L}{u}\nu = \frac{330-30}{330}\times 500\ \text{Hz} \approx 454.5\ \text{Hz}$$

(2) 观察者向着 B 处运动，式(8-6-5)中 v_L 取正号，B 处喇叭远离观察者，v_S 也取正号，由此可得

$$\nu' = \frac{u+v_L}{\lambda_{后}} = \frac{u+v_L}{u+v_S}\nu = \frac{330+30}{330+60}\times 500\ \text{Hz} \approx 461.5\ \text{Hz}$$

内容小结

1. 机械波产生、类型和描述

机械振动在弹性介质中的传播,称为机械波。

机械波产生的条件:(1) 波源;(2) 弹性介质。

机械波的类型:(1) 波的传播方向和质元的振动方向相互垂直,称为横波;(2) 波的传播方向和质元的振动方向相互平行,称为纵波。

机械波的传播只是振动状态(能量)在介质的传播,波中各质元并不随波迁移,只在各自平衡位置附近作往复运动。

描述机械波的物理量:波长 λ,波速 u,频率 ν 和周期 T;它们之间的关系为

$$u=\frac{\lambda}{T},\quad u=\lambda\nu$$

波速取决于波的类型和介质属性,波的频率取决于波源振动的频率。

2. 平面简谐波函数或波动方程

波函数 $y=y(x,t)$ 描述的是介质中各处质元的位移,平面简谐波函数是一种特殊的周期波,其波函数为

$$y=A\cos\left[\omega\left(t\mp\frac{x}{u}\right)+\varphi\right]$$

$$y=A\cos\left[2\pi\left(\frac{t}{T}\mp\frac{x}{\lambda}\right)+\varphi\right]$$

$$y=A\cos(\omega t\mp kx+\varphi)$$

式中“-”号表示波沿 x 轴正方向传播,也称右行波;“+”号表示波沿 x 轴负方向传播,也称左行波。

3. 波的能量

在波的传播过程中,介质中任一质元的动能和势能是同步变化的。质元处于平衡位置,动能最大,势能最大,机械能最大;处于最大位移处,动能为零,势能为零,机械能为

零。各处质元机械能随时空周期性变化。

单位时间内垂直通过某一面积的能量为通过该面积的能流 P,其表达式为

$$P=wuS$$

其中 w 为能量密度。

平均能流为 $\overline{P}=\bar{w}uS$

平面简谐波的强度为 $I=\frac{1}{2}\rho A^2\omega^2 u$

4. 波的叠加和干涉

两列或多列波相遇,相遇区间内任一点的振动等于各波在该点引起振动位移的矢量和。

波的相干条件:频率相同、振动方向相同、相位相同或相位差恒定。

波的相干区域任一点的合振幅和初相为

$$A=\sqrt{A_1^2+A_2^2+2A_1A_2\cos\Delta\varphi}$$

$$\varphi=\arctan\frac{A_1\sin\left(\varphi_1-\frac{2\pi r_1}{\lambda}\right)+A_2\sin\left(\varphi_2-\frac{2\pi r_2}{\lambda}\right)}{A_1\cos\left(\varphi_1-\frac{2\pi r_1}{\lambda}\right)+A_2\cos\left(\varphi_2-\frac{2\pi r_2}{\lambda}\right)}$$

其中 $\Delta\varphi=\left(\varphi_2-\frac{2\pi r_2}{\lambda}\right)-\left(\varphi_1-\frac{2\pi r_1}{\lambda}\right)=\varphi_2-\varphi_1-2\pi\frac{r_2-r_1}{\lambda}$

(a) 当 $\Delta\varphi=\varphi_2-\varphi_1-2\pi\frac{r_2-r_1}{\lambda}=2k\pi\ (k=0,\pm1,\pm2,\cdots)$ 时

$$A=A_1+A_2$$

相干区域中对应空间各点的合振幅始终最大,则干涉加强。

(b) 当 $\Delta\varphi=\varphi_2-\varphi_1-2\pi\frac{r_2-r_1}{\lambda}=(2k+1)\pi\ (k=0,\pm1,\pm2,\cdots)$

时

$$A=|A_1-A_2|$$

相干区域中对应空间各点的合振幅始终最小,则干涉减弱。

若两波源的初相位相同,即 $\varphi_1=\varphi_2$,则

$$\Delta\varphi = 2\pi \frac{r_2 - r_1}{\lambda}$$

(a) 当 $\delta = r_2 - r_1 = k\lambda (k = 0, \pm 1, \pm 2, \cdots)$ 时，干涉加强。

(b) 当 $\delta = r_2 - r_1 = (2k+1)\frac{\lambda}{2} (k = 0, \pm 1, \pm 2, \cdots)$ 时，干涉减弱。

5. 驻波

两端固定紧绷的弦线上产生驻波的条件为

$$L = n\frac{\lambda_n}{2} \quad (n = 1, 2, 3, \cdots)$$

弦上驻波的频率为

$$\nu_n = \frac{u}{\lambda_n} = n\frac{u}{2L} \quad (n = 1, 2, 3, \cdots)$$

相邻两波节或相邻两波腹之间的距离为 $\frac{\lambda}{2}$。

一端开口、一端封闭的空心柱中产生驻波的条件为

$$L = n\frac{\lambda_n}{4} \quad (n = 1, 3, 5, \cdots)$$

管中驻波的频率为

$$\nu_n = n\frac{u}{4L} \quad (n = 1, 3, 5, \cdots)$$

6. 多普勒效应

多普勒效应是波源、观察者其中一个或两者都相对于介质移动时所发生的频率偏移现象。波源的频率 ν 与观察者接收到的频率 ν' 分别由波源和观察者相对于介质的速度 v_S 和 v_L，以及波的速度 u 联系起来。

$$\nu' = \frac{u \pm v_L}{u \mp v_S}\nu$$

当波源的速率超过波速时，将产生冲击波。冲击波的波前为一个圆锥面。

习题 8

8-1 一人手握晾衣绳一端将绳拉直，然后以 2.00 Hz 的频率、7.5 cm 的振幅的正弦曲线形式上下晃动。晾衣绳上的波速为 $u=12\ \mathrm{m/s}$。$t=0$ 时，手握的那一端具有最大位移且瞬时静止。假设没有从远端反射回来的波。

（1）求波振幅、角频率、周期和波长；

（2）写出波动方程；

（3）写出晾衣绳在手握一端和相距 3 m 处的运动方程。

8-2 一平面简谐纵波沿着弹簧线圈传播，设波沿着 x 轴正方向传播，弹簧中某线圈的最大位移为 3.0 cm，振动频率为 25 Hz，弹簧中相邻两疏部中心的距离为 24 cm。当 $t=0$ 时，$x=0$ 处质元的位移为零并向 x 轴正方向运动。试写出该简谐波的波动方程。

8-3 如图所示，沿 x 轴正方向传播的平面简谐波，它在时刻 $t=0$ 的波形如图所示，波速为 $u=600\ \mathrm{m/s}$。试写出该简谐波的波动方程。

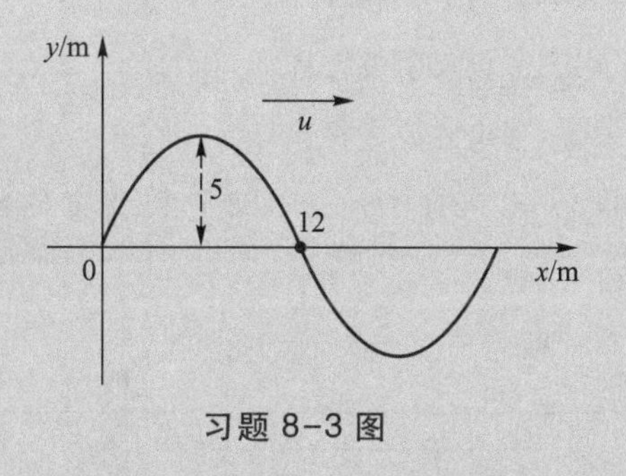

习题 8-3 图

8-4 沿 x 轴正方向传播的平面简谐波在时刻 $t=0$ 的波形如图所示。试求此简谐波的波长。

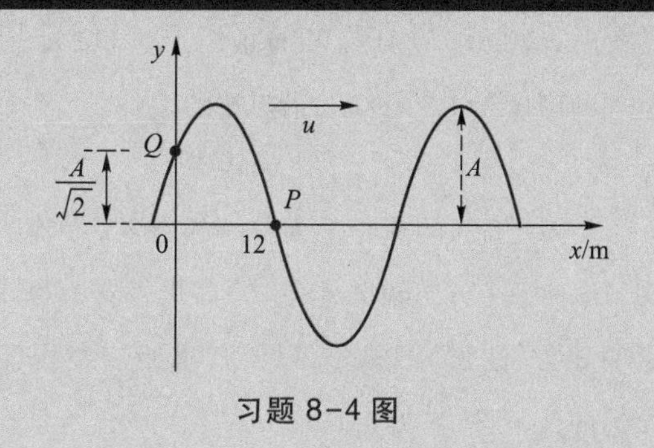

习题 8-4 图

8-5 一平面简谐波沿 x 轴正方向传播，已知振幅为 1.0 m、周期为 2.0 s、波长为 2.0 m。时刻 $t=0$ 坐标原点处的质点位于平衡位置且沿 y 轴正方向运动。

（1）写出简谐波的波动方程；

（2）求 $t=1.0$ s 时刻各质点的位移分布，并画出该时刻的波形图；

（3）求 $x=0.5$ m 处质点的振动规律，并画出该质点的位移与时间的关系曲线。

8-6 如图所示，一平面简谐波在某种介质中以 $u=20\ \mathrm{m/s}$ 沿 x 轴负方向传播，已知 A 点的振动方程为 $y=3\cos 4\pi t$，式中 y 的单位为 m，t 的单位为 s。

（1）以 A 点为坐标原点，写出波动方程；

（2）若以距离 A 点负方向 5 m 处的 B 点为坐标原点，写出波动方程。

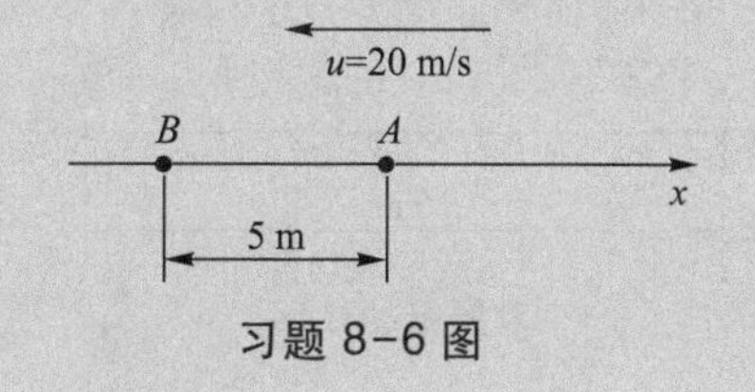

习题 8-6 图

8-7 一频率为 1 000 Hz 的声波在空气中传播时，波强为 $3\times10^{-2}\ \mathrm{W/m^2}$，声速为 330 m/s，空气的密度为 $1.3\ \mathrm{kg/m^3}$，求声波的振幅。

8-8 高高的旗杆上面挂一报警器，报警器均匀地向各个方向辐射声波。距离报警器 15.0 m 远的地方，波强为 $0.250\ \mathrm{W/m^2}$。求距离报警器多远的地方，波强为 $0.010\ \mathrm{W/m^2}$。

8-9 如图所示，S_1、S_2 为同一介质中的两个相干波源，其振动方程分别为 $y_1=0.10\cos2\pi t$，$y_2=0.10\cos(2\pi t+\pi)$，式中 y 的单位为 m，t 的单位为 s，它们传播到 P 点相遇。已知波速 $u=20$ m/s，$PS_1=40$ m，$PS_2=50$ m，求两列波在 P 点的分振动方程以及在 P 点的合振幅。

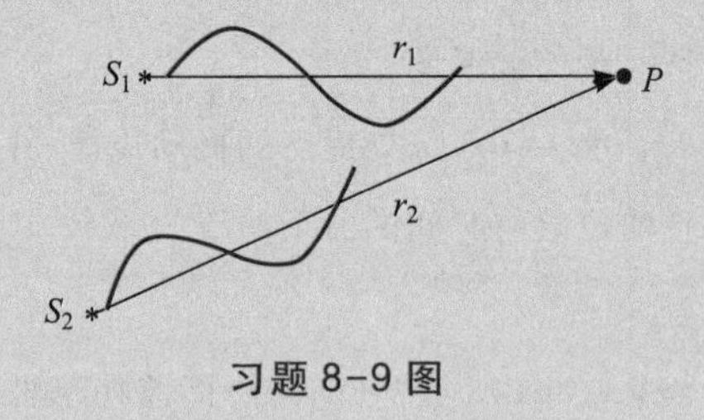

习题 8-9 图

8-10 如图所示，同一介质中的两个波源分别位于 A、B 两点，其振幅相等，频率均为 100 Hz，B 点波源比 A 点波源的相位超前 π。若 A 点和 B 点相距 30 m，且波速为 400 m/s，求 AB 连线上因干涉而静止的各点的位置。

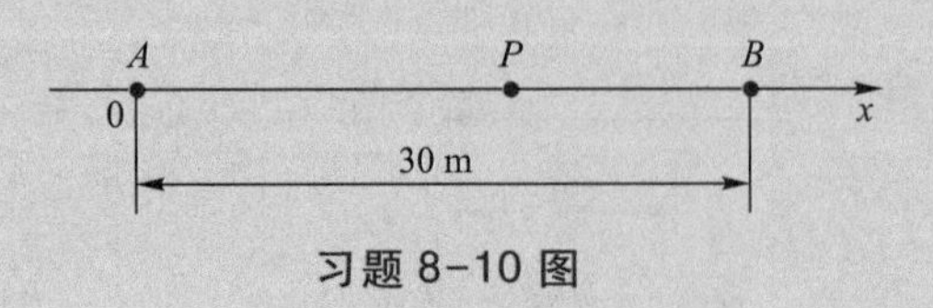

习题 8-10 图

8-11 如图所示为干涉型消声器结构原理图，利用该结构可以消除噪声。发动机排气噪声经管道到达 A 点，分两路在 B 点相遇，声波因干涉相消而达到消除噪声的目的。求要消除频率为 300～400 Hz 的发动机排气噪声，则图中弯管与直管的长度差 $\Delta r=r_2-r_1$ 应在什么范围？（声速为 $340\ \mathrm{m\cdot s^{-1}}$）

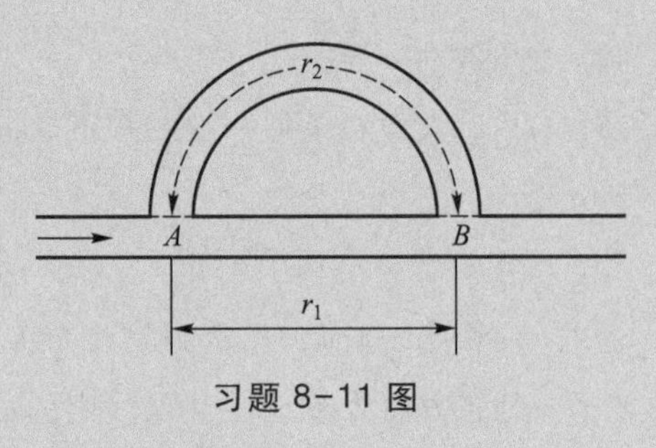

习题 8-11 图

8-12 如图所示，一列沿 x 轴正方向传播的简谐波方程为 $y=1\times10^{-3}\cos\left[200\pi\left(t-\dfrac{x}{200}\right)\right]$，式中 y 的单位为 m，t 的单位为 s。在 1、2 两种介质分界面上 A 点与坐标原点 O 相距 $L=2.25$ m. 已知介质 2 的波阻大于介质 1 的波阻，假设反射波与入射波的振幅相等。

(1) 写出反射波方程；

(2) 写出驻波方程；

(3) 求出在 OA 之间波节和波腹的位置坐标。

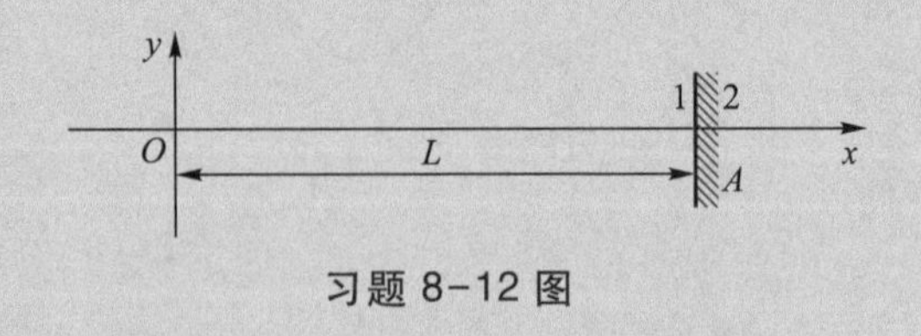

习题 8-12 图

8-13 如图所示，二胡的弦长为 $l=0.3$ m，

弦的线密度为 $\rho_l = 3.8\times10^{-4}$ kg/m，弦中张力 $F_T = 9.4$ N。求弦发出的声波的基频和谐频。

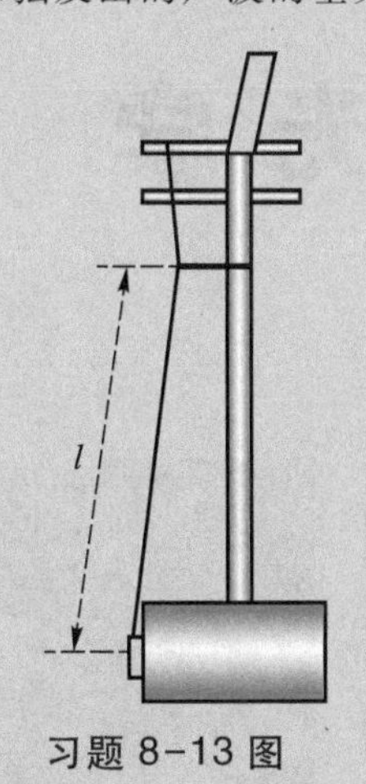

习题 8-13 图

8-14 一辆警车上的警笛发射频率为 300 Hz 的波。设空气静止不动，声速为 340 m/s。

(1) 求警笛处于静止状态时的波长；

(2) 如果警笛以 30 m/s 的速率移动，则求警笛前方和后方波的波长。

8-15 如图所示，甲、乙两艘潜艇相向而行，潜艇甲的速度为 50 km/h，潜艇乙的速度为 70 km/h。现有潜艇甲发出 1.0×10^3 Hz 的声波信号，设声波在水中的传播速度为 5.47×10^3 km/h。求：

(1) 潜艇乙接收到的信号频率；

(2) 潜艇甲接收到的从潜艇乙反射回来的信号频率。

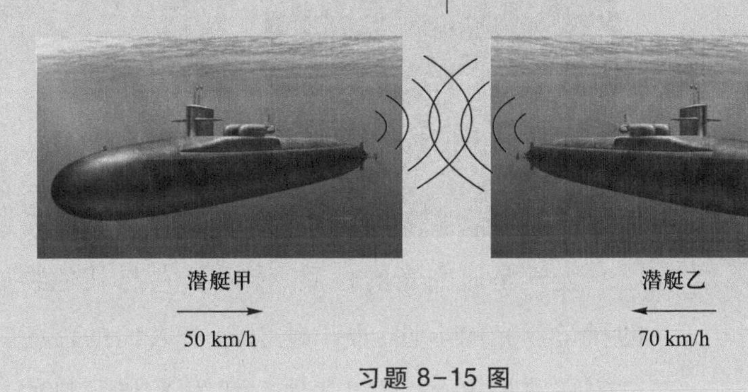

习题 8-15 图

第九章　波动光学

第九章　数字资源

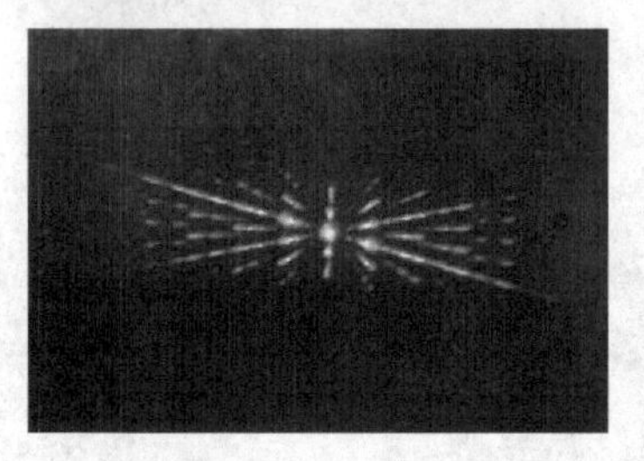

光学是研究光的性质、传播及它与其他物质作用规律的科学。光的本性，很早就引起了人们的注意。古希腊哲学家们曾提出：太阳和其他一切发光与发热的物体都发出微小粒子，这些粒子能引起人们的光和热的感觉。惠更斯最早比较明确地提出了光的波动说，在1690年出版的《论光》一书中写道："光如声音一样，以球形面的波传播，它类似于把石子投在水面上所观察到的波。"牛顿认为光的本质是运动着的微粒，但他后期察觉到光的波动性质。在《光学》一书中，他曾经想把光的微粒学说和波动说统一起来，但未成功。19世纪60年代，麦克斯韦建立了光的电磁理论，认识到光是一种电磁波。19世纪末20世纪初，人们又发现了光电效应等现象。经过实验验证，人们最终把光的波动性和粒子性统一起来。关于光的粒子性，将在近代

物理的章节里进行研究。本章主要通过光的干涉、衍射和偏振现象讨论光的波动性。

本章内容提要

一、光的干涉

1. 掌握光的相干条件,了解获得相干光的方法。

2. 掌握光程的定义,能熟练运用光程差求出相位差。

3. 理解半波损失的概念,掌握产生半波损失的条件。理解半波损失对薄膜干涉极大值和极小值条件的影响。

4. 对于杨氏双缝、平行平面薄膜、劈尖、牛顿环这几种干涉装置,要求掌握:

(1) 光程差公式;(2) 干涉加强和干涉减弱条件;(3) 干涉条纹特点及条纹随实验条件的变化规律。

5. 了解迈克耳孙干涉仪的工作原理。

二、光的衍射

1. 理解惠更斯-菲涅耳原理的物理意义。

2. 了解菲涅耳衍射和夫琅禾费衍射的区别。

3. 掌握用半波带法分析夫琅禾费单缝衍射的光强分布的方法。

4. 理解光栅常量的概念及其对光栅衍射谱线分布的影响;掌握光栅方程,能熟练应用光栅方程求明纹的位置;了解光栅光谱的重叠现象。

5. 了解圆孔衍射及光学仪器的分辨本领。

三、光的偏振

1. 理解偏振现象、自然光和偏振光等概念。

2. 掌握起偏与检偏的方法。

3. 掌握马吕斯定律,并能熟练运用马吕斯定律计算相关强度。

4. 掌握反射和折射的起偏现象,能够熟练运用布儒斯特定律。

5. 了解双折射现象。

9.1 光源发光机理 光的相干性

光的本质是电磁波，具有波动的属性。在电磁波谱中，能引起人们视觉感应的光波范围为 400～760 nm，称为可见光。光波和机械波的物理本质不同，但都是波，因此有波动的共同特征，即干涉、衍射等现象。波动光学以光的波动性为基础，分析光的干涉、衍射、偏振现象，研究光的传播规律。在研究规律之前，我们先了解一下光源的发光机理。

9.1.1 普通光源发光机理

能自己发光的物体称为光源，如太阳、电灯、蜡烛。目前生活中常用的光源有两类：普通光源和激光光源。普通光源又分热光源、冷光源等，其中热光源由热能激发，如太阳、白炽灯、弧光灯和卤钨灯等；冷光源由化学能、电能和光能激发，如目前市场上常见的 LED 光源、荧光灯和霓虹灯等。各种光源的激发方式不同，辐射机理也不同。

近代物理研究表明，原子或分子内部的能量是分立的。普通光源的发光则是原子或分子内部处于高能级的电子跃迁到低能级时，向外辐射出光子的过程。这种能级跃迁是间歇性的，发光时间极短，仅持续 10^{-11}～10^{-8} s，且每次能级跃迁也是随机的，如图 9-1-1(a)所示。也就是说，每一个原子或分子的每一次发光实际上是辐射出的一个具有一定的频率和振动方向的短波列，如图 9-1-1(b)所示。这种发光过程称为**自发辐射**。普通光源的发光就是内部大量原子或分子发出光波的总和。光学中，普通光源不能发出单一波长(单一频率)的光。目前,可以获得最接近单色光的光源是**激光器**。常见的激光器中,Ar^+激光器能发出波长为514.5 nm的绿光,He-Ne激光器能发出波长为632.8 nm的红光等。

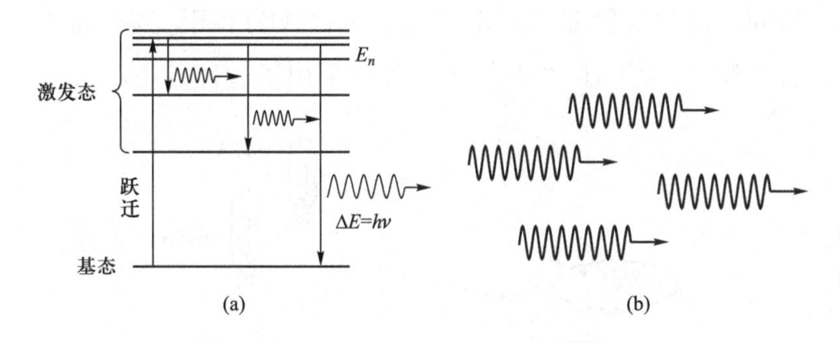

图 9-1-1 普通光源的发光机理

9.1.2 光的相干性

由机械波的相关知识可知,两束光在空间相遇,发生干涉现象必须满足振动频率相同、振动方向相同和相位差恒定,满足以上条件的两束光称为**相干光**,相应的光源称为**相干光源**。普通光源发光时,由于每个原子或分子发光是间歇性的,每次发光形成一长度有限的波列,因此每个原子或分子每次发光相互独立,互不相干。即使两个光源的频率相同,但是由于原子发光是随机的、间歇性的,两束光波的振动方向不可能一致,相位差不可能恒定。如图9-1-2所示,两个独立的钠灯发出的光在空间相遇,重叠部分没有发生干涉,只是变得更亮了。那么怎样才能获得相干光呢?获得相干光的基本方法是,设法将光源上一微小区域发出的光,看作点光源,发出的光分成两束,分别经过不同的路径,然后再使其相遇。因为这两束光实际上来自同一个原子的同一次发光,因此这两列光波满足相干光的条件。将同一光源发出的光分成两束的方法有两种:一种称为**分波阵面法**,由于同一波阵面上各点的振动具有相同的相位,所以从同一波阵面上发出的两束光可以作为相干光源，如杨氏双缝干涉、劳埃德镜干涉等就用了这种方法；另一种称为**分振幅法**，即一束光入射到两种介质的分界面时，一部分反射，一部分折射后再反射然后折射，分成两份或者若干份，从同一波列反射和折射出来的光可以作为相干光源，如薄膜干涉、劈尖干涉、牛顿环干涉等就采用了这种方法。

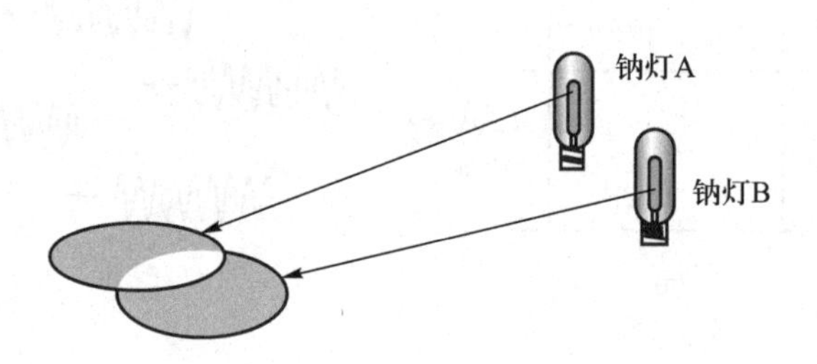

图 9-1-2 两独立光源发出的光在空间相遇

以上获得相干光的方法是针对普通光源而言的。而激光器的发光特点是，许多原子发出的光在频率和相位上都是同步的。与普通光源发光相位随机改变相比，激光相位改变的频率大大降低，光束在较长的长度范围可以保持确定的相位，因此激光的相干性远远超过普通光源，所以通常说激光是相干光。

9.1.3 相干光的光强

波动过程伴随着能量的传播。能够引起人眼视觉及对感光器件起作用的是光的电场强度（又称为**光矢量**）的振动。人眼和仪器能够分辨的光的强弱是由光波的电场强度的能流密度大小来决定的。根据 8.3 节中简谐波能量的相关知识可知，光的强度 I 是单位时间内通过与光波传播方向垂直的单位面积上的能量，I 正比于振幅的平方，即 $I\propto E^2$。

由于我们一般关心的是光强的相对分布，因此上式中的比例系数可以取 1，即

$$I=E^2 \tag{9-1-1}$$

下面分析当两列相干光相遇时的光强分布。

根据机械波的相关知识，两相干波在空间相遇，在相遇区间将产生干涉现象。那么两列相干光在相遇区间产生的合振幅 E 为多少呢？

设初相位相同的两相干光源所发出的光波振幅分别为 E_1 和 E_2，光强分别为 I_1 和 I_2，它们在空间 P 点相遇，则 P 点的合成光矢量 E 和光强 I 分别由式(8-4-2)和式(9-1-1)可得

$$E=\sqrt{E_1^2+E_2^2+2E_1E_2\cos\Delta\varphi}$$

$$I=I_1+I_2+2\sqrt{I_1I_2}\cos\Delta\varphi \tag{9-1-2}$$

其中

$$\Delta\varphi=2\pi\left(\frac{r_2}{\lambda_2}-\frac{r_1}{\lambda_1}\right) \tag{9-1-3}$$

可见，两列相干光相遇处的光强是由相位差调节的，而相位差与位置有关。

当 $\Delta\varphi=2k\pi\ (k=0,\pm1,\pm2,\cdots)$ 时，干涉加强，相干光强为

$$I=I_1+I_2+2\sqrt{I_1I_2} \tag{9-1-4}$$

当 $\Delta\varphi=(2k+1)\pi\ (k=0,\pm1,\pm2,\cdots)$ 时，干涉减弱，相干光强为

$$I=I_1+I_2-2\sqrt{I_1I_2} \tag{9-1-5}$$

9.2 光程和光程差

上节提到，干涉现象与两相干光波到达空间相遇点的相位差有关。初相位相同的两相干光在同种介质中传播时，它们在相遇点的相位差仅与光源到达相遇点的几何路程差有关。若两光束在不同的介质中传播时，例如一束光在空气中传播，另一束在玻璃中传播，那么两相干光到达相

遇点的相位差与什么有关呢？我们接下来讨论两束相干光在不同介质中传播时，在 P 点处的相位差，如图 9-2-1 所示。设从初相位相同的两相干光源 S_1 和 S_2 发出的两束光分别在折射率为 n_1 和 n_2 的介质中传播，在 P 点相遇，光源 S_1 和 S_2 距离 P 点分别为 r_1 和 r_2。

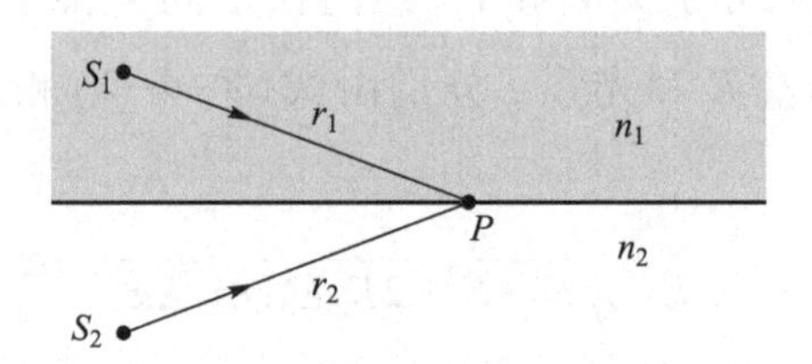

图 9-2-1 两束相干光在不同介质中的传播与相遇

设一频率为 ν 的单色光，它在真空中传播的速度为 c，波长为 λ。它在折射率为 n 的介质中传播的波速为 u，则

$$u=\frac{c}{n}$$

由此可得光在介质中的波长 λ_n 与真空中的波长 λ 的关系为

$$\lambda_n=\frac{u}{\nu}=\frac{c}{n\nu}=\frac{\lambda}{n} \tag{9-2-1}$$

式(9-2-1)说明，频率为 ν 的单色光在折射率为 n 的介质中传播时，其波长为真空中波长的 $\frac{1}{n}$。8.2 节中指出相位相同的两列波传播到 P 点的相位差正比于两个波源到该点的波程差。若光波在该介质中传播的几何路程为 r，由式(8-2-4b)和式(9-2-1)可知相位的变化为

$$\Delta\varphi=2\pi\frac{r}{\lambda_n}=2\pi\frac{nr}{\lambda} \tag{9-2-2}$$

上式表明，光波在介质中传播时，其相位的变化与光波传播的几何路程、介质的折射率以及真空中的波长有关。介质的折射率 n 和几何路程 r 的乘积 nr 称为光程。

$$nr=\frac{c}{u}r=c\frac{r}{u}=ct \tag{9-2-3}$$

由此可见，**光程是一个折算量，它等于光在经历与介质中相同的时间间隔内，在真空中通过的路程。即在相位变化相同的条件下，把光在介质中传播的几何路程折合为光在真空中传播的路程，这就是光程的物理意义。**

有了光程的概念，我们可以把单色光在不同介质中传播的路程，全部折算为该单色光在真空中的传播路程。由此可得，图 9-2-1 中两相干光分别在不同介质中传播到 P 点的**光程差** Δ 为

$$\Delta = n_2 r_2 - n_1 r_1 \tag{9-2-4}$$

由 8.4 节可知，初相位相同的两相干波源发出的光波在空间 P 点相遇时，所产生的干涉情况与两光波到达该点的光程差有关，即它们的光程差和相位差的关系为

$$\Delta\varphi = \frac{2\pi}{\lambda}\Delta \tag{9-2-5}$$

当 $\Delta\varphi = 2k\pi$，即

$$\Delta = k\lambda \quad (k = 0, \pm1, \pm2, \cdots) \tag{9-2-6}$$

时，干涉加强；

当 $\Delta\varphi = (2k+1)\pi$，即

$$\Delta = (2k+1)\frac{\lambda}{2} \quad (k = 0, \pm1, \pm2, \cdots) \tag{9-2-7}$$

时，干涉减弱。

9.3 杨氏双缝干涉 劳埃德镜

托马斯·杨（Thomas Young，1773—1829）是英国医生、物理学家，光的波动说的奠基人之一。他在物理光学领域的研究是具有开拓意义的。他设计的著名的杨氏双缝干涉实验，成功地演示了光的干涉现象，证明了光以波动的形式存在。20 世纪初，物理学家将他的双缝干涉实验结果和爱

因斯坦的光量子假说结合起来，提出了光的波粒二象性。他第一个测量了7种光的波长，最先提出三原色原理：指出一切色彩都可以从红、绿、蓝这三种原色中得到。他对弹性力学也很有研究，后人为了纪念他的贡献，把弹性模量称为杨氏模量。

9.3.1 杨氏双缝干涉实验

动画 杨氏双缝干涉

1800年，托马斯·杨通过巧妙的设计，利用普通光源成功地获得了稳定的干涉图样，这就是著名的杨氏双缝干涉实验，该实验为光的波动学说的建立奠定了基础。它是利用在单一光源发出的某一波阵面上，取出两部分面元来获得两束相干光，属于分波阵面法干涉。

杨氏双缝干涉实验的装置如图9-3-1所示。图9-3-1所示在普通单色光源后放置一带狭缝S的遮光屏，狭缝的宽度约为1 μm。S被光源照射形成一个缝光源，S后不远处放置另一个遮光屏，屏上有与S平行且等距离的两平行狭缝S_1和S_2，双缝之间的距离很小，相距为几十至上百微米。从S发出的光波到达S_1和S_2，满足相干条件，于是S_1和S_2为相干波源。这样在双缝后放置一观察屏，则屏上出现一系列明暗相间的干涉条纹。

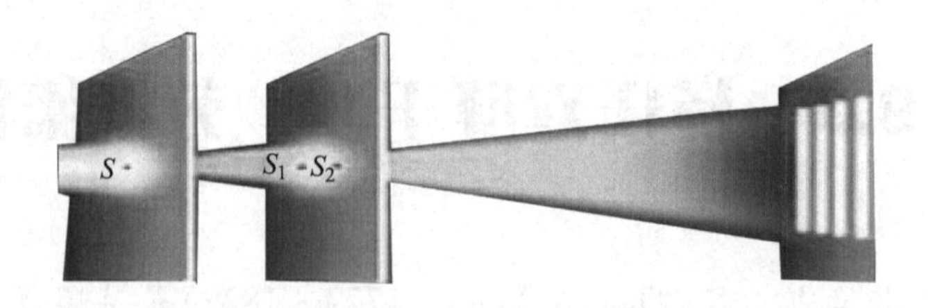

图9-3-1 杨氏双缝干涉实验

下面利用光程及光程差定量分析杨氏双缝干涉实验的现象及结果。如图9-3-2所示，设相干光源S_1和S_2之间的距离，即双缝间距为d，双缝与观察屏平行，且双缝到屏的距离为D。为了简化杨氏双缝干涉实验的分析，假设$D \gg d$。

今在屏上任取一 P 点，距离 S_1 和 S_2 分别为 r_1 和 r_2，取 O_1 为 S_1 和 S_2 双缝的中点，OO_1 为双缝的垂直平分线，且与屏相交于 O 点。观察屏上 P 点到 O 点的距离为 x。为了获得明显的干涉条纹，通常情况下，狭缝间距为几毫米，双缝到屏的距离在 1 m 开外甚至更远的距离。因此，S_1 和 S_2 发出的光到达屏上 P 点的光程差为

$$\Delta r = r_2 - r_1 \approx d\sin\theta$$

因为 $D \gg d$，所以 O_1O 与 O_1P 之间的夹角也近似等于 θ，由此可得

$$\Delta r \approx d\sin\theta \approx d\tan\theta = d\frac{x}{D} \qquad (9-3-1)$$

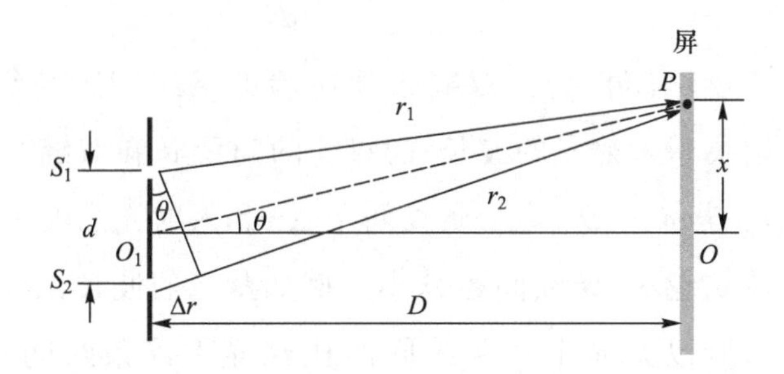

图 9-3-2 杨氏双缝干涉实验定量分析示意图

把式(9-3-1)代入式(9-2-6)可知，若

$$\Delta r = d\frac{x}{D} = k\lambda \quad (k=0, \pm1, \pm2, \cdots)$$

即屏上 P 点位置满足

$$x = k\frac{D\lambda}{d} \quad (k=0, \pm1, \pm2, \cdots) \qquad (9-3-2)$$

则屏上 P 点处两光束干涉加强，该处为一明纹的位置中心。O 点位置对应 $\theta=0, k=0$，因此 O 点处也为一中央明纹的中心，称为**中央明纹**。在 O 点（中央明纹）两侧，与 $k=\pm1, \pm2, \cdots$ 相应的 x_k 处，分别称为第一级明纹、第二级明纹、……

若 $\Delta r = d\frac{x}{D} = (2k+1)\frac{\lambda}{2} \quad (k=0, \pm1, \pm2, \cdots)$

即屏上 P 点位置满足

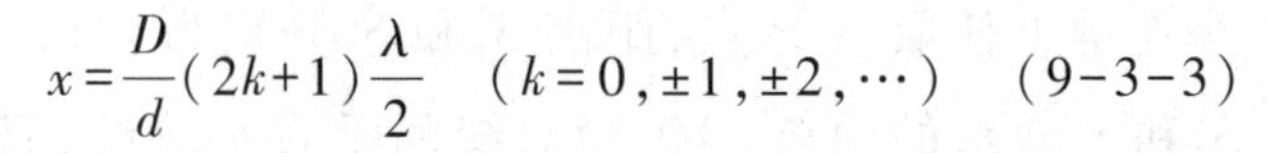

$$x=\frac{D}{d}(2k+1)\frac{\lambda}{2} \quad (k=0,\pm1,\pm2,\cdots) \qquad (9-3-3)$$

则屏上 P 点处两光束干涉减弱，该处为一暗纹的位置中心。与 $k=0,\pm1,\pm2,\cdots$相应的 x_k 处，分别对应于暗纹的中心。若 S_1和 S_2发出的光距离 P 点的光程差既不满足式(9-3-2)，也不满足式(9-3-3)，则 P 点处既不是最亮，也不是最暗，该处的光强介于最亮和最暗之间，如图 9-3-3 所示。一般常把相邻两个暗纹中心之间的距离称为一条明纹的宽度。

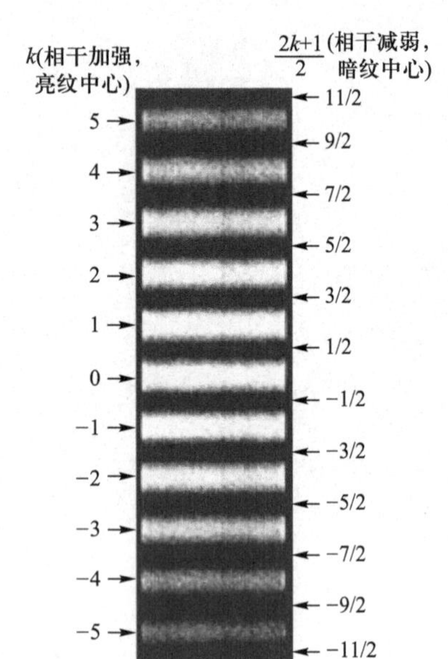

图 9-3-3 杨氏双缝干涉实验屏上干涉条纹

由式(9-3-2)和式(9-3-3)可以计算出，相邻两明纹或相邻两暗纹中心的间距为

$$\Delta x=x_{k+1}-x_k=\frac{D\lambda}{d} \qquad (9-3-4)$$

式(9-3-4)表明，杨氏双缝干涉实验的条纹间距与级次 k 无关，取决于入射光的波长 λ、双缝的间距 d 和双缝与屏的距离 D。若 d 和 D 一定，条纹间距 Δx 和入射光的波长 λ 成正比，波长越小，条纹间距越小。例如紫光的波长比红光的波长小，所以紫光干涉条纹间距比红光干涉条纹间距小。当白光入射在狭缝 S 上时，对于中央明纹，$k=0$ 时，不同波长的光，干涉极大都在同一位置，所以中央明纹仍然是白光。$k\neq0$ 时，不同波长的光，干涉极大的位置各不相同，在同一级干涉极大中，波长越大，明纹中心距离 O 点的位置越远；波长越小，明纹中心距离 O 点的位置越近。因此在中央明纹的两侧将会出现**彩色且连续分布**的**光谱**。

综上分析可得，杨氏双缝干涉实验中，如果单色光入射时，我们在屏上将会看到，在中央明纹两侧对称地分布着明、暗相间且等间距的干涉条纹，这些干涉条纹是一组与狭缝形状相同的一条条直线，如图 9-3-3 所示。

尽管杨氏双缝干涉实验中使用的是可见光，但是从中推导出的式(9-3-2)和式(9-3-3)适用于距离双缝较远处探测从 S_1和 S_2发出的任何种类的两相干波源的合成波。

例 9-3-1

如图 9-3-4 所示，将一折射率为 1.58 的云母片覆盖于杨氏双缝的一条缝上，使得屏上原中央明纹处变为第 5 级明纹，假定 $\lambda=550$ nm。求云母片厚度 h。

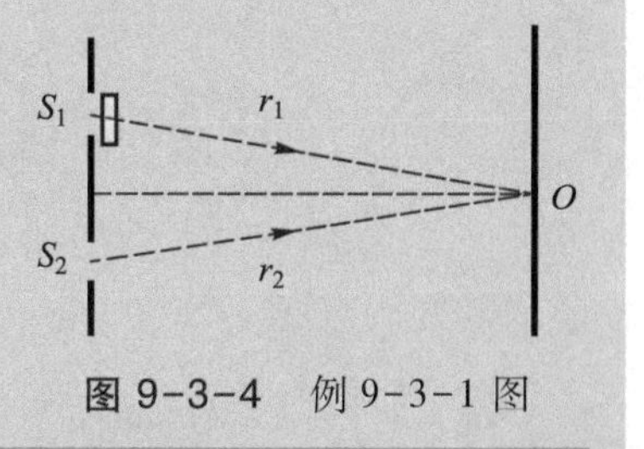

图 9-3-4 例 9-3-1 图

解 根据光路图可知，屏上原中央明纹的位置，由于覆盖了云母片后，光束 S_1 到达 O 点的光程发生变化，假设云母片的折射率为 n，则光程为 r_1-h+nh；光束 S_2 到达 O 点的光程不变，因此，两光束在 O 点的光程差也发生变化

$$\Delta=(r_1-h+nh)-r_2=(r_1-r_2)+(n-1)h$$

因为 O 点为屏上原中央极大处，所以 $r_1=r_2$，因此

$$\Delta=(n-1)h$$

根据题意，覆盖了云母片后，O 点处现变为第 5 级明纹的中心，所以

$$h=\frac{k\lambda}{n-1}=\frac{5\times550\times10^{-9}}{1.58-1}\ \text{m}\approx4.74\times10^{-6}\ \text{m}$$

9.3.2 劳埃德镜实验 半波损失

劳埃德于 1834 年提出了一种更简单的获得干涉现象的装置，如图 9-3-5 所示。ML 是一块平面反射镜，S_1 是一线光源，且放置在离平面镜很远，并靠近 ML 所在平面的地方。从光源发出的光波，一部分掠射到平面镜上，经反射到达屏上；另一部分直接照射到屏上。这两部分光同样是由分波阵面法得到的相干光。反射光可看作是由虚光源 S_2 发出的，S_1 和 S_2 构成一对相干光源，图中阴影部分为相干区域。类似于杨氏双缝干涉实验，平面镜 ML 所在的位置对应 S_1 和 S_2 双缝的垂直平分线，在观察屏 P 相干区域内可以看到一系列明暗相间的条纹。当我们移动观察屏，使其与平面反射镜的一端 L 处相交时，实验结果显示 L 处并没有出现类似杨氏双缝干涉实验的中央明纹，而是出现了暗纹，

这说明两光束在该点的相位相反（相位差为 π）。从狭缝 S_1 出射的光直接传播到观察屏不可能发生突变，只可能是反射光（假设从虚拟狭缝 S_2 出射的光）相位发生了突变（相位超前或者滞后了 π）。

实验表明，**当光从光速较小（折射率小）的介质射向光速较大（折射率大）的介质时，反射光的相位相对于入射光的相位发生了 π 的变化**。相对于入射光，反射光相位 π 的跃变，相当于反射光与入射光之间附加了半个波长 $\frac{\lambda}{2}$ 的波长差，也称为**半波损失**。这一现象在机械波中也讨论过，尽管它们的物理机制不同，但是由于都具有波动性，其规律是类似的。

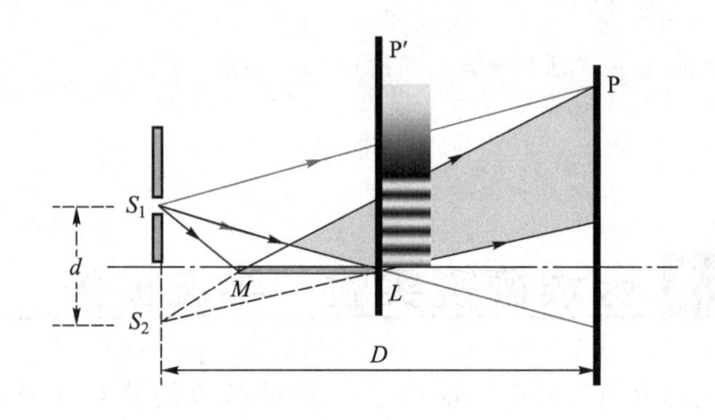

图 9-3-5 劳埃德镜实验示意图

9.4 薄膜干涉

太阳光下，我们观察肥皂泡（本章开篇的图片）或者薄油层时，经常看到它们呈现彩色的条纹，这是光的干涉结果。图 9-4-1(a) 为薄膜干涉的示意图，光照射到厚度为 d、折射率为 n 的薄膜上表面，一部分被反射，一部分被透射，透过上表面的光照射到薄膜下表面时，部分又被下表面反射，然后又部分被上表面透过。这样的两束反射光在人

眼视网膜上的 P 点相遇。由于相位差的关系,它们可能产生干涉加强,也可能产生干涉减弱。我们看到不同的颜色对应不同波长的光相干加强。利用光在介质表面的反射和折射将同一光束分成多束也可以获得相干光,这种方法称为**分振幅干涉法**。类似的现象也发生在照相机镜头、镀膜的眼镜片、劈尖以及牛顿环等装置上,这些都属于薄膜干涉。我们接下来对薄膜干涉的实验结果进行理论推导。

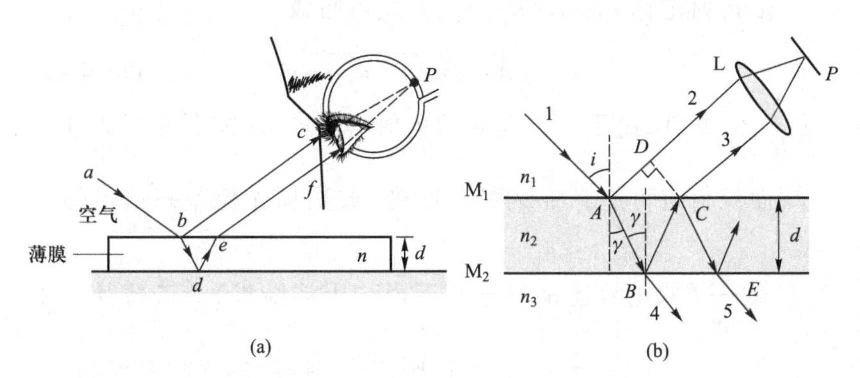

图 9-4-1 薄膜反射光干涉示意图

教学视频 薄膜干涉

9.4.1 薄膜干涉的光程差

如图 9-4-1(b) 所示,厚度为 d,折射率为 n_2 的薄膜上表面上方的介质折射率为 n_1,薄膜下表面下方的介质折射率为 n_3,一束在真空中波长为 λ 的单色光以入射角 i 入射到薄膜上表面 A 点。经薄膜的反射形成光束 2,同时以折射角 γ 折射进入薄膜,折射光到达薄膜下表面 B 点,在薄膜内反射回到薄膜上表面折射出去,形成光束 3,在 B 点反射的同时折射产生光束 4。2 和 3 是两束平行光,由于两者是从同一光束 1 获得的,因此两者具有相同的频率、相同的振动方向,两者经透镜相遇时具有恒定的相位差,因此光束 2 和 3 是相干光束。

下面计算光束 2 和 3 的光程差,设 $CD \perp AD$,则 CP 和 DP 的光程相等。光束 2 和 3 在 A 点被分开,由图可知,它们的光程差实则是光束 2 在介质 n_1 中传播路程 AD 与光束 3 在薄膜 n_2 中传播路程 $(AB+BC)$ 对应的光程差，即

$$\Delta = n_2(AB+BC) - n_1 AD \tag{9-4-1}$$

由图可得 $AB=BC=\dfrac{d}{\cos\gamma}$，$AD=AC\sin i=2d\tan\gamma\sin i$，则

$$\Delta = 2\frac{d}{\cos\gamma}(n_2 - n_1\sin\gamma\sin i)$$

由折射定律 $n_1\sin i = n_2\sin\gamma$，上式可写成

$$\Delta = 2d\sqrt{n_2^2 - n_1^2\sin^2 i} \tag{9-4-2}$$

此外，由于三种介质的折射率不同，还需要考虑光在界面反射时可能有 π 的相位跃变，或附加光程差 $\pm\dfrac{\lambda}{2}$，习惯上取 $+\dfrac{\lambda}{2}$（取正号还是负号并不影响干涉结果）。若薄膜处于空气中，即 $n_1=n_3=1$，$n_2>1$，则式(9-4-2)的光程差变为

$$\Delta = 2d\sqrt{n_2^2 - n_1^2\sin^2 i} + \frac{\lambda}{2} \tag{9-4-3}$$

则干涉条件为

$$\Delta = 2d\sqrt{n_2^2 - n_1^2\sin^2 i} + \frac{\lambda}{2} = \begin{cases} k\lambda & (k=1,2,\cdots)\text{干涉加强} \\ (2k+1)\dfrac{\lambda}{2} & (k=0,1,2,\cdots)\text{干涉减弱} \end{cases} \tag{9-4-4}$$

由式(9-4-4)可知，若薄膜厚度均匀，以同样倾角入射的光线产生的两束反射相干光的光程差相等，它们产生同一级干涉条纹，这种干涉现象称为**等倾干涉**。由此可得，等倾干涉条纹为一组明暗相间的圆环，如图 9-4-2 所示。

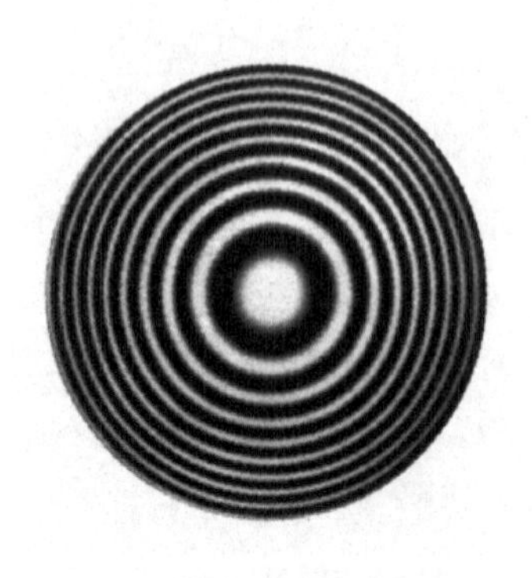

图 9-4-2　等倾干涉图

从图 9-4-1(b) 中可以看到，透射光也有干涉现象。光线 AB 到达 B 点时，一部分经界面 M_2 折射出去形成光束 4，还有一部分经 B 点和 C 点两次反射后从界面 M_2 上 E 点折射出去形成光束 5。当薄膜处于空气中的情况时，光束 5 经历两次界面的反射而没有引入附加的光程差，因此，4、5 这

两束透射光的光程差为

$$\Delta = 2d\sqrt{n_2^2 - n_1^2 \sin^2 i} \qquad (9-4-5)$$

比较式(9-4-3)和式(9-4-6),发现在相同实验条件下,反射光和透射光的光程差相差$\frac{\lambda}{2}$,即反射光干涉加强时,透射光干涉减弱,这符合能量守恒定律的要求。

下面讨论一种特殊的情况,当光垂直入射到薄膜表面反射时,即 $i=0$,式(9-4-4)可写成

$$\Delta = 2n_2 d + \frac{\lambda}{2} = \begin{cases} k\lambda & (k=1,2,\cdots)\text{干涉加强} \\ (2k+1)\frac{\lambda}{2} & (k=0,1,2,\cdots)\text{干涉减弱} \end{cases} \qquad (9-4-6)$$

当光垂直入射到薄膜表面透射时,式(9-4-5)可写成

$$\Delta = 2n_2 d \qquad (9-4-7)$$

由式(9-4-6)可以看出,当光垂直入射到薄膜时,干涉加强或减弱由薄膜厚度决定。干涉加强时可观察到薄膜表面一片亮,干涉减弱时可观察到薄膜表面一片暗。均匀薄膜的干涉图样是无干涉条纹的。在实际应用中,常利用薄膜上下表面反射光和透射光的干涉,来调节光学器件表面的反射率和透射率。

那么,如果薄膜上表面和下表面的折射率不同,即上表面、薄膜和下表面的折射率依次为 n_1、n_2和 n_3,它们各不相同。那么薄膜上表面反射光的光程差和下表面透射光的光程差怎么计算呢?

这里需要强调的是,发生干涉现象的薄膜厚度要非常薄。9.1 节中提到,形成稳定的干涉图案,两列光波必须是相干的。然而,太阳和普通光源的发光发出的是一列一列的短光波,每列光波只有几个微米($\sim 10^{-6}$ m)。光在薄膜的上、下两个表面反射时[图 9-4-3(a)],如果两列反射波来自同一列光波,那么这两列波相干,会发生干涉现象。如果

薄膜过厚,上、下两表面的反射光将来自不同列的光波[图9-4-3(b)]。不是同一列光波,反射光不满足相干条件,因此无法形成稳定的干涉图样。这就是我们可以观察到肥皂膜上呈现的彩带,而看不到玻璃窗上的反射光呈现彩色的原因。

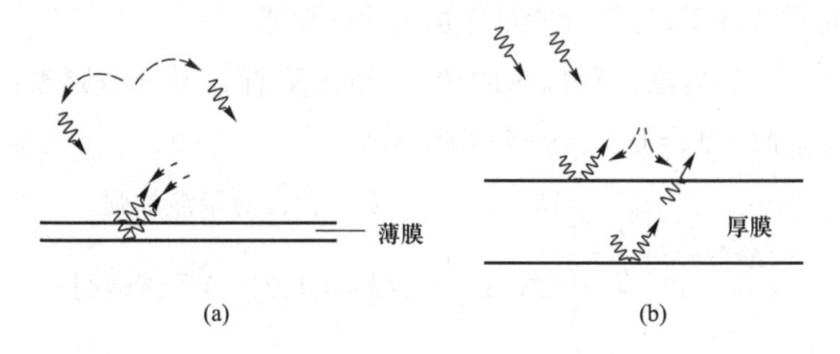

图 9-4-3 不同厚度膜的反射光干涉

图 9-4-1(b)中,干涉图样是经透镜呈现在了焦平面上。需要指出的是,**透镜并不引起附加的光程差**。下面利用光程的知识来定性分析透镜不会引起附加的光程差。

由几何光学可知,平行光通过透镜后,会聚于焦平面上,形成一个亮点,如图 9-4-4(a)所示。平行光束的同相面是与光线垂直的平面,A、B、C 点的相位相同,AaF、BbF、CcF 的几何路程不同,虽然 BbF 的几何路程最短,但是其在透镜中经过的几何路程是最长的,由于透镜材料的折射率大于真空的折射率(约为 1),折算成光程时,AaF、BbF、CcF 的光程是相同的,三者产生了相同的相位变化,所以会聚时相干加强、变亮。图 9-4-4(b)显示的是一球面光,透镜主轴上的点光源 S 在焦平面上 S' 处成像。同理,SaS'、SbS'、ScS' 三者的几何路程虽然不同,但是三者的光程可以是相同的,也就是说,从物点到像点各光线产生了相同的相位变化,因此得到明亮的实像。从以上分析可以得出结论,透镜仅改变光波的传播方向,但不会引起附加的光程差,从物点到像点的各光线都具有相同的光程,这就是**透镜的等光程原理**。

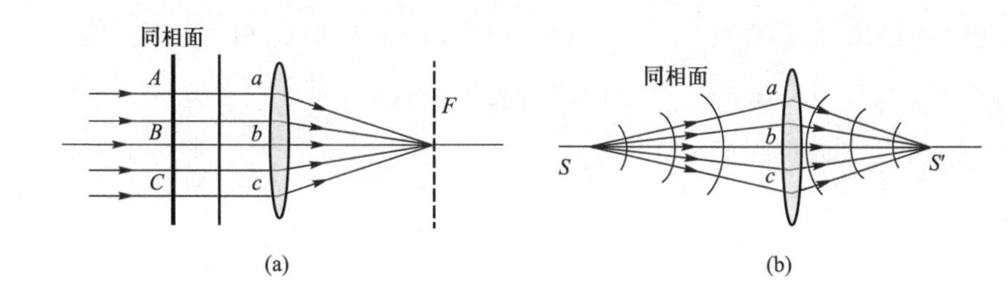

图 9-4-4 透镜不引起附加光程差

例 9-4-1

为了减少入射到镜头里的光能的损失，通常在照相机镜头表面镀一层厚度为 d 的氟化镁薄膜，如图 9-4-5(a)所示。在玻璃($n_3=1.60$)表面镀有一层 MgF_2($n_2=1.38$)薄膜作为增透膜。为了使波长为 550 nm 的光从空气($n_1=1$)正入射时尽可能减少反射(照相底片对黄绿光最敏感)，MgF_2薄膜的最小厚度是多少？

(a) 涂有增透膜的相机镜头

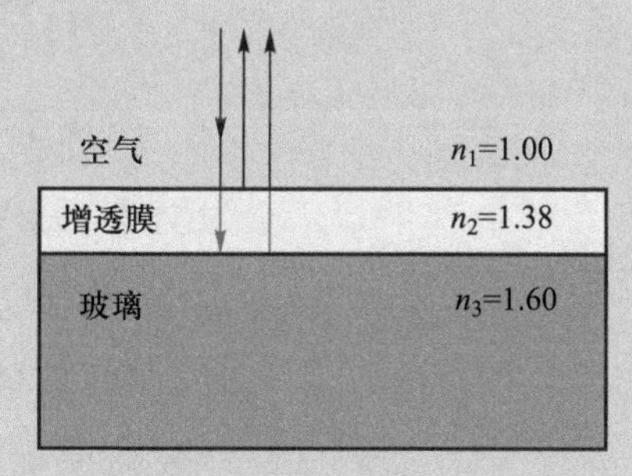

(b) 增透膜示意图

图 9-4-5 例 9-4-1 图

解 图 9-4-5(b)为增透膜的分析示意图。

因为 $n_1<n_2<n_3$，所以增透膜上、下两界面的反射光均有半波损失，则两束反射光的光程差为 $\Delta=2n_2d$，

根据干涉条件，两反射光干涉减弱。因为反射光和透射光干涉的总能量是守恒的，所以反射光干涉减弱，透射光则干涉加强，这样的薄膜称为**增透膜**，由此可得

$$2n_2d=(2k+1)\frac{\lambda}{2}\quad(k=0,1,2,\cdots)$$

$$d=\frac{\left(k+\frac{1}{2}\right)\lambda}{2n_2}\quad(k=0,1,2,\cdots)$$

当 $k=0$ 时，薄膜的厚度最小

$$d_{\min}=\frac{\lambda}{4n_2}\approx 99.6\ \text{nm}$$

实际应用中，利用薄膜干涉也可以

制成增反膜(或高反膜)。将增透膜的氟化镁替换成硫化锌(ZnS, $n=2.40$),薄膜上表面和下表面反射时,仅上表面反射光产生半波损失,因而反射光相干加强,相应的透射光干涉减弱。

9.4.2 等厚干涉

前面讨论了厚度均匀的薄膜干涉现象,而当薄膜厚度非均匀时,平行光入射也产生干涉现象,典型的实验是劈尖和牛顿环。这两个实验在实际工程中也有广泛的应用,下面对这两个实验分别进行讨论。

一、劈尖

两块平板玻璃片 G_1 和 G_2,将它们一端叠放在一起,称为**劈棱**,另一端用厚度为 D 的细金属丝隔开,细丝的直径非常小(为了方便说明,图中细丝的直径特别予以放大)。此时,在两玻璃片之间形成一端薄、一端厚的空气薄层,这一空气薄层称为**空气劈尖**,如图 9-4-6(a)所示。图中 S 为一单色光光源,发出的光经透镜 L 后成为平行光,经 45° 角放置的半反射半透射平面镜后,垂直入射到劈尖上。当单色平行光垂直照射在平板玻璃片上时,劈尖上、下表面的反射光相遇发生干涉,从显微镜 T 中或者眼睛直接观察可以看到一组平行于棱边的明暗相间的条纹,如图 9-4-6(b)所示。

下面对劈尖形成干涉条纹的原理进行分析。图 9-4-7 中 D 为金属丝直径,L 为玻璃片的长度,θ 为两玻璃片劈棱边的夹角。前面提到产生干涉现象的薄膜厚度要很薄,因此 θ 很小,劈尖上、下两表面的反射光线都可以近似看作与入射光线方向相反,它们在劈尖表面相遇相干叠加。空气

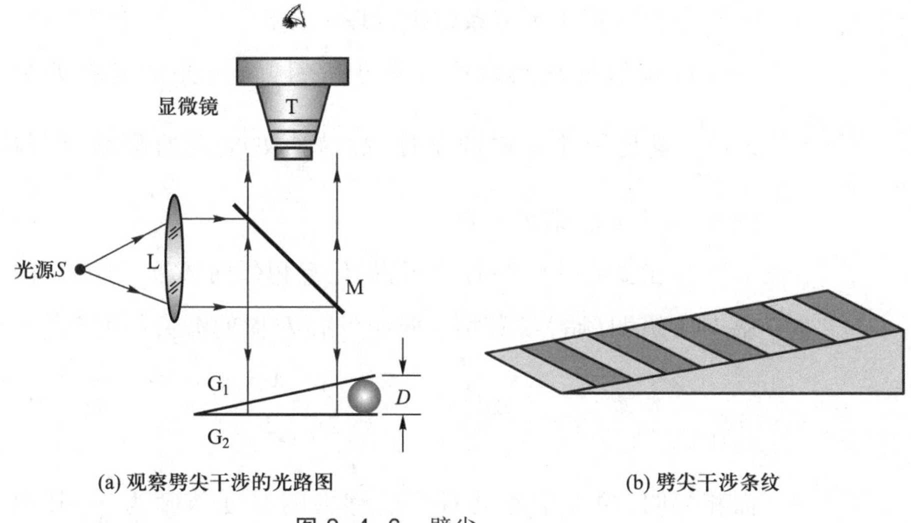

图 9-4-6 劈尖

劈尖的折射率 n 小于玻璃的折射率 n_1，因此光在劈尖下表面反射时会有相位跃变，引入$\dfrac{\lambda}{2}$附加光程差，由式(9-4-6)可得，在薄膜厚度为 d 处，劈尖反射光的干涉条件为

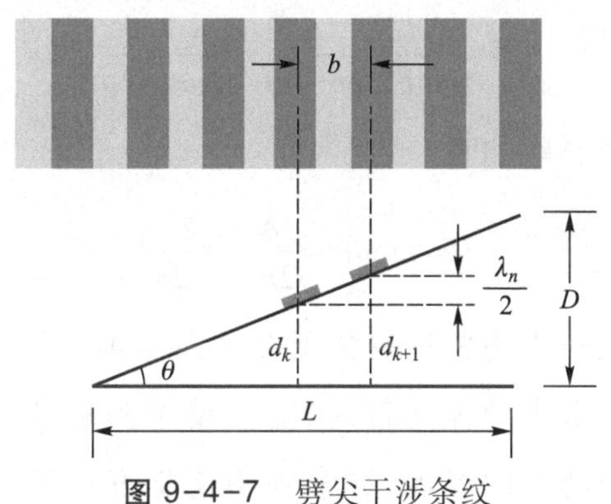

图 9-4-7 劈尖干涉条纹

$$\Delta = 2nd+\frac{\lambda}{2}=\begin{cases} k\lambda & (k=1,2,3,\cdots)\text{干涉加强} \\ (2k+1)\dfrac{\lambda}{2} & (k=0,1,2,3,\cdots)\text{干涉减弱} \end{cases} \tag{9-4-8}$$

动画 劈尖干涉

由式(9-4-8)可知，尽管劈尖厚度不均匀，但是劈尖内同一厚度处对应同一级干涉条纹，薄膜厚度越大，干涉级数越高，因此劈尖干涉也称为**等厚干涉**。等厚干涉形成的条纹称为**等厚干涉条纹**。

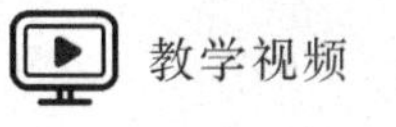

教学视频 劈尖

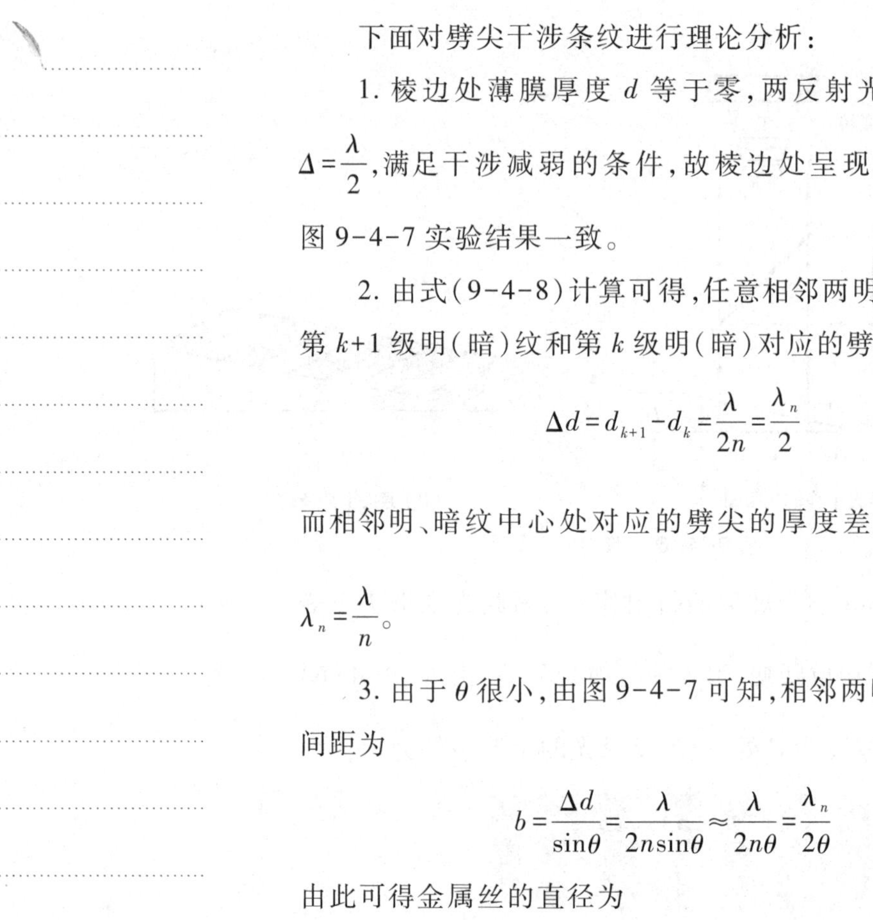

下面对劈尖干涉条纹进行理论分析:

1. 棱边处薄膜厚度 d 等于零,两反射光的光程差为 $\Delta=\frac{\lambda}{2}$,满足干涉减弱的条件,故棱边处呈现的是暗纹,与图 9-4-7 实验结果一致。

2. 由式(9-4-8)计算可得,任意相邻两明纹或暗纹,即第 $k+1$ 级明(暗)纹和第 k 级明(暗)对应的劈尖厚度差为

$$\Delta d=d_{k+1}-d_k=\frac{\lambda}{2n}=\frac{\lambda_n}{2} \tag{9-4-9}$$

而相邻明、暗纹中心处对应的劈尖的厚度差则为$\frac{\lambda_n}{4}$,其中 $\lambda_n=\frac{\lambda}{n}$。

3. 由于 θ 很小,由图 9-4-7 可知,相邻两明纹或暗纹的间距为

$$b=\frac{\Delta d}{\sin\theta}=\frac{\lambda}{2n\sin\theta}\approx\frac{\lambda}{2n\theta}=\frac{\lambda_n}{2\theta} \tag{9-4-10}$$

由此可得金属丝的直径为

$$D=L\tan\theta\approx\frac{\lambda}{2nb}L=\frac{\lambda_n}{2b}L \tag{9-4-11}$$

在工程技术中常用劈尖干涉来测量细丝的直径和薄片的厚度。制造半导体元件时,需要精确测量硅片上的二氧化硅(SiO_2)薄膜的厚度,通常利用化学方法把 SiO_2 薄膜一部分腐蚀,形成劈尖,如图 9-4-8(a)所示。单色光照射 SiO_2 薄膜,显微镜中则呈现若干明暗相间的干涉条纹,数条纹数,则可以算出 SiO_2 薄膜的厚度。干涉膨胀仪也是利用空气劈尖干涉原理来测量材料受热后长度的微小变化,图 9-4-8(b)为其结构示意图。干涉膨胀仪外框由线膨胀系数很小的石英制成,框内放置被测样品,样品的上表面被打磨成稍微倾斜的斜面,框顶放置一平板玻璃片,这样玻璃片和样品上表面之间就构成了一空气劈尖。当装置受热

时，外框的线膨胀系数很小，长度变化可以忽略不计。框内样品受热膨胀，使得劈尖斜面的位置上升，引起干涉条纹发生移动。由上面讨论可知，任何相邻两明纹或暗纹之间的厚度差为$\frac{\lambda}{2}$。因此，如果空气劈尖某处厚度改变$\frac{\lambda}{2}$，那么在显微镜下，我们将会观察到该处干涉条纹由亮逐渐变暗再变亮（或者由暗逐渐变亮再变暗）的过程，意味着干涉条纹移动了一级。因此，当干涉条纹移动了 N 条时，该处的空气膜的厚度将改变 $N\frac{\lambda}{2}$的厚度。

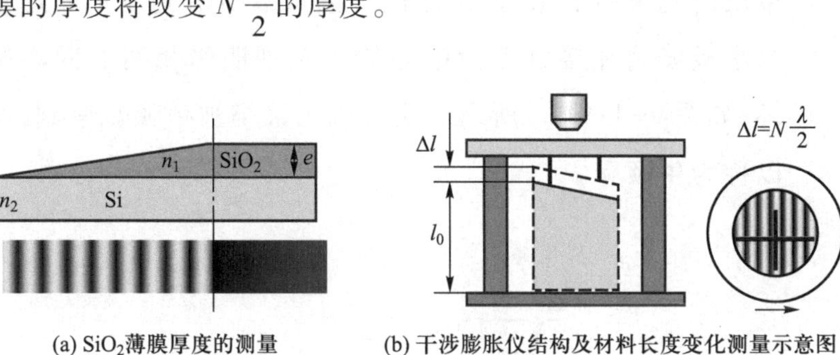

(a) SiO_2薄膜厚度的测量　(b) 干涉膨胀仪结构及材料长度变化测量示意图

图 9-4-8

例 9-4-2

用干涉技术测量细丝直径：两块光学玻璃片一端接触，另一端放置待测细丝，两玻璃片间形成劈尖状空气薄膜。先用波长为 $\lambda=589.3\ \text{nm}$ 的黄光垂直照射劈尖，显微镜下细丝处刚好为明纹。经测量空气劈尖内共有明纹 272 条。求细丝的直径。

解 两块玻璃片间形成空气劈尖膜，其折射率 $n=1$。由式(9-4-8)，空气膜上、下表面反射光的光程差为

$$\Delta=2d+\frac{\lambda}{2}$$

根据题意，干涉产生明纹的条件为

$$\Delta=2d+\frac{\lambda}{2}=k\lambda \quad (k=1,2,\cdots)$$

因为棱边为暗纹，所以当 $d=D$，$k=272$ 时，细丝的直径为

$$D=\frac{(2k-1)\lambda}{4}\approx 8.0\times10^{-5}\ \text{m}$$

二、牛顿环

图 9-4-9(a)为牛顿环实验装置示意图。在一块平整的光学玻璃片上,放置一个曲率半径很大的平凸透镜,平板玻璃片和平凸透镜之间形成一上表面为球面、下表面为平面,且厚度不均匀的空气薄膜。光源 S 发出单一波长的光,经半反射半透射平面镜 M 反射后,垂直照射在平凸透镜上,在空气层的上表面和下表面分别产生两束反射光,这两束反射光为相干光,在显微镜 T 内可以观测到以平凸透镜与平板玻璃片接触点为中心的一系列明暗相间的同心圆环,如图 9-4-9(b)所示。这一现象最早被牛顿观察到,所以称为**牛顿环**。

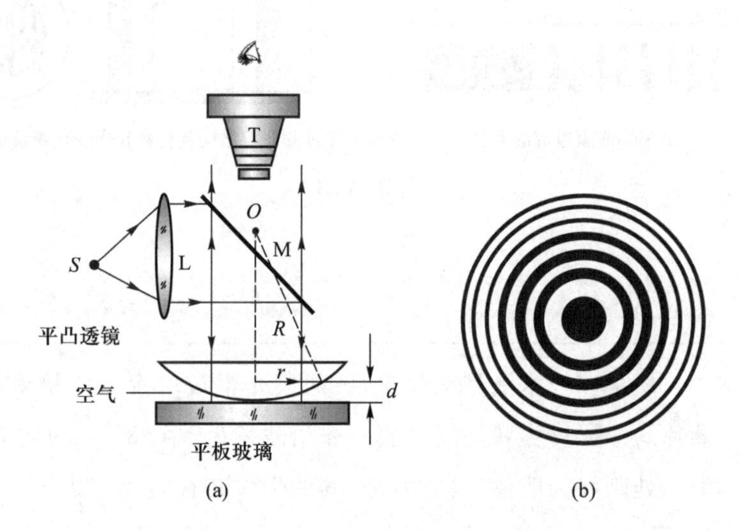

图 9-4-9 牛顿环实验示意图

动画 牛顿环

下面对牛顿环的干涉条纹进行理论分析。设干涉条纹的半径为 r、入射光波长为 λ、平凸透镜的曲率半径为 R。平凸透镜与平板玻璃片之间的空气劈尖的折射率 $n\approx1$,小于玻璃的折射率。由于透镜曲率半径很大,当光波垂直入射到牛顿环装置时,可以近似认为光是垂直入射到了空气劈尖的上表面,由此可得在厚度为 d 处,两反射光的光程差为

$$\Delta=2d+\frac{\lambda}{2}$$

由几何关系可以得到

$$r^2=R^2-(R-d)^2=2dR-d^2$$

由于 $R\gg d$,可略去 d^2,得到

$$r=\sqrt{2dR}=\sqrt{\left(\Delta-\frac{\lambda}{2}\right)R}$$

由式(9-4-8)的干涉条件,可得

明环半径 $r=\sqrt{\left(k-\frac{1}{2}\right)R\lambda}\quad(k=1,2,\cdots)\qquad(9-4-12)$

暗环半径 $r=\sqrt{kR\lambda}\quad(k=0,1,2,\cdots)\qquad(9-4-13)$

下面对牛顿环干涉现象进行讨论分析。

1. 在透镜和平板玻璃片接触点处,空气劈尖厚度 $d=0$,光程差为 $\Delta=\frac{\lambda}{2}$,这个附加光程差源于平板玻璃片上表面反射时,相位跃变了 π,因此反射式牛顿环的中心总是暗纹。

2. 劈尖和牛顿环都是等厚干涉,但是图 9-4-9(b)中,可以看到牛顿环分布不均匀,间距不等,随着半径越大,牛顿环越密,这一实验现象与劈尖干涉结果不同。这里可以把牛顿环装置看作由不同角度的劈尖组成,靠近透镜和平板玻璃片接触点处,对应的劈尖 θ 较小,相邻条纹间隔较大;随着牛顿环半径的增加,相应的 θ 增加,条纹的间隔减小。因此,牛顿环的干涉条纹是中心疏而边缘密的一系列同心圆环。

上述实验中,从反射式牛顿环中观察,中心为暗纹;那么从透射式牛顿环中观察,中心是明纹还是暗纹呢?

3. 将牛顿环置于 $n>1$ 的液体中,条纹如何变化?

如果牛顿环装置中浸入了 $n>1$ 的液体,光在液体中传播的波长发生改变,为真空中波长的 $\frac{1}{n}$,此时牛顿环的半径为

明环半径 $r_{明}=\sqrt{\left(k-\frac{1}{2}\right)R\frac{\lambda}{n}}\quad(k=1,2,\cdots)\quad(9-4-14)$

$$暗环半径\ r_{暗}=\sqrt{kR\frac{\lambda}{n}}\quad (k=0,1,2,\cdots)\qquad (9-4-15)$$

在工程技术中，常用牛顿环测定光波的波长或透镜的曲率半径。在光学冷加工车间，也常通过牛顿环来检测透镜表面曲率是否合格。

例 9-4-3

如图 9-4-10 所示，一平凸透镜的凸面放置在待测曲率半径的凹面上，在两镜面之间形成空气层，当单色平行光垂直入射到平凸透镜平面时，可以观察到环形的干涉条纹。若入射光波长 $\lambda=589.3\ \text{nm}$，测得牛顿环第 4 级暗环半径为 $r_4=2.25\ \text{cm}$，已知平凸透镜凸面半径 $R_1=102.3\ \text{cm}$。求待测凹面的曲率半径 R_2。

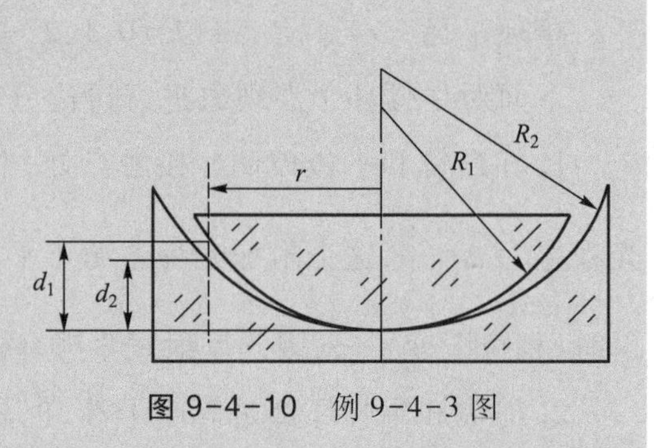

图 9-4-10 例 9-4-3 图

解 根据牛顿环半径公式推导可知，半径为 r 的牛顿环对应的空气薄膜的厚度为

$$h=\frac{r^2}{2R}$$

由此可得，图中 d_1 和 d_2 分别为

$$d_1=\frac{r^2}{2R_1},\quad d_2=\frac{r^2}{2R_2}$$

用凹面镜代替平板玻璃片，空气膜厚度变小了，对应的空气薄膜厚度减少了

$$\Delta d=\frac{r^2}{2R_1}-\frac{r^2}{2R_2}$$

凹、凸透镜的上、下表面反射光产生暗环的条件为

$$2\Delta d+\frac{\lambda}{2}=k\lambda$$

由上面两式可得

$$\frac{1}{R_2}=\frac{1}{R_1}-\frac{k\lambda}{r^2}$$

代入已知条件，则

$$\frac{1}{R_2}=\left[\frac{1}{1.023}-\frac{4\times589.3\times10^{-9}}{(2.25\times10^{-2})^2}\right]\frac{1}{\text{m}}=0.973\ \frac{1}{\text{m}}$$

$$R_2=1.028\ \text{m}$$

阅读材料 迈克耳孙

三、迈克耳孙干涉仪

光的电磁场理论建立之前，很多物理学家认为，有一种称为“以太”的介质弥漫在整个空间中，光波的传播发生在

“以太”中。1881 年,美国物理学家阿尔伯特·迈克耳孙(Albert Michelson,1852—1931)和爱德华·莫雷(Edward Morley,1838—1923)为了更好地研究“以太”的运动,设计出了一种干涉装置,后人称为迈克耳孙干涉仪。然而他们的实验证实了光速是恒定的,这一结果在物理学史上曾起了非常重要的作用。在当今的现代科技中,很多干涉仪也都是从它衍生出来的。

图 9-4-11 所示为迈克耳孙干涉仪的结构和光路图。干涉仪的基本组成部分包括:单色光源 S,两块平面反射镜 M_1和 M_2,且 M_2固定,M_1通过螺旋测微器控制,进行微小的平移;两块平板玻璃 G_1和 G_2,与 M_1、M_2成 45°角。其中 G_1右边镀了一薄银层,使得入射在 G_1上面的光一半反射,一半透射,因此 G_1也被称为**分束器**。从单色光源 S 出来的光,经过透镜 L 后,平行射向分束器 G_1,一部分光线被 G_1反射至 M_1,经 M_1反射后穿过 G_1(光线 1)到达观察者的眼睛。另一部分光线透过 G_1及 G_2,向 M_2传播,经 M_2反射后,再穿过 G_2经 G_1反射后(光线 2)也到达观察者的眼睛。显然,到达观察者眼睛的光线 1 和光线 2 是相干光。为了避免光线 1 比光线 2 多两次穿过玻璃带来的额外的光程差,在光束 2 的路径上放置了一块与 G_1完全相同的平板玻璃 G_2,因此 G_2称为补偿玻璃。

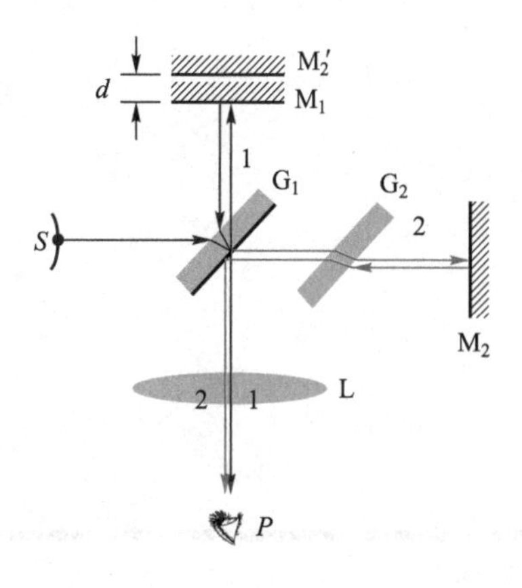

图 9-4-11 迈克耳孙干涉仪原理图

图 9-4-11 中,M_2'是 M_2经镀银表面 G_1反射形成的虚像,因此从 M_2反射的光,可以看作是从虚像 M_2'处发出来的。若 M_1和 M_2不是严格垂直,那么 M_2'和 M_1之间会出现一个小夹角,它们之间的空气薄层就形成一个劈尖。这时观察者看到的是等间距分布的直条纹。此时将反射镜 M_1向前或者向后移动$\frac{\lambda}{2}$距离时,光线 1 和 2 之间的路程差就会改变 λ,可以看到干涉条纹平移一条,所以测量出视场中移动过的条纹数目 N,就可以计算出 M_1移动的距离

$$\Delta d = N\frac{\lambda}{2} \tag{9-4-16}$$

若实验中 M_1 和 M_2 严格垂直,则 M_2' 和 M_1 也严格平行,它们之间形成了均匀厚度的薄膜,这时观察到的干涉条纹类似于牛顿环的圆环形的等倾条纹。与牛顿环不同的是,当移动 M_1 时,干涉圆环中心出现"吞吐"环的现象。基于迈克耳孙干涉仪的原理,人们制作出了位移传感器。医学上,将迈克耳孙干涉仪和显微镜结合对细胞进行成像,将细胞置于干涉仪的一条臂上,光在穿过细胞时发生相位变化。这些干涉条纹的图案可以被用来构造细胞的三维图像。这一精确的测量,使科学家对于癌症干细胞的确认变得更加容易。

9.5 光的衍射 夫琅禾费单缝衍射

衍射现象是波动的另一重要特征。波在传播过程中遇到障碍物时,能绕过障碍物的边缘继续传播,这种偏离直线传播的现象称为波的**衍射现象**。例如水波可以绕过闸口,声波可以绕过门窗,无线电波可以绕过高山等,都是波的衍射现象。光波也同样存在着衍射现象,但是由于光的波长很短,因此在一般光学实验中,衍射现象并不显著。只有光波遇到与其波长接近的障碍物时,才会发生明显的衍射现象,并且产生明暗相间的衍射图样,图 9-5-1 为几种常见的孔缝及障碍物的衍射图样。

(a) 圆孔

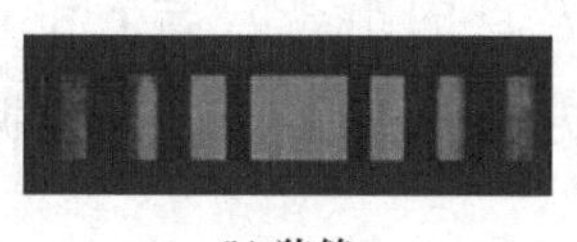
(b) 狭缝

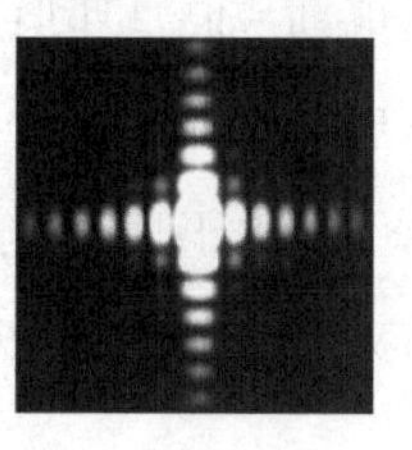
(c) 方孔

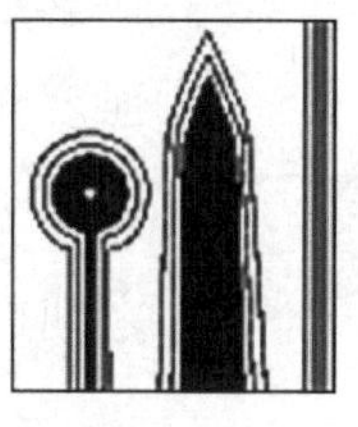
(d) 其他障碍物

图 9-5-1 几种常见的孔缝及障碍物的衍射图样

奥古斯丁·让·菲涅耳(Augustin-Jean Fresnel,1788—1827),是法国物理学家,波动光学的奠基人之一。他的主要成就集中在光学的衍射和偏振方面。他以光的干涉原理补充了惠更斯原理,建立了惠更斯-菲涅耳原理,完美解释了圆盘衍射等重要衍射现象,完善了光的衍射理论。他还证明了光波是横波,推导出了菲涅耳公式,并解释了马吕斯的反射光偏振现象和双折射现象,为晶体光学奠定了基础。由于在物理光学中做出的卓越贡献,他被誉为"物理光学的缔造者"。

9.5.1 惠更斯-菲涅耳原理

机械波中提到的惠更斯原理,可以定性解释为什么光波可以绕过障碍物传播的现象,但却无法解释光的衍射图样中光强的分布。1818 年,菲涅耳用子波的叠加与干涉补充了惠更斯原理。菲涅耳提出假设,从同一波阵面上的各子波源是相干波,各相干子波向前传播的过程中,在空间相遇时发生相干叠加而产生干涉现象。衍射区域各点的强度由各子波在该点的相干叠加决定。这一发展了的惠更斯原理,称为**惠更斯-菲涅耳原理**。

为了定量计算 S 处的波面所发出的光波传播到 P 点光强,如图 9-5-2 中 S 处的波阵面分成很多小面元 dS,每一个面元都是子波波源,P 点的光振动振幅是很多小面元 dS 发出的子波在该点振动的矢量和,即得出 P 点处的光强。

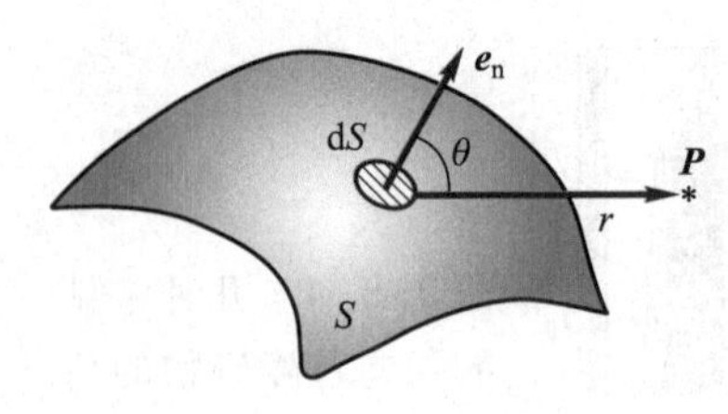

图 9-5-2 子波相干叠加

根据惠更斯-菲涅耳原理发展起来的衍射理论，可以对 P 点强度作出定量描述：球面子波在 P 点的振幅正比于面元的面积 $\mathrm{d}S$，反比于面元到 P 点的距离 r，与 $\boldsymbol{r}$ 和 $\mathrm{d}S$ 的法线 $\boldsymbol{e}_n$ 之间的夹角 θ 有关。θ 越大，子波在 P 点的振幅越小；当 $\theta \geqslant \frac{\pi}{2}$ 时，振幅为零。子波传播到 P 点光振动的相位由 $\mathrm{d}S$ 到 P 点的光程决定，则 P 点的光振动的振幅 E 为

$$E = \int_S \mathrm{d}E = \int_S \frac{CK(\theta)}{r} \cos\left[2\pi\left(\frac{t}{T} - \frac{r}{\lambda}\right)\right] \mathrm{d}S \qquad (9\text{-}5\text{-}1)$$

式(9-5-1)称为**菲涅耳公式**，其中 C 是常量，$K(\theta)$ 是随着 θ 增加而减小的**倾斜因子**，T 和 λ 分别是光波的周期和波长。一般情况下，上式是一个非常复杂的积分问题，很难求出解析解，因此在处理一些实际问题时往往采用其他的方法分析。

9.5.2 菲涅耳衍射和夫琅禾费衍射

根据光源、衍射屏和接收屏三者之间的位置关系，可以把衍射分为两类。一类是光源 S 或接收屏 P 与衍射屏 R 之间的距离有限远，或者光源 S 和接收屏 P 与衍射屏 R 之间的距离均有限远，称为**菲涅耳衍射**，又称为近场衍射，如图 9-5-3(a)所示。另一类是光源 S 和接收屏 P 与衍射屏 R 之间的距离无限远，称为**夫琅禾费衍射**，又称为远场衍射，如图 9-5-3(b)所示。此时，光到达衍射屏和到达接收屏时的波阵面都是平面。实验中，通过把光源放在透镜 L_1 的焦平面上，光从透镜穿过形成平行光束。平行光束照射在衍射屏上，穿过衍射屏，经过透镜 L_2，会聚在透镜 L_2 的焦平面上。这样，到达衍射屏的光和到达接收屏的衍射光都是平行光。夫琅禾费衍射的分析和计算相对简单，在实际工作中用得最多。

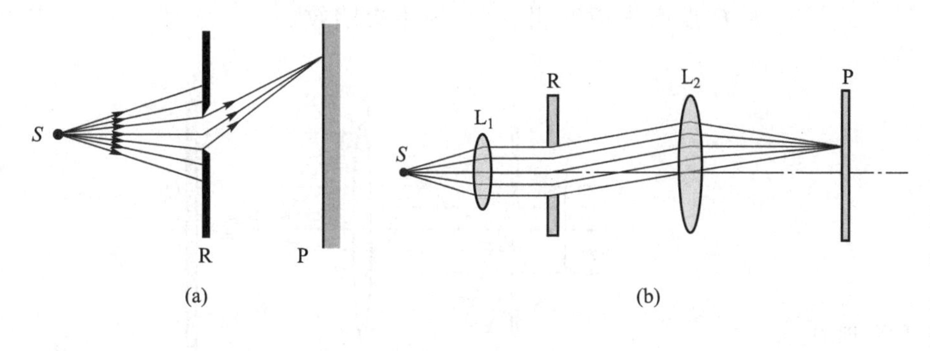

图 9-5-3 菲涅耳衍射(a)及夫琅禾费衍射(b)实验示意图

9.5.3 夫琅禾费单缝衍射

图 9-5-4 为夫琅禾费单缝衍射实验装置图。S 为一单色点光源,位于薄透镜 L_1 的左焦点上,通过薄透镜变成平行光,通过一水平放置的狭缝,经双凸透镜 L_2 会聚于放在焦平面上的接收屏,呈现出一系列平行于狭缝的衍射条纹,这是一种典型的夫琅禾费衍射,简称**单缝衍射**,该条纹称为**单缝衍射条纹**。分析单缝衍射不仅有助于理解夫琅禾费衍射的规律,也有助于理解其他一些衍射现象。

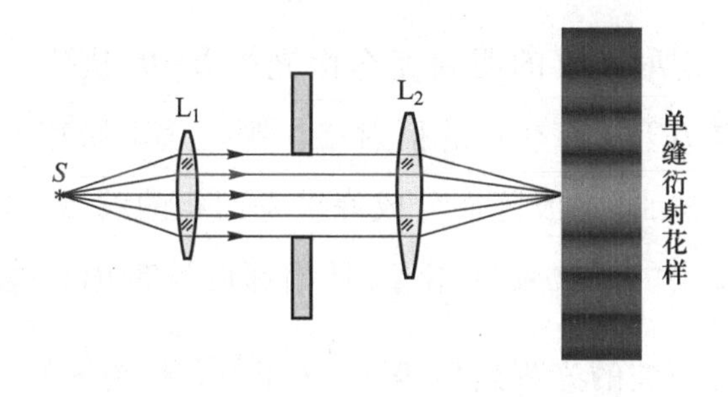

图 9-5-4 夫琅禾费单缝衍射实验装置图

图 9-5-5 为单缝衍射原理图,AB 为单缝的截面,宽度为 b。根据惠更斯-菲涅耳原理,在平行光垂直照射下,单缝所在处 AB 波阵面上各点所发出的子波沿各个方向传播。我们先考虑沿着入射光方向传播的衍射光,它们从 AB 波阵面发出时相位相同,经透镜会聚于屏上 O 点。因为透镜不引起附加光程差,它们通过透镜到达 O 点时,各光线的光程又相等,所以它们到达 O 点相位保持相同,因此相干加强,

教学视频 单缝衍射

即 O 点产生衍射明纹,称为**中央明纹**。

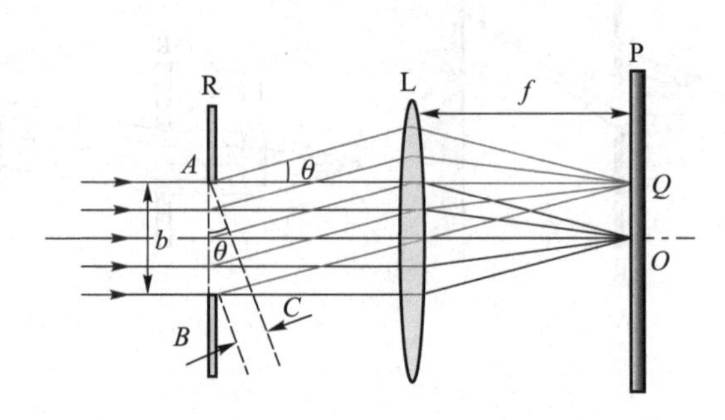

图 9-5-5 单缝衍射原理图

我们接下来分析沿与入射方向成 θ 角的子波光线,称为**衍射角**。沿 θ 角出射的平行光经透镜会聚到接收屏 P 上的 Q 点。这些光线到达 Q 点的光程并不相等,因此各光线到达 Q 点的相位各不相同。从单缝上边缘的 A 点向下边缘的出射光线作垂线,并交于 C 点。从 AC 波阵面发出的各光线到达 Q 点的光程相等,也就是说,由 AB 面沿 θ 角发出的各子波波线在 Q 点的相位差,对应于从 AB 面到 BC 面的光程差。单缝上边缘 A 点发出的子波波线比下边缘 B 点发出的子波波线多走的光程为

$$BC = b\sin\theta \tag{9-5-2}$$

Q 点衍射条纹的明暗完全由光程差 BC 决定。如何通过光程差 BC 分析 Q 点的衍射结果呢?这里采用菲涅耳提出的**波带法**,即将波阵面分成许多等面积的波带,并假设各个波带发出的子波强度相等,且相邻两波带内任意对应两点发出的子波的光程差恒等于 $\frac{\lambda}{2}$(相位差恒为 π)。

设 BC 等于入射光半波长的偶数倍,即

$$b\sin\theta = 2k\frac{\lambda}{2} = k\lambda \quad (k = \pm1, \pm2, \cdots) \tag{9-5-3}$$

作一系列平行于 AC 的平面,使得两平面之间的距离等于入射光的半波长 $\frac{\lambda}{2}$。这些平面同时也将单缝处的波阵面 AB 分成偶数个半波带。图 9-5-6(a)所示为 $k=2$ 时,波阵面

AB 被分成 $AA_1, A_1A_2, A_2A_3, A_3B$ 四个面积相等的波带。根据菲涅耳假设,这些半波带的面积相等,因此它们在 Q 点引起的光振幅接近相等。又由于相邻两波带对应点所发出的子波相位差为 π,经透镜会聚在 Q 点时,将完全干涉相消。因此,当 AB 被分为偶数个半波带时,所有波带成对地相互抵消,使得 Q 点处呈现暗纹的中心。对应于 $k=\pm1,\pm2,\cdots$ 分别对应中央明纹两侧正、负第一级暗纹、第二级暗纹、……中央明纹两侧第一级暗纹之间的距离为中央明纹的宽度。

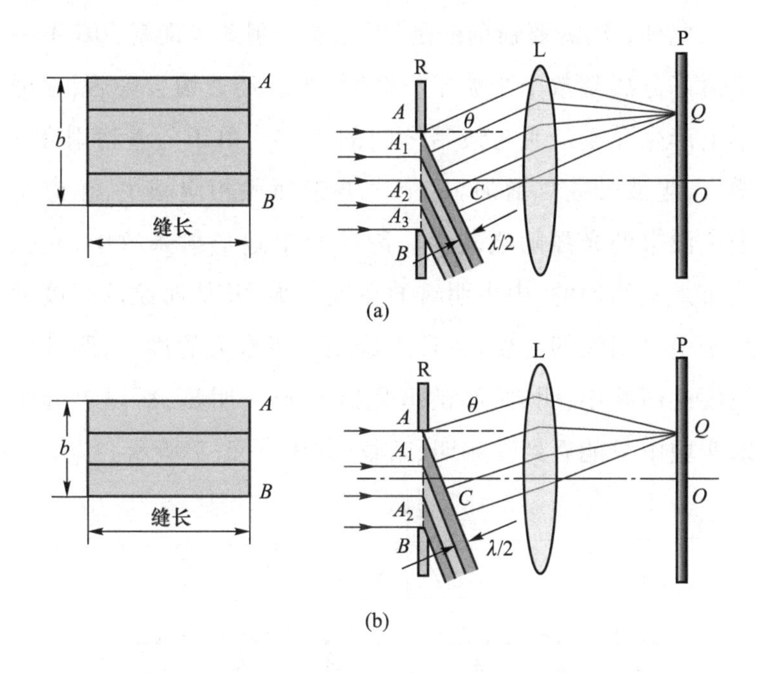

图 9-5-6 单缝的菲涅耳半波带

若 BC 等于入射光半波长的奇数倍,即

$$b\sin\theta=(2k+1)\frac{\lambda}{2} \quad (k=\pm1,\pm2,\cdots) \qquad (9-5-4)$$

同上分析作一些平行于 AC 的平面,这些平面将单缝处的波阵面 AB 分成奇数个半波带。图 9-5-5(b)所示为 $k=1$ 时,波阵面 AB 被分成 AA_1、A_1A_2、A_2B 三个面积相等的半波带。其中偶数个半波带对应相消,只剩下一个半波带的子波没有被抵消,到达 Q 点处,因此 Q 点处呈现明纹中心,这就是**菲涅耳半波带分析法**。

应当指出，式(9-5-3)和式(9-5-4)中$\frac{\lambda}{2}$前面的系数称为**半波带的数目**。式中 k 不能取零，这是因为根据产生暗纹的条件，若 $k=0$ 对应着 $\theta=0$，但这是产生中央明纹的中心。而根据产生明纹的条件，若 $k=0$，则对应 $b\sin\theta=\pm\frac{\lambda}{2}$，很明显对应的衍射角并不是产生中央明纹的中心位置，与实验结果并不相符。单缝衍射的条件与杨氏双缝干涉的条件，在形式上刚好相反，应用时切勿混淆。

此外，还需要强调的是，对任意衍射角 θ 而言，BC 不一定恰好分成整数个半波带。此时，光线经透镜会聚后，在屏幕上产生介于最明与最暗之间的条纹。由于随着衍射角 θ 增大，半波带数目增加，每个半波带面积相应减少，相应每个半波带的光强随之减少。因此在单缝衍射条纹中，光强分布是不均匀的，中央明纹的亮度最大，其他明纹的亮度远小于中央明纹的亮度，并且随着条纹级数 k 的增加，明纹的亮度逐渐减小，明、暗纹的区别越来越不明显，所以单缝衍射实验中只能看到几条明、暗纹，如图 9-5-7 所示。

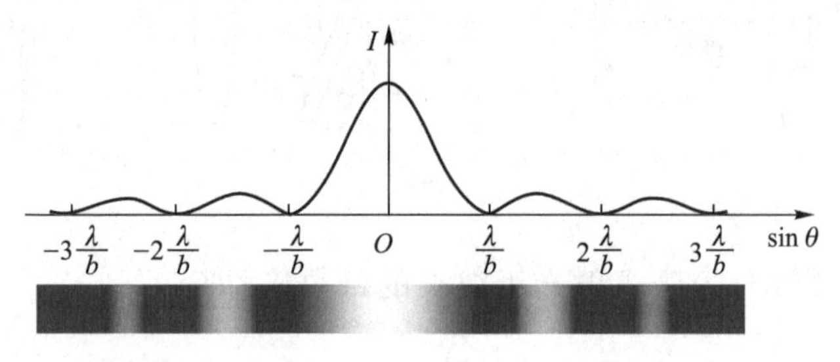

图 9-5-7 单缝衍射的光强分布示意图

由于单缝衍射能够观察到的明、暗纹有限，因此衍射条纹的衍射角很小，则由图 9-5-5 的几何关系可得，$x=f\tan\theta\approx f\sin\theta$，由式(9-5-3)可以求出条纹位置为

$$x=\begin{cases}\dfrac{f}{b}k\lambda & \text{暗纹中心}\\[2ex] \dfrac{f}{b}(2k+1)\dfrac{\lambda}{2} & \text{明纹中心}\end{cases}\qquad (k=\pm1,\pm2,\pm3,\cdots)\tag{9-5-5}$$

中央明纹两侧的第一级暗纹中心之间的距离为中央明纹的宽度，由式(9-5-5)暗纹中心位置公式可得中央明纹宽度为

$$\Delta x_0 = 2x_1 = 2\frac{\lambda}{b}f \qquad (9-5-6)$$

其他各级相邻两暗纹的距离(即其他明纹的宽度)为

$$\Delta x = x_{k+1} - x_k = \frac{\lambda f}{b} = \frac{\Delta x_0}{2} \qquad (9-5-7)$$

由此可见，级次比较小的衍射明纹(衍射角小)宽度约为中央明纹宽度的一半。

相邻两暗纹对应的衍射角之差称为明纹的角宽度，用 $\Delta\theta$ 表示，由于暗纹一级衍射角比较小，则 $\sin\theta \approx \tan\theta \approx \theta$，可得正、负一级暗纹衍射角之差，即中央明纹角宽为

$$\Delta\theta = 2\frac{k\lambda}{b} \qquad (9-5-8)$$

由式(9-5-8)可得，缝宽 b 减小时，中央明纹的角宽度变大，当缝宽 b 与波长 λ 数值接近时，中央明纹的角宽度趋于 π，此时衍射最明显；缝宽 b 增大时，中央明纹的角宽度变小，当 $b \gg \lambda$，即$\frac{\lambda}{b}$趋于 0 时，光线趋于直线传播，因此几何光学是波动光学在$\frac{\lambda}{b}$趋于 0 时的极限情况。上面分析了单色光衍射的情况，若白光入射到狭缝上时，和单色光入射相比会有什么不同呢？请读者自行分析。

例 9-5-1

在夫琅禾费单缝衍射实验中，波长为 λ 的单色光的第三级明纹与 $\lambda' = 630$ nm 的单色光的第二级明纹恰好重合，求波长 λ。

解 若两条明纹恰好重合，根据单缝衍射明纹的位置公式，$x = f\tan\theta$，则它们所对应的衍射角应该相同。

设波长为 λ 的单色光的第三级明纹

为 k_1,波长为 λ'的单色光的第二级明纹为 k_2,由式(9-5-4)可得

$$(2k_1+1)\frac{\lambda}{2}=(2k_2+1)\frac{\lambda'}{2}$$

即 $$(2\times3+1)\frac{\lambda}{2}=(2\times3+1)\frac{\lambda'}{2}$$

则 $$\lambda=\frac{5\lambda'}{7}=\frac{5}{7}\times630\ \text{nm}=450\ \text{nm}$$

例 9-5-2

夫琅禾费单缝衍射实验中,缝宽 $b=20\ \mu\text{m}$,透镜焦距 $f=30\ \text{cm}$,入射光的波长为 $\lambda=400\ \text{nm}$。(1) 求中央明纹的宽度和半角宽;

(2) 若接收屏上 Q 点是明纹,且距离中央明纹中心的距离 $x=2.1\ \text{cm}$,则求 Q 点处衍射条纹级数,狭缝处波阵面可作的半波带数目。

解 (1) 由式(9-5-6)和式(9-5-8)可得

中央明纹的宽度为 $\Delta x_0=2\dfrac{\lambda}{b}f=2\times\dfrac{400\times10^{-9}}{20\times10^{-6}}\times30\ \text{cm}=1.2\ \text{cm}$

中央明纹的半角宽 $\theta=\dfrac{\lambda}{b}=\dfrac{400\times10^{-9}}{20\times10^{-6}}\ \text{rad}=2\times10^{-2}\ \text{rad}$

(2) 由式(9-5-5)可知单缝衍射明纹的位置为

$$x=\frac{f}{b}(2k+1)\frac{\lambda}{2}$$

则 $k=\dfrac{bx}{f\lambda}-\dfrac{1}{2}=\dfrac{20\times10^{-6}\times2.1\times10^{-2}}{30\times10^{-2}\times400\times10^{-9}}-\dfrac{1}{2}=3$

Q 点对应产生的是第三级明纹。

狭缝处波阵面可作的半波带的数目为

$$N=2k+1=7$$

9.6 光栅衍射

9.6.1 光栅衍射现象 光栅方程

事实上,在光谱的测量时,我们并不常用单缝衍射来测

量光波的波长等参量。其原因是为了提高测量的精度，要求条纹的亮度比较亮，且条纹的宽度很窄，明纹之间的距离要分得很开，然而单缝衍射并不能满足这样的要求。光栅衍射恰好可以解决上述问题。大多数普通的衍射光栅从本质上来讲是双缝的推广，即是很多等间距的狭缝构成的。

具有周期性的空间结构的衍射屏称为光栅。光栅分为反射光栅和透射光栅，如图 9-6-1 所示。在高反射率金属面上刻划一系列等间距的平行槽，就构成了反射光栅［图 9-6-1(a)］。在透明平板玻璃上刻划出一系列等宽度等间距的平行直线就构成了透射光栅，刻痕处相当于毛玻璃，不易透光，刻痕之间的部分可以透光。假设透光部分的宽度记为 b，不透光部分的宽度记为 b'，相邻的一个透光部分和一个不透光部分的宽度之和记为 d，即 $d=b'+b$，称为**光栅常量**［图 9-6-1(b)］。一般光栅在 1 cm 内刻痕有几百乃至上万条。若光栅在 1 cm 内刻有 2 000 条刻痕，则光栅常量 $d=\dfrac{0.01}{2\ 000}\ \text{m}=5\times10^{-6}\ \text{m}$，可见光栅常量非常小，一般的光栅常量在 $10^{-6}\sim10^{-5}$ m 数量级。

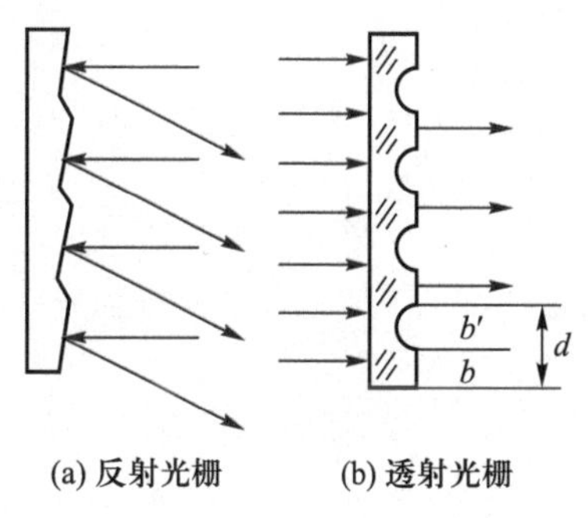

图 9-6-1　光栅剖面图

图 9-6-2 为透射式平面衍射光栅（简称透射光栅）实验示意图，光栅常量 $d=b'+b$ 为相邻两狭缝之间的距离。波长为 λ 的单色光照射到光栅上时，光栅上每个狭缝都发生单缝衍射。由于单缝衍射条纹的位置与衍射角有关，因此从每个狭缝发出的衍射角为零的衍射光线都会聚在透镜的焦点 O 处。而每个缝发出的衍射角为 θ 的衍射光都会聚于透镜焦平面上 P 点。另一方面，这 N 个狭缝出射的衍射光在后屏相遇发生干涉现象，因此，P 点**光栅衍射条纹是受单缝衍射调制的 N 个狭缝干涉的结果，即是单缝衍射和多缝干涉总效果**。

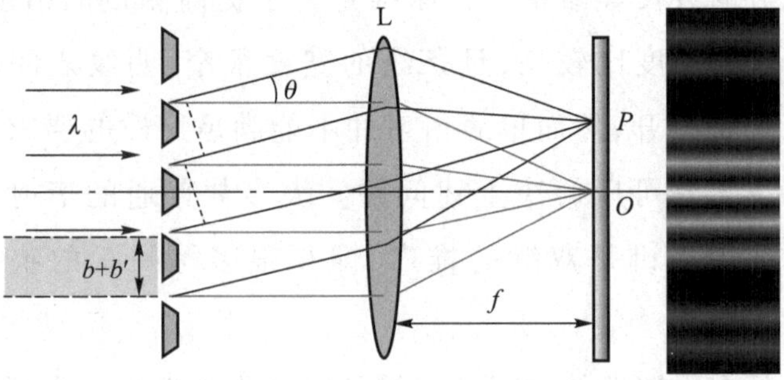

图 9-6-2 透射式平面衍射光栅实验示意图

下面简单讨论屏上 P 点处出现光栅衍射明纹的条件。透射光栅中选择任意两个相邻的透光缝发出沿衍射角 θ 方向的光，经透镜会聚于 P 点，则这两束光的光程差为

$$\Delta=(b+b')\sin\theta=d\sin\theta$$

由式(9-2-6)干涉条件可知，若

$$d\sin\theta=k\lambda \quad (k=0,\pm1,\pm2,\cdots) \qquad (9-6-1)$$

时，两光束干涉加强。显然，其他任意相邻两缝沿 θ 方向出射光的光程差都满足 λ 的整数倍，干涉效果均是加强，所以总的效果是在屏上 P 点产生衍射明纹，式(9-6-1)称为**光栅方程**，满足光栅方程的明纹又称为**主极大**，这些主极大细窄而明亮。$k=0$ 对应中央明纹，$k=\pm1,\pm2,\cdots$ 分别对应中央明纹两侧正、负第 1 级，正、负第 2 级，……明纹。由式(9-6-1)可以看出，当入射光的波长一定时，光栅常量越小，各级明纹的衍射角越大，相邻两明纹分得越开。图 9-6-3 给出了狭缝数量对衍射图样的影响，可以看出随着狭缝数 N 的增加，在接收屏上将出现一系列分开的细窄亮线，屏上的暗区变宽，明纹的亮度增强，且明纹宽度变细。可以想象，当平行单色光照射到一个由几百或几千条狭缝组成的光栅时，衍射条纹将变成一系列非常锐利的线。这也是为什么衍射光栅被广泛用于测量各种光谱，这个过程称为**光谱学分析**或**光谱分析**。它是现代物理和工程技术中研究物质结构的主要光学元件之一。

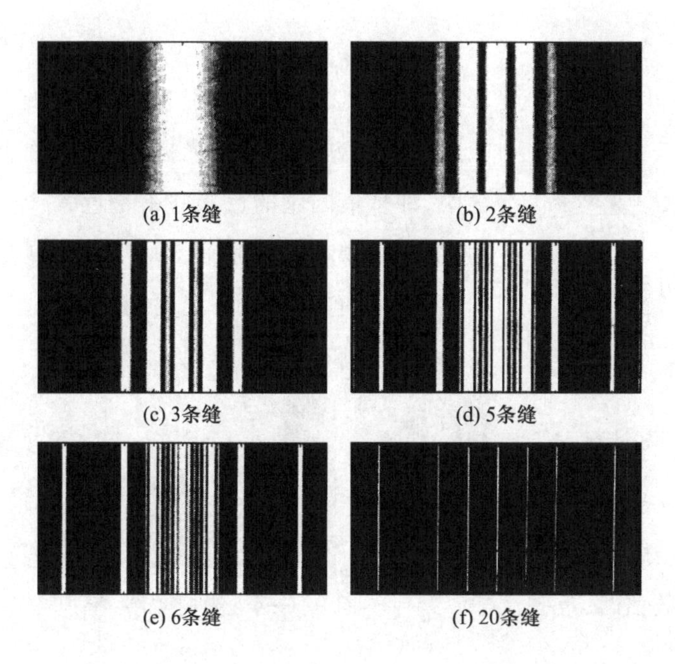

图 9-6-3 多缝衍射条纹

由于光栅方程中$|\sin\theta|\leqslant 1$，因此当入射单色光波长确定时，后屏中能够观察到的衍射条纹的最高级次为$k_{\min}<\dfrac{d}{\lambda}$。此外光栅常量一般都比较小，因此光栅明纹的衍射角$\theta$一般较大。由图 9-6-2 可知，后屏中明纹的位置公式为

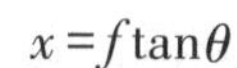

$$x=f\tan\theta$$

与单缝衍射不同，这里一般不再取$\sin\theta\approx\tan\theta$的近似值。

动画 多缝干涉/衍射

例 9-6-1

用氦氖激光器发出的$\lambda=632.8$ nm 的红光，垂直入射到一平面透射型光栅上，测得第 1 级明纹出现在$\theta=38^\circ$的方向上，求：

（1）这一平面透射光栅的光栅常量，光栅在 1 cm 内的狭缝数；

（2）能观察到的衍射条纹的最高级次，以及屏上出现几条衍射条纹。

解 （1）当$k=1$时，衍射角$\theta=38^\circ$，由式（9-6-1）可得

$$d=\frac{k\lambda}{\sin\theta}=\frac{632.8\times10^{-9}}{\sin 38^\circ}\ \text{m}\approx1.028\times10^{-4}\ \text{cm}$$

每厘米刻的条纹数为

$$N=\frac{1}{1.028\times10^{-4}}\approx 9\ 728\ 条/\mathrm{cm}$$

（2）取 $\sin\theta=1$，则 $k=\frac{d}{\lambda}=\frac{1\ 028}{632.8}\approx 1.6$，最多能看到第 1 级衍射明纹，$k_m=1$，因此屏幕上一共出现 $2k_m+1=3$ 条明纹。

对于反射光栅，反射屏上等间距的凸脊和凹槽阵列代替了透射光栅中等间距狭缝阵列。相邻凸脊或凹槽反射的光波之间的光程差等于波长 λ 的整数倍时，反射光干涉加强。如图 9-6-4 所示，DVD 表面凹槽形成的就是反射光栅，在白光下能呈现出彩虹色的反射光栅效应；动物世界中，许多最闪耀的色彩并不是色素产生的，例如蝴蝶身上层叠的细小鳞屑、鸟身上的细密羽管都形成了天然的反射光栅，从而使得翅膀闪耀出不同彩色的光。

图 9-6-4 光栅实例

图 9-6-4 彩图

*9.6.2 光栅衍射缺级 光谱重叠现象

如果衍射角 θ 中的某些值既满足缝与缝之间的干涉极大条件，同时又满足单缝衍射暗纹的条件，那么在这一衍射方向上本应该产生的光栅衍射明纹将消失，这就是在光栅衍射中单缝衍射对缝和缝之间干涉调制的结果，这一现象称为**缺级**。产生缺级的衍射角 θ 同时满足以下两个方程

$$d\sin\theta=k\lambda\quad(k=0,\pm1,\pm2,\cdots)\qquad(9-6-2)$$

$$b\sin\theta=k'\lambda\quad(k=\pm1,\pm2,\cdots)\qquad(9-6-3)$$

两式相除，由此可得光栅衍射中消失的条纹级次为

$$k=\frac{d}{b}k'\qquad(9-6-4)$$

式中 k 为光栅衍射极大的级次，k' 为单缝衍射暗纹的级次。如 $\frac{d}{b}=3$，则在 $k=3,6,9,\cdots$ 这些该出现光栅衍射明纹的地

方，在后屏上消失而观察不到，如图 9-6-5 所示。一般$\frac{d}{b}$为整数时，对应的 k 的整数倍级次衍射角的位置会出现缺级现象。

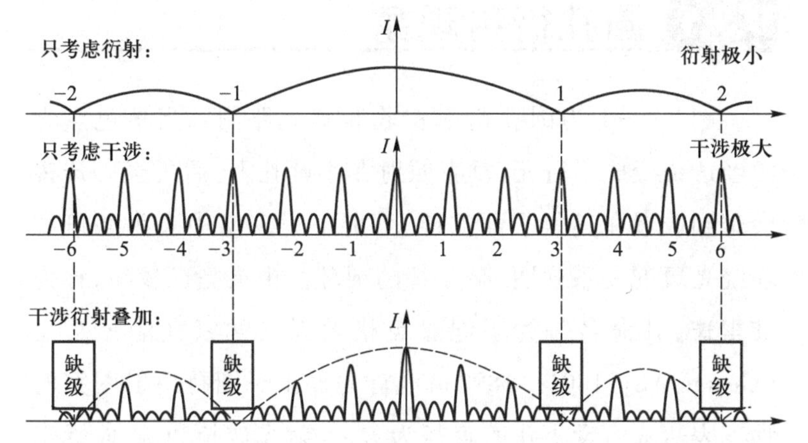

图 9-6-5 衍射光栅条纹形成示意图

由光栅方程可知，在光栅常量 d 一定时，光栅明纹衍射角 θ 的大小与入射光的波长有关。若用白光照射光栅，同一级次内，各种不同波长的光将产生各自分开的衍射明纹，屏幕上除零级主极大是由各种波长的光混合为白光外，其两侧将形成各级由紫到红对称排列的彩色光带，这些彩色光带的整体称为**衍射光谱**，如图 9-6-6 所示。在第 2 级和第 3 级光谱中，发生了重叠，级数越高，重叠情况越严重。

图 9-6-6 彩图

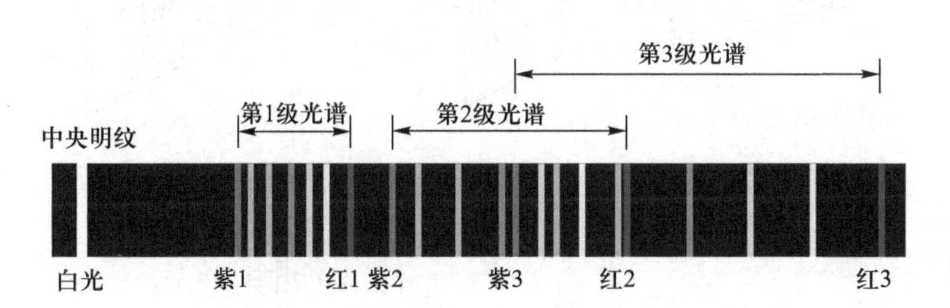

图 9-6-6 光栅的衍射光谱重叠现象

9.7 圆孔衍射

前面研究了狭缝以及狭缝阵列的衍射图案，而圆孔产生的衍射现象同样引起了人们浓厚的兴趣。圆孔衍射对于光学仪器分辨细节能力的高低起着限制的作用。

9.7.1 圆孔衍射现象

图 9-7-1 为圆孔衍射实验装置光路图。当单色点光源经透镜变成平行光,垂直照射在小圆孔上,后再经一透镜会聚到放置在其焦平面的屏上,屏上呈现出中央为亮斑和环绕亮斑的一系列明、暗交替的圆环。中央亮斑较亮,称为**艾里斑**,其命名是为了纪念英格兰天文学家乔治·艾里(George Airy,1801—1892),他首先导出了圆孔衍射图案的强度表达式。设小孔的直径为 D,入射光波长为 λ,放置于圆孔后透镜的焦距为 f,艾里斑的直径为 d,且对透镜光心张开角度为 2θ,如图 9-7-2 所示。可以证明,艾里斑的半角宽为

$$\theta = 1.22\frac{\lambda}{D} \qquad (9-7-1)$$

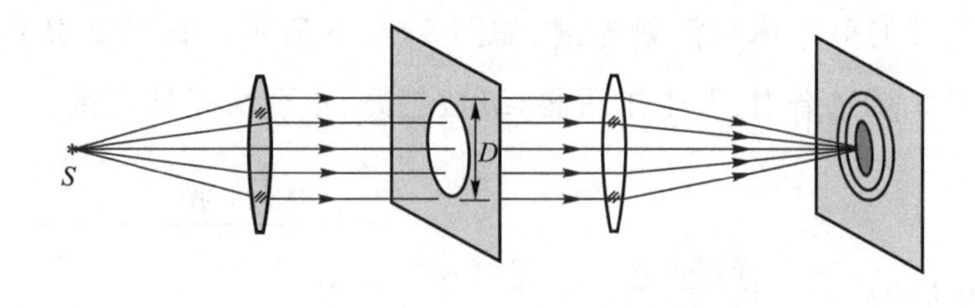

图 9-7-1 圆孔衍射实验装置光路图

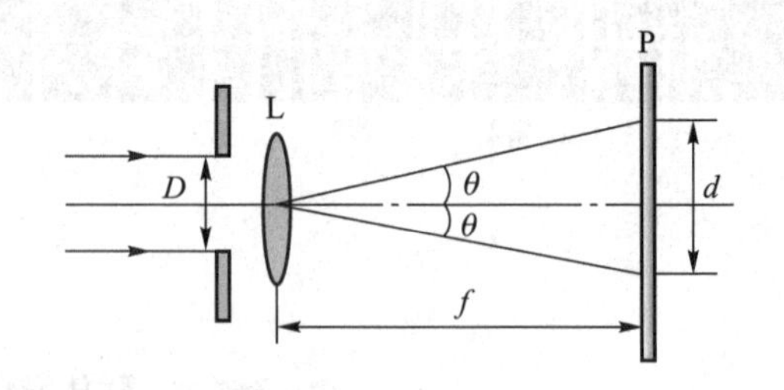

图 9-7-2 艾里斑的半角宽与入射光、圆孔直径之间的关系

9.7.2 光学系统分辨率

光学仪器中,如照相机、显微镜的镜头透镜、光阑等都相当于一个透明的小圆孔。几何光学中,根据光的直线传播,物体通过小圆孔成像时,每一个物点对应一个像点。然而,由于光的衍射,像点已经不是一个几何点了,而是具有一定大小的亮艾里斑。若两个物体彼此靠近时,它们的衍射中心的两个艾里斑相互重叠;如果靠得非常近,将导致它们的图像几乎完全重叠而不可分辨。因此,光的衍射对于透镜和反射镜成像具有深远的影响。

下面以透镜为例,简单讨论一下光的衍射现象对光学仪器分辨率的影响,如图 9-7-3 所示。

(1) 图 9-7-3(a)中,两个很小的"点"光源相距较远,成像后两个艾里斑中心的距离大于艾里斑的半径,尽管它们的像点部分重叠,但是重叠部分的光强比艾里斑中心的光强小很多,所以两个像点完全可以分辨。

动画 瑞利判据

(2) 图 9-7-3(b)中,两个"点"光源的距离恰好使得两个像点艾里斑中心的距离等于每个艾里斑的半径,即一个像点的边缘正好在另外一个艾里斑中心。这种情况刚好可以被人眼或光学仪器分辨,称为**瑞利判据**。这是一个光学测量中被广泛采用的判据,它由英国物理学家瑞利(John Rayleigh,1842—1919)提出。

(3) 图 9-7-3(c)中,两个"点"光源相距很近,两个像点艾里斑中心的距离小于艾里斑的半径。这时,两个像的艾里斑重叠度太大,混为一体,像点不能被分辨。

两物体像点对透镜中心张开的角距离由式(9-7-1)给出,称为**最小分辨角** θ_0,则

$$\theta_0 = 1.22\frac{\lambda}{D} \qquad (9\text{-}7\text{-}2)$$

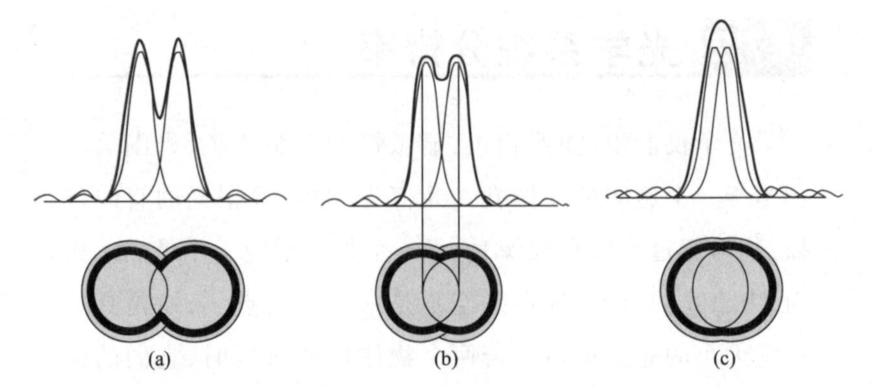

图 9-7-3 瑞利判据

这是刚好能够被光学仪器分辨的最小间隔，称为该仪器的**分辨极限**。分辨极限越小，仪器的分辨率越高。光学中，定义最小分辨角的倒数$\frac{1}{\theta_0}$为光学仪器的**分辨率**，即

$$R=\frac{D}{1.22\lambda} \tag{9-7-3}$$

上式为瑞利判据的表达式，式中 D 为光学仪器的透光直径，λ 为入射光的波长。由式(9-7-3)可知，分辨率的提高可以通过增大直径，也可以通过缩短波长。紫外线显微镜就比可见光显微镜的分辨率高。在天文观测中，常采用可见光观察，一般采用大直径的光学望远镜或大口径的射电望远镜来提高分辨率。位于我国贵州省喀斯特洼地建成的 500 m 口径球面射电望远镜，又称"中国天眼"，是目前世界上最大且最灵敏的单口径球面射电望远镜，如图 9-7-4 所示。

图 9-7-4 中国天眼

例 9-7-1

设人的眼睛在正常照度下的瞳孔直径约为 3 mm，可见光范围内，人的眼睛最灵敏的波长是 550 nm，(1) 求人的眼睛最小分辨角；(2) 若将物体放在距离人的眼睛的明视距离 25 cm 处，问两物点间距为多大时才能被分辨？

解 (1) 由式(9-7-2)可得

$$\theta_0=1.22\frac{\lambda}{D}=1.22\times\frac{550\times10^{-6}}{3}\ \text{rad}\approx2.2\times10^{-4}\ \text{rad}$$

(2) 设物体距离人眼的距离为 l，两物点之间的距离为 d，则

$$d=\theta_0 l=2.2\times10^{-4}\times25\ \text{cm}=5.5\times10^{-3}\ \text{cm}$$

9.8 光的偏振

光的干涉和衍射现象揭示了光具有波动性,但并不能说明光波是横波还是纵波。17 世纪末至 19 世纪初,在这一百多年的时间里,光波一直被认为是纵波。1817 年,托马斯·杨根据光在晶体中传播产生的双折射现象,推断出光是横波。1821 年,菲涅耳和阿拉戈(Dominique F.J.Arago,1786—1853)一起研究了偏振光的干涉,确定了光是横波。

9.8.1 自然光 偏振光 部分偏振光

图 9-8-1 中以机械波为例,来分析横波和纵波的一些表现。在机械波的传播路径上,垂直于波线放置一狭缝 AB。当狭缝 AB 与横波的振动方向平行时,横波可以通过狭缝继续向前传播[图 9-8-1(a)];而当狭缝 AB 与横波的振动方向垂直时,横波不能通过狭缝继续向前传播[图 9-8-1(b)]。然而,无论狭缝 AB 如何放置,纵波总能通过狭缝继续向前传播[图 9-8-1(c)和(d)]。

动画 光的各种偏振态

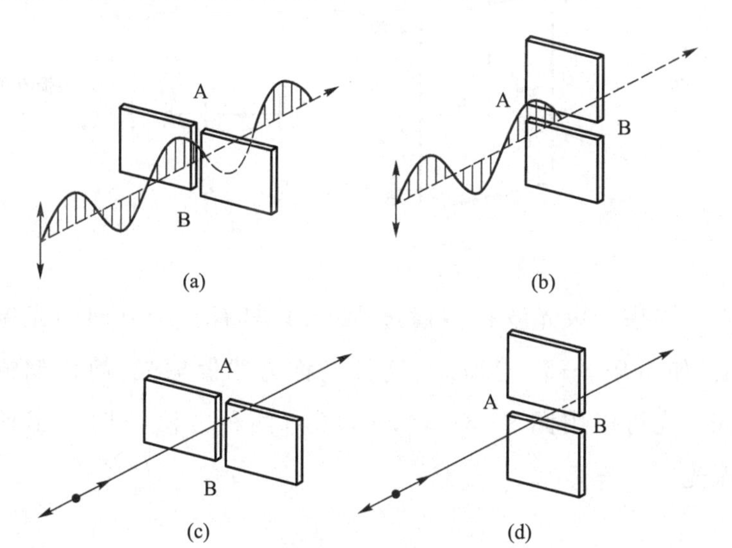

图 9-8-1 机械横波与纵波的区别

光波是一种电磁波，其传播过程中包含了电矢量和磁矢量。光与物质相互作用时电场起主要作用，因此常用电矢量 $\boldsymbol{E}$ 来表示光矢量。光矢量既可以始终在一个方向上振动，也可以随时改变方向，这种振动状态称为**光的偏振态**。

普通光源所发出的光是由大量原子发出的持续时间很短的波列组成的，这些波列的振动方向和相位是无规律的、随机变化的，所以在垂直光传播方向的平面上看，光振动存在于各个方向，没有哪个方向的振动比其他方向更占优势，即光矢量 $\boldsymbol{E}$ 的振动在各个方向上的分布是对称的，这种光称为**自然光**（非偏振光）[图 9-8-2(a)]。任意时刻，把各个光矢量分解到两个相互垂直的振动方向，由于自然光在各个方向上光矢量的振幅相等，且相互独立，因此分解到两个相互垂直方向的分量振幅也相同，没有恒定的相位差[图 9-8-2(b)]。常用垂直光传播方向的短线表示在纸面内的光振动，用点表示与纸面垂直的光振动，短线和点的数目表示光振动的强弱。对自然光，两个方向的光振动各占一半，表明两个方向的光振动各占总能量的一半，如图 9-8-2(c)所示。

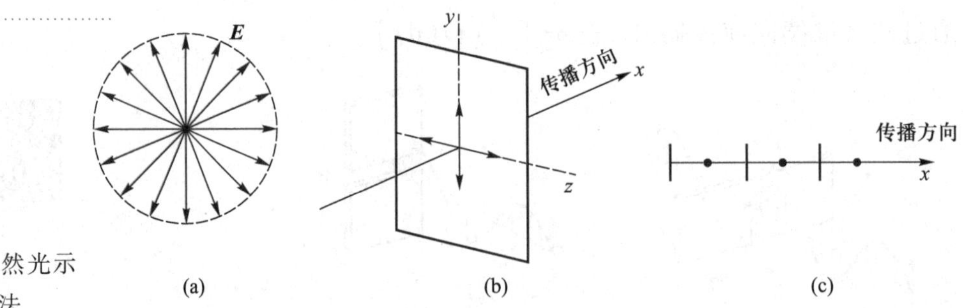

图 9-8-2 自然光示意图及其图示法

如果一束光波在传播过程中，只具有一个方向的光振动，如图 9-8-3(a)所示，这种光称为**线偏振光**，简称**偏振光**。光可以用图 9-8-3(b)和(c)两种方法简明表示偏振光。

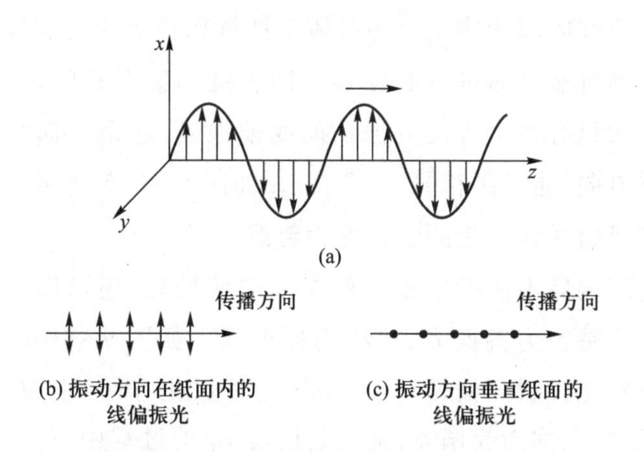

图 9-8-3 偏振光示意图及其图示法

若一束光波与自然光相类似，各个光矢量也可以分解到相互垂直的两个方向上，但是这两个方向的光矢量分量不相等，这种光称为**部分偏振光**，图 9-8-4(a)表示在纸面内的光振动较强，图 9-8-4(b)表示垂直纸面的光振动较强。部分偏振光是介于线偏振光和自然光的偏振状态，可以看作线偏振光和自然光的混合。

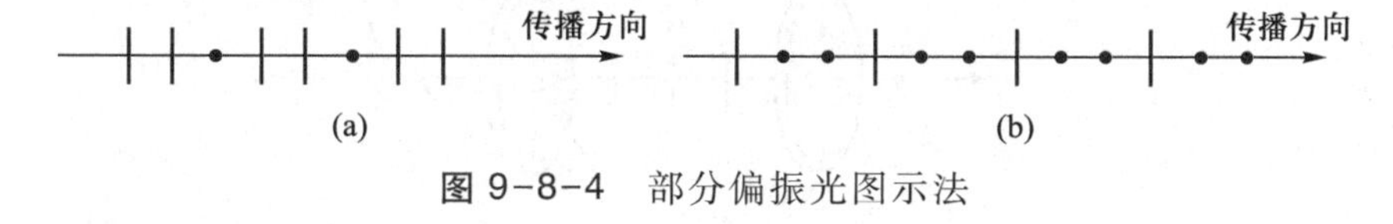

图 9-8-4 部分偏振光图示法

9.8.2 偏振片 起偏与检偏

从自然光获得偏振光的过程称为**起偏**，产生起偏作用的光学器件称为**起偏器**。常见的起偏器是利用具有二向色性的材料制成的偏振片。实验发现，有些晶体对于不同方向的光振动吸收不同。例如，天然的电气石晶体呈六角形片状，当光垂直入射时，与晶体的长对角线方向平行的光振动被晶体吸收得较少，通过晶体的光强比较强；与晶体的长对角线方向垂直的光振动被晶体吸收得较多，通过的光强比较弱。晶体对不同方向偏振光具有选择性吸收的性质称为**二向色性**。天然的电气石的偏振化程度并不高，偏振化性能更好的硫酸碘奎宁小晶体常被沉积在薄膜上制成偏振片。当自然光通过具有强烈二向色性的偏振片时，透射光将变为只有某个方向的振动的线偏振光，这个方向称为**偏振化方向**，通常用符号“↕”表示，如图 9-8-5 所示。使自然光成为线偏振光的装置称为**起偏器**。

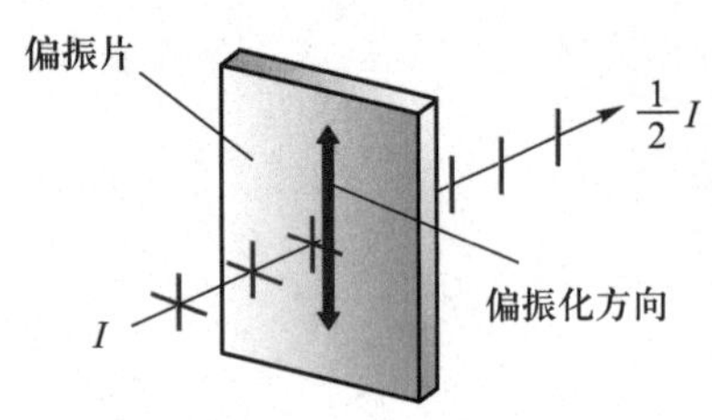

图 9-8-5 自然光通过偏振片

起偏器不但可以把自然光变成偏振光，还可以检查某一束光是否为偏振光，也称为**检偏器**。如图 9-8-6 所示，当自然光投射到偏振片 P_1（MM'为偏振化方向）上时，此时偏振片 P_1 称为起偏器，旋转起偏器 P_1 的过程中，屏上始终出现亮光。若在起偏器 P_1 后再放置一偏振片 P_2（NN'为偏振化方向），此时入射到偏振片 P_2 上的是偏振光，将偏振片 P_2 绕入射光的方向旋转一周，后场逐渐由亮变暗，又由暗变亮，再由亮变暗，再由暗变亮，共经历两个全明和全暗的过程。这个过程称为**检偏**，此时偏振片 P_2 称为检偏器。

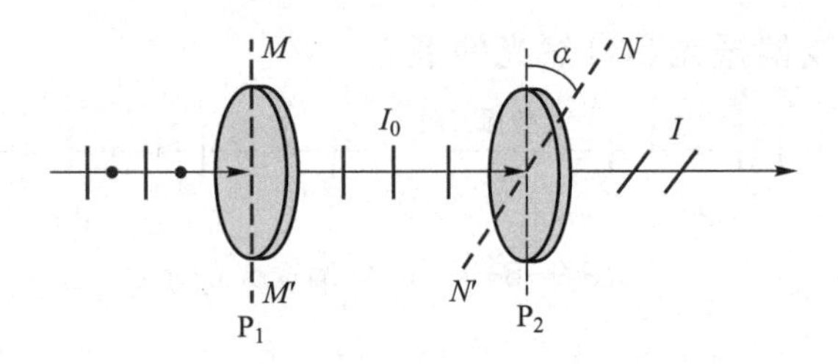

图 9-8-6 起偏和检偏

图 9-8-7(a)为照相机拍摄玻璃橱窗时，有明显的反射光，因此无法看清楚室内的景象；图 9-8-7(b)为镜头前加了偏振滤光片的照相机拍摄的情况，通过旋转镜头前置的偏振片，消除玻璃表面的反射光，此时橱窗内的情况看得非常清楚。

图 9-8-7 彩图

(a)

(b)

图 9-8-7 偏振滤光片的效果

9.8.3 马吕斯定律

如果 P_1 和 P_2 这两个偏振片的偏振化方向既不平行也不垂直,那么最终通过检偏器 P_2 的光强如何呢?图 9-8-8 中,若起偏器 P_1 的偏振化方向 MM' 与检偏器 P_2 偏振化方向 NN' 之间的夹角为 α。自然光通过起偏器 P_1 后将变成偏振光,偏振光的偏振化方向沿着 MM' 方向。设线偏振光的振幅为 E_0,而检偏器只允许它沿 NN' 方向的分量通过,因此,从检偏器出射的光的振幅为

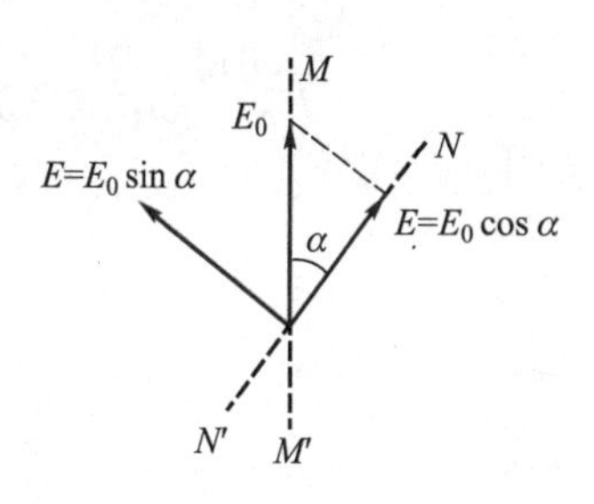

图 9-8-8 偏振光的分解

$$E=E_0\cos\alpha$$

由于光强与振幅的平方成正比,则透过起偏器 P_1 的偏振光的光强 $I_0 \propto E_0^2$,而透过检偏器 P_2 的光强 $I \propto E_0^2\cos^2\alpha$,则

$$\frac{I}{I_0}=\frac{E_0^2\cos^2\alpha}{E_0^2}=\cos^2\alpha$$

即

$$I=I_0\cos^2\alpha \qquad (9-8-1)$$

式(9-8-1)是法国工程师马吕斯(Étienne-Louis Malus,1775—1812)在 1809 年研究线偏振光通过检偏器后的透射光光强时发现的,因此称为**马吕斯定律**。

例 9-8-1

一偏振片 P 放在正交的两偏振片 P_1 和 P_2 之间,其偏振化方向与 P_1 的偏振化方向成 30°角,求自然光通过这三个偏振片后光强减为原来的百分之几。

解 设自然光的光强为 I_0,通过偏振片 P_1 后变为线偏振光,且光强 $I_1=\frac{I_0}{2}$。通过偏振片 P 后的光强为 I_2,由式(9-8-1)可得

$$I_2=\frac{I_0}{2}\cos^2 30°$$

此时,线偏振光的光振动方向再次变成为偏振片 P 的偏振化方向。

设通过偏振片 P_2 后的光强为 I_3，再次由式(9-8-1)可得

$$I_3=\frac{I_0}{2}\cos^2 30°\cos^2 60°$$

则 $$\frac{I_3}{I_0}=\frac{1}{2}\cos^2 30°\cos^2 60°\approx 9.4\%$$

9.8.4 布儒斯特定律

实验和理论证明，自然光在两种各向同性介质的分界面上反射和折射时，一般情况下，反射光和折射光都将成为部分偏振光；且在特定的情况下，反射光有可能成为线偏振光。

如图 9-8-9 所示，一束自然光以任意角度入射到两种折射率分别为 n_1 和 n_2 介质的界面，如空气和玻璃的界面，其中 i 为入射角，γ 为折射角，入射光线和垂直于界面的虚线构成入射面。实验表明，反射光是部分偏振光，且垂直于入射面振动光较强，折射光也是部分偏振光，但是平行于入射面的光振动较强[图 9-8-9(a)]。然而，随着入射角 i 的变化，反射光的偏振化程度随着入射角 i 的变化而发生变化，当入射角 i_0 满足式(9-8-2)时，反射光中只有垂直于入射面的光振动，而没有平行于入射面的光振动，成为线偏振光；但折射光仍为部分偏振光[图 9-8-9(b)]。

$$\tan i_0=\frac{n_2}{n_1} \tag{9-8-2}$$

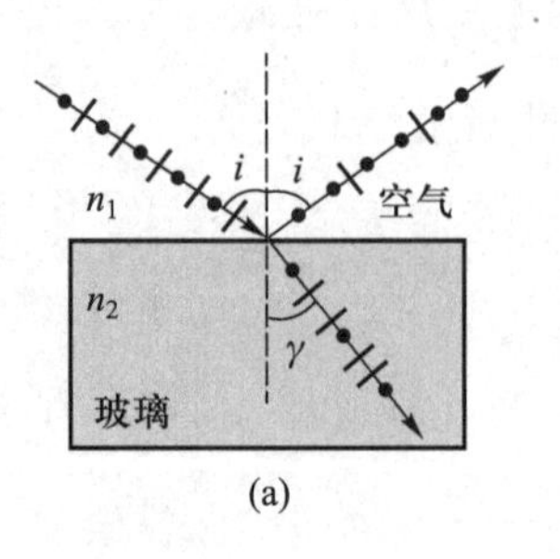

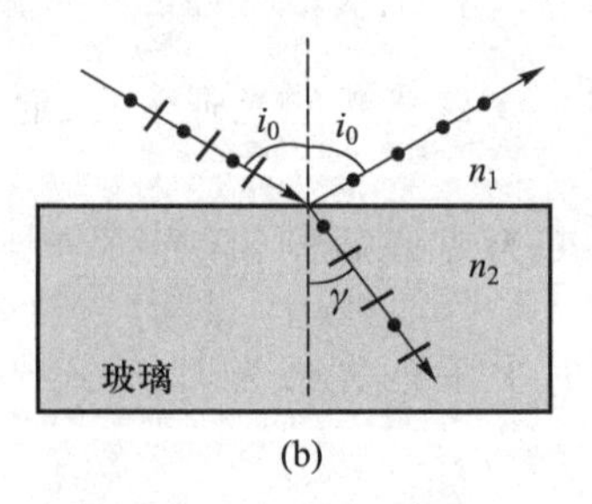

图 9-8-9 自然光经反射和折射时光的偏振

式(9－8－2)是苏格兰物理学家布儒斯特(David Brewster,1781—1868)从实验中得到的,称为**布儒斯特定律**。i_0称为**起偏角或布儒斯特角**。

根据折射定律,$n_1\sin i_0=n_2\sin\gamma$,则

$$\frac{\sin i_0}{\sin\gamma}=\frac{n_2}{n_1}$$

由式(9-8-2)可得

$$\frac{\sin i_0}{\cos i_0}=\frac{n_2}{n_1}$$

即

$$\sin\gamma=\cos i_0$$

由此可得

$$i_0+\gamma=\frac{\pi}{2}$$

上式表明,当入射角为起偏角时,反射光与折射光相互垂直。

当自然光以布儒斯特角从空气入射到普通的光学玻璃时,反射光是线偏振光,但其光强只占入射光中垂直入射面的光振动强度的很小一部分,而折射光的光强是入射光中全部的平行入射面的振动强度和垂直入射面的振动强度的总和,可以说在布儒斯特角处发生反射和折射时,反射光为线偏振度光,但光强很弱;折射光为部分偏振光,但光强很强。所以常用玻璃堆的方法获得振动相互垂直的两束线偏振光。如图 9-8-10 所示,玻璃堆是由多片彼此平行的平板光学玻璃堆放起来构成的。当自然光以布儒斯特角入射到玻璃堆上时,入射光束经多次反射和折射,最终可以获得偏振化程度很高的两束振动方向相互垂直的偏振光。

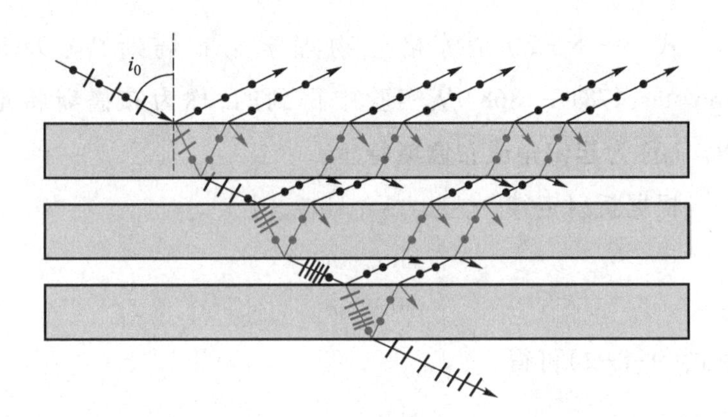

图 9-8-10 通过玻璃堆获得线偏振光

例 9-8-2

水的折射率为 1.33,空气的折射率近似为 1。求:

(1) 当自然光从空气入射到水的表面时的起偏角;

(2) 当自然光从水中入射到空气的表面时的起偏角,这两个起偏角满足什么关系?

解 由式(9-8-2)可得

(1) 当自然光从空气入射到水的表面时,起偏角为

$$\tan i_0=\frac{1.33}{1}=1.33,\quad i_0\approx 53.1^\circ$$

(2) 当自然光从水中入射到空气的表面时,起偏角为

$$\tan i_0'=\frac{1}{1.33},\quad i_0'\approx 36.9^\circ$$

这两个起偏角是互余的关系,即 $i_0+i_0'=\frac{\pi}{2}$。

*9.8.5 双折射现象

1669 年,丹麦物理学家巴托林(Erasmus Bartholin, 1625—1698)无意中透过方解石晶体($CaCO_3$)看书上的字时,发现看到的像是双像,即每个字都变成了两个字。当晶体旋转时,一个像静止不动,另一个像随晶体转动而旋转,他由此推断出光线通过方解石晶体产生了两束折射光,这种现象称为**双折射现象**,如图 9-8-11 所示。产生双折射现象的晶体称为**双折射晶体**。

生活中常见的现象是:一束光线在两种各向同性的介质界面发生折射时,只有一束折射光线,且入射角和折射角满足折射定律。然而,当一束光线射入光学性质随方向而异的一些晶体时,一束入射光有两束折射光,其中一束折射光遵循上述折射定律,称为**寻常光**,简称 **o 光**;另一束折射光的方向不遵守折射定律,且传播速度随着入射光方向的改变而变化,称为**非寻常光**,简称 **e 光**,如图 9-8-12 所示。晶体越厚,o 光和 e 光两束光分得越开。

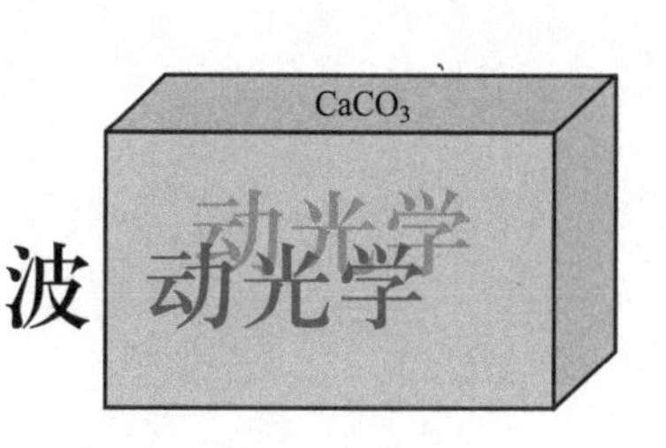

图 9-8-11　双折射现象

实验还发现,光沿方解石晶体内某一特定方向传播时,不产生双折射现象,这个方向称为**双折射晶体的光轴**。当光在方解石晶体的某一表面入射时,该表面的法线和晶体光轴所构成的平面称为晶体的**主截面**。若光在方解石晶体的主截面内入射,则 o 光、e 光都在主截面内,且 o 光(光振动垂直于主截面)、e 光都是线偏振光(光振动在主截面内),如图 9-8-13 所示。

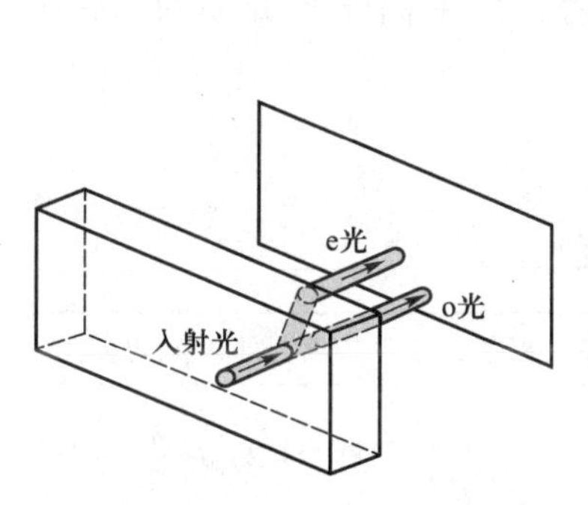

图 9-8-12　寻常光和非寻常光的折射

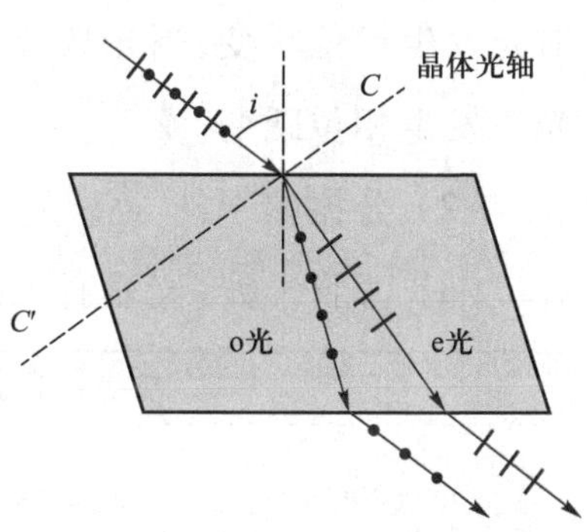

图 9-8-13　自然光在晶体主截面内入射时,o 光和 e 光的偏振情形

内容小结

1. 光的干涉

两束相干光产生干涉加强和干涉减弱对应光程差 Δ 满

足的条件

$$\Delta=\begin{cases}k\lambda & \text{干涉加强}\\(2k+1)\dfrac{\lambda}{2} & \text{干涉减弱}\end{cases}\quad(k=0,\pm1,\pm2,\cdots)$$

(1) 分波阵面干涉

(a) 杨氏双缝干涉

明纹位置 $x=k\dfrac{D\lambda}{d}\quad(k=0,\pm1,\pm2,\cdots)$

暗纹位置 $x=\dfrac{D}{d}(2k+1)\dfrac{\lambda}{2}\quad(k=0,\pm1,\pm2,\cdots)$

相邻两明纹或相邻两暗纹中心的距离为 $\Delta x=\dfrac{D\lambda}{d}$

(b) 劳埃德镜干涉

引入相位跃变,即半波损失的概念;当光从光疏介质(折射率小的介质)射向光密介质(折射率大的介质)时,反射光发生相位跃变;当光从光密介质射向光疏介质时,反射光不发生相位跃变。

(2) 分振幅干涉

(a) 薄膜干涉(光垂直入射)

	反射光干涉光程差	透射光干涉光程差
$n_1>n_2>n_3$	$\Delta=2n_2d$	$\Delta=2n_2d+\dfrac{\lambda}{2}$
$n_1<n_2<n_3$	$\Delta=2n_2d$	$\Delta=2n_2d+\dfrac{\lambda}{2}$
$n_1<n_2,n_3<n_2$	$\Delta=2n_2d+\dfrac{\lambda}{2}$	$\Delta=2n_2d$
$n_1>n_2,n_3>n_2$	$\Delta=2n_2d+\dfrac{\lambda}{2}$	$\Delta=2n_2d$

(b) 劈尖干涉

任意相邻两明纹或暗纹对应的薄膜厚度差为

$$\Delta d=\frac{\lambda}{2n}$$

相邻两明纹或暗纹的间距为

$$l\approx\frac{\lambda}{2n\theta}$$

(c) 牛顿环干涉

牛顿环装置中充满空气

明环的半径 $r=\sqrt{\left(k-\frac{1}{2}\right)R\lambda}\quad(k=1,2,\cdots)$

暗环的半径 $r=\sqrt{kR\lambda}\quad(k=0,1,2,\cdots)$

牛顿环装置中充满折射率为 n 的介质

明环的半径 $r_{明}=\sqrt{\left(k-\frac{1}{2}\right)R\frac{\lambda}{n}}\quad(k=1,2,\cdots)$

暗环的半径 $r_{暗}=\sqrt{kR\frac{\lambda}{n}}\quad(k=0,1,2,\cdots)$

2. 光的衍射

(1) 夫琅禾费单缝衍射

菲涅耳半波带法分析明暗纹产生的条件

$$b\sin\theta=\begin{cases}2k\dfrac{\lambda}{2}=k\lambda & 衍射暗纹\\ (2k+1)\dfrac{\lambda}{2} & 衍射明纹\\ 0 & 中央明纹\end{cases}\quad(k=\pm1,\pm2,\cdots)$$

后屏中衍射条纹的中心位置

$$x=\begin{cases}\dfrac{f}{b}k\lambda & 暗纹中心\\ \dfrac{f}{b}(2k+1)\dfrac{\lambda}{2} & 明纹中心\\ 0 & 中央明纹\end{cases}\quad k=\pm1,\pm2,\pm3,\cdots$$

中央明纹宽度为

$$\Delta x_0=2\frac{\lambda}{b}f$$

中央明纹角宽为

$$\Delta\theta = 2\frac{k\lambda}{b}$$

（2）光栅衍射

光栅衍射明纹的条件为

$$d\sin\theta = k\lambda \quad (k=0,\pm1,\pm2,\cdots)$$

（3）圆孔衍射

艾里斑的半角宽为

$$\theta = 1.22\frac{\lambda}{D}$$

瑞利判据的表达式为

$$R = \frac{D}{1.22\lambda}$$

3. 光的偏振

（1）马吕斯定律 强度为 I_0 的线偏振光通过偏振片的光强为

$$I = I_0\cos^2\alpha$$

（2）布儒斯特定律 起偏角 i_0 满足

$$\tan i_0 = \frac{n_2}{n_1}$$

习题 9

9-1 杨氏双缝干涉实验中，两缝中心距离为 0.60 mm，紧靠双缝的凸透镜的焦距为2.50 m，屏幕置于焦平面上。

（1）用单色光垂直照射双缝，测得屏上条纹的间距为 2.30 mm。求入射光的波长；

（2）当用波长为 480 nm 和 600 nm 的两种光垂直照射时，求它们的第 3 级明纹相距多远。

9-2 杨氏双缝干涉实验中，用钠灯作单色光源，其波长为 589.3 nm，屏与双缝的距离 $D=600$ mm。

（1）求 $d=1.0$ mm 和 $d=10$ mm，两种情况相邻明纹间距分别为多大？

（2）若相邻条纹的最小分辨距离为 0.065 mm，则问能分清干涉条纹的双缝间距 d 最大是多少？

9-3 如图所示,在杨氏双缝干涉实验中,若用折射率分别为 1.5 和 1.7 的两块透明薄膜覆盖双缝(膜厚相同),则观察到第 7 级明纹移到了屏幕的中心位置,即原来零级明纹的位置。已知入射光的波长为 500 nm,求透明薄膜的厚度 e。

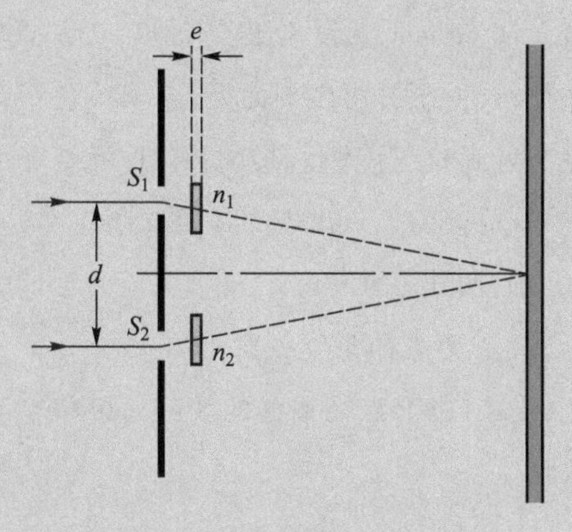

习题 9-3 图

9-4 杨氏双缝干涉实验中,双缝之间的距离 $d=0.5$ mm,双缝到屏幕的距离是 25 cm,先后用波长为 400 nm 和 600 nm 两种单色光入射。求:

(1) 两种单色光产生的干涉条纹间距;

(2) 两种单色光的干涉条纹第一次重叠处各是第几级?

(3) 两种单色光的干涉条纹第一次重叠处距离屏幕中心的距离。

9-5 以白光垂直入射在相距 0.25 mm 的双缝上,距缝 50 cm 处放置一个屏幕,求:

(1) 屏幕上第 1 级明纹的彩色带的宽度;

(2) 第 5 级明纹的彩色带的宽度。(设可见光波长范围为 400~760 nm)。

9-6 劳埃德镜干涉装置如图所示。若光源波长 $\lambda=7.2\times10^{-7}$ m,求镜的右边缘到第 1 级明纹的距离。

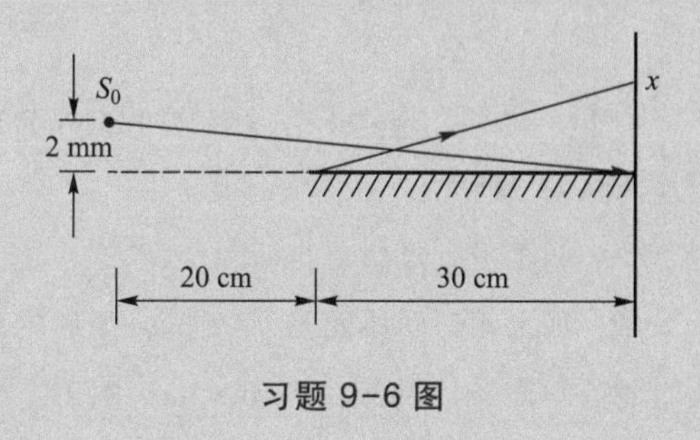

习题 9-6 图

9-7 在玻璃($n=1.50$)表面镀一层折射率 $n=1.29$ 的透明介质膜,为使波长 $\lambda=600$ nm 的入射光反射最小,求膜层的最小厚度。

9-8 平板玻璃上有一层厚度均匀的肥皂膜。在阳光垂直照射下,在波长 700 nm 处有一干涉极大,而在 600 nm 处有一干涉极小,而且在这两极大和极小间没有出现其他的极值情况。已知肥皂液折射率为 1.33,玻璃折射率为 1.50,求此膜的厚度。

9-9 为了测量一根细金属丝的直径 d,按如图所示形成空气劈尖,用单色光照射形成等厚干涉条纹,用读数显微镜测出干涉明纹的间距,就可以算出 d。已知:单色光波长为 589.3 nm,金属丝与劈尖顶点的距离 $L=28.88$ mm,第 1 级明纹到第 31 级明纹的距离为 4.295 mm。求金属丝的直径。

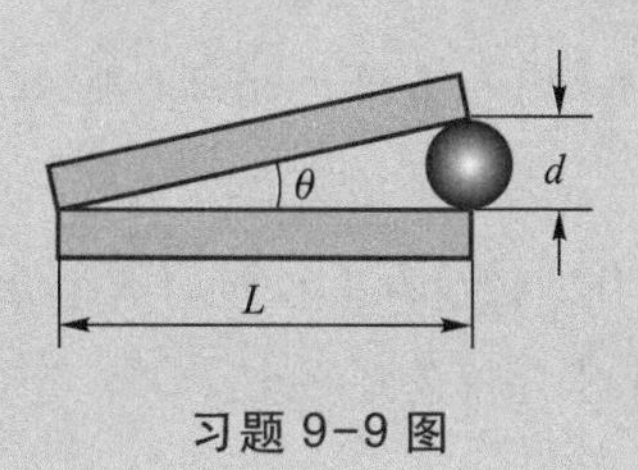

习题 9-9 图

9-10 一玻璃劈尖，折射率 $n=1.52$。一束波长 $\lambda=589.3\ \text{nm}$ 的钠光垂直入射，测得相邻条纹间距 $L=5.0\ \text{mm}$，求劈尖夹角。

9-11 已知入射光波长 $\lambda=500\ \text{nm}$，现测得干涉条纹如图所示。

(1) 问不平处是凸还是凹？

(2) 如果相邻明纹间距 $b=2\ \text{mm}$，条纹的最大弯曲处与该条纹的距离 $f=0.8\ \text{mm}$，则不平处的高度或深度是多少？

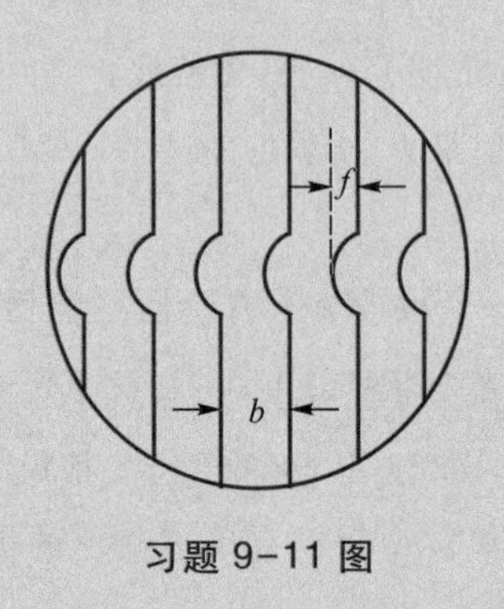

习题 9-11 图

9-12 在牛顿环实验中，透镜的曲率半径为 5.0 m，直径为 2.0 cm。

(1) 求用波长 $\lambda=589.3\ \text{nm}$ 的单色光垂直照射时，可看到多少条干涉条纹？

(2) 若在空气层中充以折射率为 n 的液体，可看到 46 条明纹，求液体的折射率（玻璃的折射率为 1.50）。

9-13 用一束单色光垂直照射牛顿环装置，测得某一级明环的直径为 3.00 mm，它外面第五级明环的直径为 4.60 mm，平凸透镜的半径为 1.03 m，求此单色光的波长。

9-14 在牛顿环干涉实验中，透镜曲率半径为 5.0 m，而透镜的直径为 2.0 cm，入射光波长为 589 nm，求干涉暗环的数目。若将实验装置浸入水中（$n=1.33$），则求干涉暗环的数目。

9-15 如图所示，单缝衍射实验中，狭缝的宽度 $b=0.60\ \text{mm}$，透镜焦距 $f=0.40\ \text{m}$，屏幕与狭缝平行，放置在透镜焦平面处，若以单色平行光垂直照射到狭缝上，此时在屏幕上距离屏中心 $x=1.4\ \text{mm}$ 处的 P 点出现的是明纹，求：

(1) 入射光的波长；

(2) P 点处的条纹级数；

(3) 对应 P 点处狭缝的波阵面可作半波带的数目。

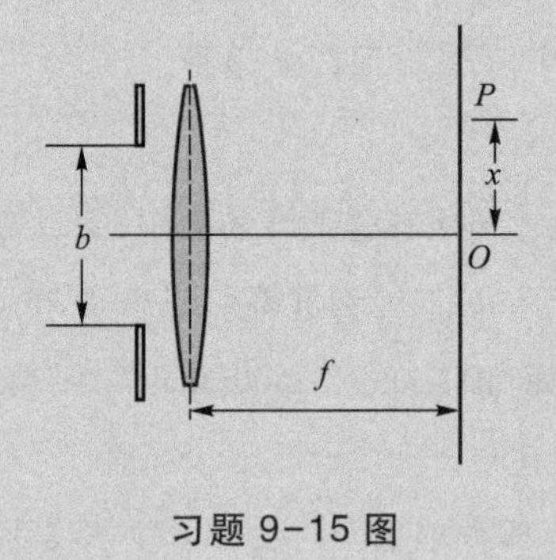

习题 9-15 图

9-16 在夫琅禾费单缝衍射中，缝宽 $b=1.0\times10^{-4}\ \text{m}$，透镜焦距 $f=0.5\ \text{m}$，现用波长 $\lambda=760\ \text{nm}$ 的单色平行光垂直照射狭缝。求：

(1) 中央明纹的宽度；

(2) 第 3 级明纹距中央明纹的距离。

9-17 一束波长 $\lambda=589.0\ \text{nm}$ 的单色光，垂直入射到宽为 $b=1.0\ \text{mm}$ 的单缝上，透镜焦距 $f=2.0\ \text{m}$。

（1）求中央明纹任一侧，相邻两暗纹之间的距离。

（2）若将整个装置浸入 $n=1.33$ 的水中，求相邻两暗纹之间的距离。

9-18 用氦氖激光器发出的 $\lambda=632.8$ nm 的红光，垂直入射到一平面透射光栅上，测得第 1 级明纹出现在 $\theta=30^\circ$ 的方向上，求：

（1）该平面透射光栅的光栅常量，这意味着该光栅在 1 cm 内有多少条狭缝？

（2）最多能看到第几级衍射条纹？

9-19 用一束波长 $\lambda=500$ nm 的单色光垂直照射到每毫米有 500 条刻痕的光栅上，求：

（1）第 1 级和第 3 级明纹的衍射角；

（2）若缝宽与缝间距相等，用此光栅最多能看到几条明纹。

9-20 两波长分别为 $\lambda_1=440$ nm，$\lambda_2=660$ nm 的光同时垂直入射在一光栅上，实验发现，两波长的光第一次重合于中央明纹处，第二次重合于衍射角 $\theta=60^\circ$ 方向，求光栅常量。

9-21 月球距离地球的地面是 3.86×10^8 m，设月光的波长为 $\lambda=550$ nm，求：月球表面距离为多远的两点才能被地球上直径 $D=500$ cm 的天文望远镜所分辨？

9-22 迎面驶来的汽车上，两盏前灯相距 120 cm。设夜间人眼瞳孔直径为 5.0 mm，视觉最敏感的波长为 $\lambda=550$ nm。求距离汽车多远的地方，人眼恰能分辨这两盏灯？

9-23 如果空气中光的波长为 600 nm，鹰眼瞳孔的直径约为 6 mm，求该鹰飞翔在多高处可以看清楚地面上身长为 5 cm 的老鼠。

9-24 自然光通过两个偏振化方向成 60° 的偏振片，透射光强为 I_1。今在这两个偏振片之间再插入另一偏振片，它的偏振化方向与前两个偏振片均成 30° 角，求透射光强。

9-25 两个偏振化方向互相垂直的偏振片 P_1 和 P_2 之间放置另一偏振片 P，其偏振化方向与 P_1 的偏振化方向成 30° 角。若以光强为 I_0 的自然光垂直入射 P_1，求透过偏振片 P_2 的光强（设偏振片都是理想的）。

9-26 一束由自然光和线偏光混合的光束垂直通过一个偏振片，偏振片可绕光轴连续旋转，发现透射光的强度发生变化，最大光强是最小光强的 5 倍，求：入射光中自然光光强与线偏光光强的比值。

9-27 测得釉质的布儒斯特角 $i_0=58^\circ$，求它的折射率。

9-28 测得一池静水（$n=1.33$）的表面反射出来的太阳光是线偏振光。求：此时太阳光的仰角，即与地平线之间的夹角。

第十章 气体动理论

第十章 数字资源

物质的运动形式多种多样,除了可以直接被观察到的宏观物体的运动外,还有一类人眼无法观察的微观世界的原子和分子的运动。那么,炎炎夏日或刺骨的寒冬,空气分子的运动有什么不同?熟鸡蛋放入微波炉加热,为什么鸡蛋会爆炸?从冰箱中取一杯冰水,为什么杯壁外有液滴?研究发现,组成物质的原子或分子作着永不停息的无规则运动,这种运动称为热运动。本章将研究大量气体分子热运动的规律——气体动理论。气体动理论的建立和发展标志着物理学进入了分子世界。作为第一个微观理论,它采用的概率概念和统计平均方法已为后来的统计理论继承。但是,由于气体动理论以分子为统计的个体,它的进一步发展需要对分子模型和分子间相互作用作出相当具体而又并无根据的假设和猜测,这是一个根本的困难。1902 年,美国物理化学家吉布斯(Josiah Willard Gibbs,1839—1903)在系统概念的基础上建立了统计物理,避免了气体动理论的困难。气体动理论的研究方法是从物质结构和分子运动论出发,运用力学规律和统计平均方法,解释与揭示气体宏观现象和宏观规律的本质,并确定气体的宏观量压强、温度、

内能等与微观量之间的关系，并给出与之相应的微观量平均值之间的关系。

本章内容提要

1. 了解气体分子热运动的图像。

2. 掌握理想气体的压强公式和温度公式；理解从提出模型、到统计平均、再到建立宏观量与微观量的联系，最后阐明宏观量的微观本质的思想和方法。从宏观和微观两方面理解压强和温度等概念，了解系统的宏观性质是微观运动的统计表现。

3. 了解自由度概念，理解能量均分定理。

4. 理解麦克斯韦速率分布律、速率分布函数和速率分布曲线的物理意义。

5. 了解气体分子的平均自由程。

10.1 平衡态 理想气体物态方程 热力学第零定律

10.1.1 气体的状态参量 平衡态

1. 热力学系统

热学把大量微观粒子组成的宏观物体作为它的研究对象，这一研究对象称为**热力学系统**，简称**系统**，而把系统以外的物质称为**外界**。以气缸内的气体作为研究对象，该气体称为热力学系统，而气缸周围的物质称为外界。热力学系统的热现象规律，不仅和系统本身有关，也和系统所处的环境有关。一般来讲系统和外界之间有相互作用（如热传递、质量交换等）。根据系统和外界的交换特点，我们可以把系统分为三类:**开放系统**(系统与外界之间,既有物质交换,又有能量转化)、**封闭系统**(系统与外界之间,没有物质交换,只有能量转化)和**孤立系统**(系统与外界之间,既无物质交换,又无能量转化)。

2. 气体的状态参量

为了研究大量气体热运动的规律,对一定量的气体,常用气体所占据空间的**体积** V、**压强** p 和**温度** T 来描述气体的宏观状态,这三个物理量称为气体的**状态参量**,它们都是**宏观量**。而描述每个气体分子运动状态的物理量,如质量、速度、动量等,这些是**微观量**。

气体的体积是指气体分子所能到达的全部空间,实际上,气体所占的体积即为容器容积。在国际单位制中,气体体积的单位名称为立方米,符号为 m^3,有时也用立方分米,即升,符号为 L,它们之间的换算关系为 $1\ m^3 = 10^3\ dm^3 = 10^3\ L$。

压强是指气体碰撞容器壁时对单位面积容器壁的作用力,是大量气体分子撞击容器壁的宏观效果。设气体分子作用于器壁的总压力为 F,器壁的总面积为 S,则气体压强为 $p=\frac{F}{S}$。在国际单位制中,压强的单位名称是帕斯卡,简称帕,符号为 Pa,$1\ Pa=1\ N\cdot m^{-2}$,有时也用大气压强,符号为 atm 和 mmHg 作单位。换算关系为 $1\ atm = 1.013\ 25\times 10^5\ Pa=760\ mmHg$。通常人们把纬度为 45°的海平面处测得0 ℃时的大气压值称为**一个标准大气压**。

温度是表示物体冷热程度的物理量。温度的数值标定方法称为**温标**。**热力学温标**为最基本的温标,一切温度的最终测量以热力学温标为准。在国际单位制中,**热力学温度**是物理学的 7 个基本量之一。热力学温度用 T 表示,单位名称为开尔文,符号为 K,它是以英国物理学家开尔文(Kelvin,1824—1907)命名的。在工程上和日常生活中,常常使用**摄氏温标**,温度用 t 表示,单位为℃。**摄氏温度**与热力学温度之间的换算为$\frac{T}{\mathrm{K}}=\frac{t}{℃}+273.15$ 或$\frac{t}{℃}=\frac{T}{\mathrm{K}}-273.15$。

3. 平衡态

热力学系统中大量的粒子不停地作无规则的热运动,经过一段时间后,在不受外界影响(不做功、不传热)的条件下,系统所有可观测的宏观性质不随时间改变的状态,称为**平衡态**。其他状态称为非平衡态。

动画 热平衡

如图 10-1-1(a)所示,一封闭容器,被隔板分为 A、B 两部分。A 部分装有气体,B 部分抽成真空。当隔板抽去以后,由于 A、B 两部分压强不相同,A 部分的气体会向 B 部分运动。在这个过程中,容器中各部分气体的压强和温度随着时间变化,即各部分的宏观量不相同,这样的状态为非平衡态。但经过一段时间以后,容器中各部分气体的压强和温度不再随时间发生变化,此时气体的状态参量具有确定的值。没有外界的作用,气体将保持这一状态,如图 10-1-1(b)所示。

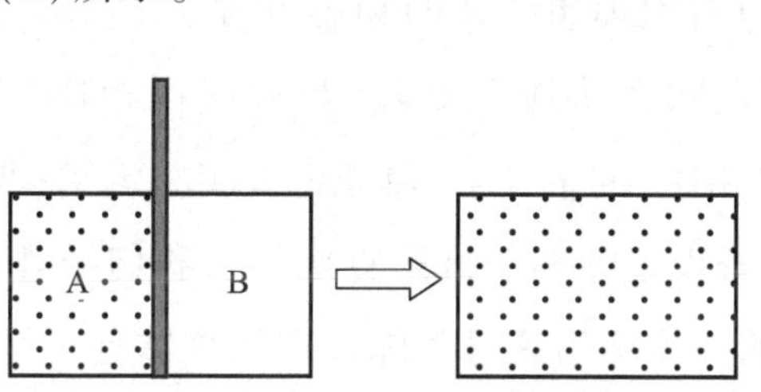

图 10-1-1 平衡态

需要指出的是,处在平衡态的大量分子仍在作热运动,而且因为碰撞,每个分子的速度经常在变化,但是系统的宏观量不随时间改变,因此平衡态是一种动态平衡。系统达到平衡态时,其宏观量不随时间改变,但不意味着系统的所有宏观状态值处处相同。例如,由于重力的影响,大容器中处于平衡态的气体在不同高度处的压强和密度并不相同。只有这种差别可以忽略时,方可认为系统的宏观量处处相同。自然界中一个完全不受外界影响的系统实际上是

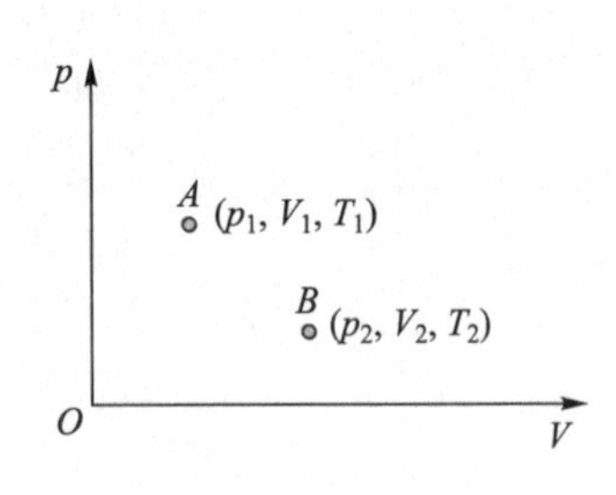

图 10-1-2 平衡态在 p-V 图中的描述

不存在的,因此平衡态是一个理想化模型。处于平衡态的气体状态可以用一组 p、V、T 值表示,即在 p-V 图中可以用一个确定点来表示。若图 10-1-1(a)中,系统初始处于平衡态(p_1,V_1,T_1),抽取隔板,经过一段时间,系统处于平衡态(p_2,V_2,T_2),则在 p-V 图中可以分别用确定的点描述,如图 10-1-2 所示。

10.1.2 理想气体物态方程

当热力学系统处于平衡态时,描写气体该状态的三个状态参量压强、体积和温度之间存在一定的的函数关系,即其中一个量是其他两个量的函数,如

$$T=f(p,V)$$

一定量气体处于平衡态时,各个状态参量之间的关系式称为气体物态方程。气体物态方程的具体形式与其性质和所处的条件有关,一般来讲这个方程的形式是比较复杂的。本书我们只讨论理想气体的物态方程。

一般气体,在压强不太大(与大气压相比)和温度不太低(与室温相比)的条件下,遵守三大实验定律:玻意耳-马里奥特定律、查理定律和盖吕萨克定律。我们把遵从上述三大实验定律的气体称为**理想气体**。理想气体是一种理想模型。

由气体的三大实验定律和阿伏伽德罗定律可得平衡态时,**理想气体物态方程**为

动画 理想气体定律(建议横屏观看)

$$pV=NkT \tag{10-1-1a}$$

式(10-1-1a)中 p、V、T 为理想气体在某一平衡态下的三个状态参量,N 为体积 V 中的气体分子数,k 为玻耳兹曼常量,且 $k=1.38\times10^{-23}\ \mathrm{J\cdot K^{-1}}$。

由阿伏伽德罗定律,1 mol 物质所含分子数 N_A 为

$$N_A=6.02\times10^{23}\ \mathrm{mol^{-1}}$$

$\nu=N/N_A$ 为**物质的量**,则式(10-1-1a)可写为

$$pV=\nu N_A kT \qquad (10-1-1b)$$

令 $R=N_A k$,为**摩尔气体常量**,且 $R=N_A k=8.31\ \mathrm{J\cdot mol^{-1}\cdot K^{-1}}$,则式(10-1-1b)可写成

$$pV=\nu RT \qquad (10-1-1c)$$

若气体的质量为 m,摩尔质量为 M,则该气体物质的量 $\nu=m/M$。于是,理想气体物态方程又可写成

$$pV=\frac{m}{M}RT \qquad (10-1-1d)$$

令 $n=\frac{N}{V}$,为**气体分子数密度**,简称**分子数密度**,则式(10-1-1a)还可以写成

$$p=nkT \qquad (10-1-1e)$$

在 0 ℃和标准大气压下,分子数密度 $n=2.686\ 780\ 5(24)\times 10^{25}\ \mathrm{m^{-3}}$,计算时一般取 $n=2.69\times10^{25}\ \mathrm{m^{-3}}$。理想气体实际是不存在的,它只是真实气体的初步近似。一般气体在温度不太低、压强不太大时,都可近似为理想气体。因此研究理想气体各状态参量之间的关系,即理想气体物态方程,仍有重要意义。

例 10-1-1

汽车发动机中,空气和汽化了的汽油的混合物在点燃前被压缩到气缸中。典型的汽车发动机压缩比为 9∶1,即气缸中的气体被压缩到初始体积的 1/9。压缩过程中进气阀和排气阀均关闭,所以气体的质量不变。若气体初始温度为 27 ℃,初始的压强为 1 atm,经压缩后气体的压强为 21.7 atm。求压缩后气体的温度。

解 设压缩前气体的压强为 p_1、温度为 T_1、体积为 V_1;压缩后气体的压强为 p_2、温度为 T_2、体积为 V_2。由于压缩前后气体的质量不变,则由式(10-1-1c)可得

$$\frac{p_1V_1}{T_1}=\frac{p_2V_2}{T_2}$$

则压缩后气体的温度为

$$T_2=T_1\frac{p_2V_2}{p_1V_1}=(273+27)\ \mathrm{K}\times\frac{21.7V_2}{1\times9V_2}\approx723\ \mathrm{K}=450\ ℃$$

10.1.3 热力学第零定律

人们从经验和实验中发现,在没有做功的情况下,若两个物体在相互接触的过程中,能量从一个物体传递给另外一个物体,那么我们说这两个物体之间有温差。当两个物体停止能量传递后,它们达到热平衡。

如图 10-1-3(a)所示,现有 A、B 和 C 三个处于非平衡态的系统,用绝热箱把它们与外界隔绝,使它们仅彼此之间有相互作用。现用绝热板把 A、B 两个系统隔离开来,但让系统 C 分别与系统 A 和系统 B 用导热板隔开,使得系统 C 分别与系统 A 和系统 B 可以发生热交换。经过一段时间后,系统 A 和系统 B 各自与系统 C 处于热平衡。我们接下来验证系统 A 和系统 B 是否达到平衡。如图 10-1-3(b)所示,现用绝热板把系统 C 与系统 A 和系统 B 隔离开来,把 A、B 两个系统之间的绝热板替换成导热板,则系统 A 和系统 B 之间可以发生热交换。实验表明,A、B 两个系统都没有新的变化,由此可以得出以下结论:

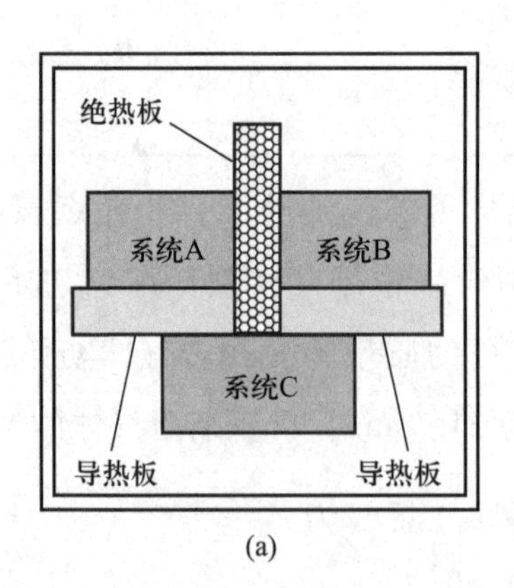

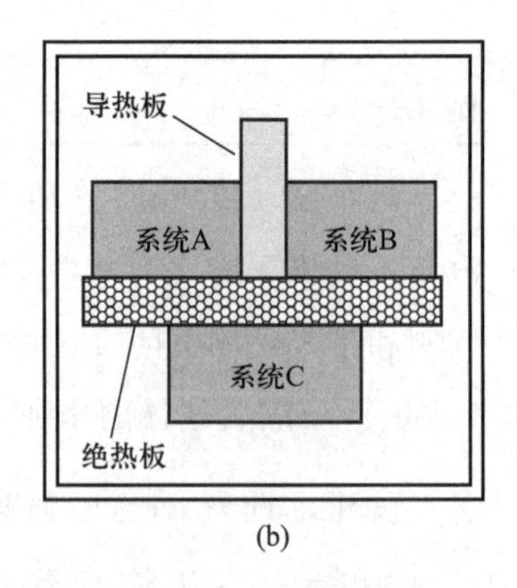

图 10-1-3 热力学第零定律

如果系统 C 与 A、B 两个系统都处于热平衡,则系统 A 和系统 B 也处于热平衡,这一结论称为"**热力学第零定律**"。热力学第零定律又叫**热平衡定律**,它是建立温度概念的基本定律。

10.2 物质的微观模型 统计规律性

热力学系统是由大量的、不停息地运动着的、彼此间或强或弱地相互作用着的分子或原子组成,要想推导出系统的宏观量(如压强、温度等)与这些微观粒子运动的关系,应首先明确平衡态下理想气体分子的模型和性质。

10.2.1 分子的线度和分子力

1. 分子的线度

气体由大量的分子和原子组成,在标准状况下,1 mol 气体所含有的分子(或原子)数目为 $6.02\times10^{23}\ \mathrm{mol}^{-1}$,这些分子和原子统称为微观粒子。不同结构的分子,其尺度是不一样的。我们以氧气分子为例进行讨论,实验表明,在标准状况下,气体分子的线度约为 10^{-10} m,分子之间的距离约为分子自身线度的 10 倍,这样每个氧气分子占有体积 V 约为氧气分子本身体积的 1 000 倍。因此,在标准状况下的气体,可以忽略分子大小,把分子看作是一个质点。需要指出的是,随着气体压强的增加,分子间的距离要变小,但在不太大的压强下,每个分子占有的体积仍比分子本身的大小要大得多。

2. 分子力

既然组成物质的分子总是不停地、无规则地运动,为什么固体和液体的分子会聚集在一起而不分散开?这是因为分子之间有相互吸引力。例如,切削一块金属或锯开一段木材时都必须用力,要使钢材发生形变也需要用力。这都说明物体各部分之间存在着相互吸引力。另一方面,我们知道液体和固体都很难压缩，这表明物质之间不但存在引力，而且还有斥力，阻止它们相互靠拢。

分子之间的引力和斥力是同时存在的，**分子力**就是引力和斥力的合力，如图 10-2-1 所示。从图上可以看出，当分子之间的距离 $r<r_0$（r_0约为 10^{-10} m）时，分子力主要表现为斥力，且随 r 的减小，斥力急剧增加；当 $r=r_0$时，分子力为零；当 $r>r_0$时，分子力主要表现为引力。r 继续增大到大于 10^{-9} m 时，分子间的作用力就可以忽略不计了。可见，分子力的作用范围是极小的，分子力属短程力。一般气体在压强不太高时，分子的间距远大于 r_0，此时气体可以看作理想气体。

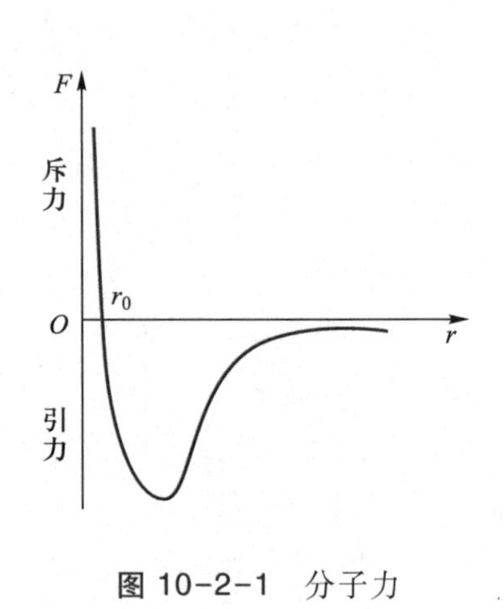

图 10-2-1 分子力

10.2.2 分子热运动的无序性及统计规律性

一切宏观物体都是由大量分子组成的，分子之间有作用力，同时大量实验事实表明，这些分子都在不停地作无规则的热运动。布朗运动是表现分子作无规则热运动的典型例子。粗略统计一秒钟内一个分子与其他分子碰撞次数的数量级约为 10^9次，即每秒钟碰撞的次数达几十亿次之多，从而使气体内各部分分子的平均速率趋于相同，气体内各部分的温度、压强趋于相等，从而达到平衡态。所以说，无序性是气体分子热运动的基本特征。另一方面，物质内的分子在分子力的作用下欲使分子聚集在一起，形成有序排列，而分子的热运动则使分子尽量分开。这样一来，物质内的分子究竟是聚集还是散开，起决定作用的就是它所处环境的温度和压强。由于环境的差异，从而导致物质形成气态、液态、固态以及等离子态等不同的集合体。

由于分子运动的无序性，就单个分子的运动情况而言，它是杂乱无章的,使得气体分子在某一时刻的位置、速度和运动轨迹无法确定。然而仔细考察可以发现,处于平衡态的气体,尽管单个分子的运动状态具有偶然性,但大量分子的整体运动是有规律的。实际上我们只需要关心大量分子的整体平均运动即可,因为整体平均效果决定了系统的宏观性质,因此对于热运动和热现象的问题需要采取新的研究方法,即统计的方法。

下面通过举例来解释统计规律性。

如图 10-2-2 所示,在一块竖直木板的上部规则地钉上铁钉,木板的下部用竖直隔板隔成等宽的狭槽,从顶部中央的漏斗形入口处可以投入小球,板前覆盖玻璃使小球不致落到槽外,这个装置称为**伽尔顿板**。若在入口处投一个小球,小球在下落过程中将与铁钉发生多次碰撞,最后落入某一槽中。我们通常是分别多次投入单个小球或者同时投入许多小球,观察比较小球在各个槽中的分布。实验结果发现:投入单个小球,小球与铁钉碰撞后落入哪个槽中完全是偶然的或者随机的。大量小球同时投入或单个小球分别多次投入,最终落入中间部位槽中的小球总是较多,而落入两侧槽中的小球总是较少,出现如图 10-2-2 所示的有规律分布。小球的总数越多,重复性越好,当小球的总数足够多时,每次得到的分布规律几乎相同。

上述实验表明,尽管单个小球落入哪个狭槽是完全偶然的,少量小球在各个槽中的分布也带着偶然性,但是投入大量的小球,则小球在各个狭槽内的分布是近似确定的,小球的分布具有统计规律性。

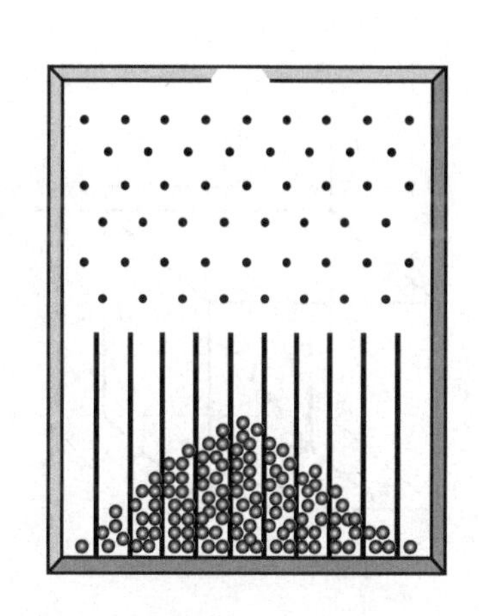

图 10-2-2 伽尔顿板

对于本章要讨论的大量气体分子系统,其情况类似。本章所讨论的气体的压强公式和温度公式、能量均分定理、麦克斯韦速率分布律、玻耳兹曼能量分布律等都是大量气体分子统计规律性的表现。

10.3 理想气体的压强和温度公式

系统宏观量和微观量之间存在着内在的联系,虽然单个分子的运动是无规则的,但是从大量分子的集体表现来看,却存在着一定的统计规律。本节应用统计的方法,求出大量分子的一些微观量的统计平均值,从而导出理想气体的压强公式和温度公式。

10.3.1 理想气体的压强公式

从气体动理论来看,理想气体是一种最简单的气体,我们可以为理想气体建立如下的分子模型:

教学视频 理想气体的压强 理想气体的温度

(1) 分子的大小与容器的尺寸和分子间**平均距离**相比可以忽略不计,分子可以看成质点。

(2) 除碰撞的瞬间外,**分子间的相互作用力**可忽略不计。因此在两次碰撞之间,分子的运动可当作匀速直线运动。

(3) 气体分子间的碰撞以及气体分子与器壁间的碰撞可看作是**完全弹性碰撞**。

这个模型告诉我们,在讨论单个分子运动时,可以将分子看作质点,用经典力学规律来处理。

我们下面以理想气体微观模型为对象,运用牛顿运动定律,采取求平均值的统计方法来导出理想气体的压强公式。

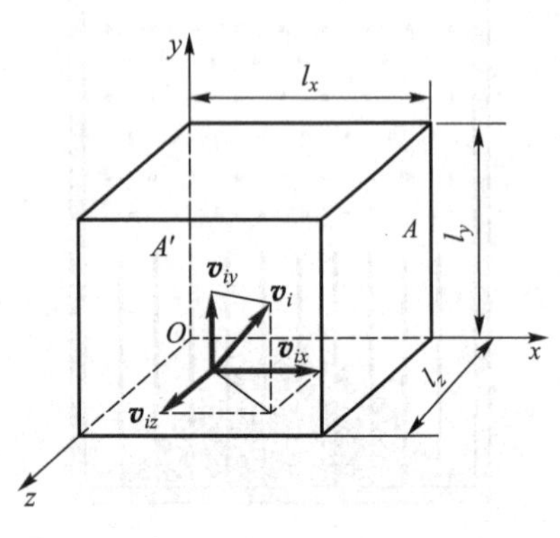

图 10-3-1 压强公式的推导

以长方体容器内部的气体分子为例,如图 10-3-1 所示。容器壁边长分别为 l_x, l_y, l_z,里面充满了 N 个气体分子。设每个分子的质量为 m',它们以大小不同、方向各异的速度在容器中运动,气体对器壁的压强是大量分子对器壁作用力的统计平均效果。

平衡态下的气体分子在各个方向运动概率均相等,没有哪个方向更占优势。这就是在平衡态下气体分子热运动的各向同性的表现,因此所有分子速度分量 v_x、v_y 和 v_z 的平均值

$$\overline{v}_x=\overline{v}_y=\overline{v}_z=0$$

而速度分量平方的平均值应是相等的,即

$$\overline{v_x^2}=\overline{v_y^2}=\overline{v_z^2}$$

由于

$$\overline{v^2}=\overline{v_x^2}+\overline{v_y^2}+\overline{v_z^2}$$

则

$$\overline{v_x^2}=\overline{v_y^2}=\overline{v_z^2}=\frac{1}{3}\overline{v^2} \tag{10-3-1}$$

我们现在来研究速度为 v_i 的第 i 个粒子,它的速度被投影到了三维方向上。当它在运动中撞到与 x 轴垂直的 A 面时,由于碰撞是弹性的,因此它沿 x 轴方向的速度分量由 v_{ix} 变成 $-v_{ix}$。所以在碰撞过程中,A 面给予这个分子的冲量为

$$\Delta p_x=m'(-v_{ix})-m'v_{ix}=-2m'v_{ix}$$

由牛顿第三定律可知,每次碰撞后,该分子给予 A 面容器壁的冲量即为 $2m'v_{ix}$。

我们接下来讨论该分子在单位时间内施于 A 面的总冲量。根据建立的分子模型,该分子与 A 面碰撞后被弹回,继续作匀速直线运动,且运动过程中与其他分子相碰时都是弹性碰撞。由于所有分子质量相同,碰撞时速度交换,可继续跟踪同样速度、同样质量的分子。因此,可以等效地看成该分子直接沿 x 轴负方向飞到 A' 面,并被 A' 面弹回,继续飞向 A 面。前后两次碰撞 A 面的时间间隔为 $\Delta t=2l_x/v_{ix}$。单位时间内,该分子和 A 面碰撞的次数为 $1/\Delta t=v_{ix}/2l_x$,且每

次碰撞都给 A 面 $2m'v_{ix}$ 的冲量。因此，单位时间内，该分子对 A 面的总冲量，也就是对 A 面的平均作用力为

$$\overline{F}_{ix}=2m'v_{ix}\frac{v_{ix}}{2l_x}$$

单位时间内全部分子对 A 面的平均作用力为

$$\overline{F}_x=\overline{v_x^2}Nm'/l_x$$

由压强定义得

$$p=\frac{\overline{F}_x}{l_yl_z}=\frac{Nm'}{l_xl_yl_z}\overline{v_x^2}=\frac{Nm'}{V}\overline{v_x^2}$$

设分子数密度 $n=\frac{N}{V}$，把式(10-3-1)代入上式，则理想气体的压强公式为

$$p=\frac{1}{3}nm'\overline{v^2} \qquad (10-3-2a)$$

或

$$p=\frac{2}{3}n\left(\frac{1}{2}m'\overline{v^2}\right) \qquad (10-3-2b)$$

用 $\overline{\varepsilon}_{kt}$ 表示分子的平均平动动能，则 $\overline{\varepsilon}_{kt}=\frac{1}{2}m'\overline{v^2}$，则式(10-3-2b)也可以表示为

$$p=\frac{2}{3}n\overline{\varepsilon}_{kt} \qquad (10-3-2c)$$

式(10-3-2)为理想气体压强公式。由式(10-3-2c)可以得出结论，**理想气体的压强正比于分子数密度 n 和分子平均平动动能 $\overline{\varepsilon}_{kt}$**。分子数密度越大，压强就越大。分子平均平动动能越大，压强也越大。压强公式同时表明，离开大量分子和平均效果，气体压强这一概念就毫无意义了。

令气体的密度 $\rho=m'n$，则式(10-3-2a)还可以写成

$$p=\frac{1}{3}\rho\overline{v^2} \qquad (10-3-3)$$

10.3.2 理想气体的温度公式

下面,我们将借助理想气体压强公式和物态方程,推导温度和气体分子微观物理量之间的关系,从而说明温度的微观本质。

由式(10-3-2c)和式(10-1-1e),可得

$$\frac{2}{3}n\overline{\varepsilon}_{\mathrm{kt}}=nkT$$

即

$$\overline{\varepsilon}_{\mathrm{kt}}=\frac{3}{2}kT \qquad (10-3-4)$$

式(10-3-4)表明了理想气体分子的平均平动动能与温度的关系式,反映了处于平衡态时的理想气体,其内部分子无规则运动的剧烈程度,气体的温度越高,分子的平均平动动能越大,分子热运动的程度越剧烈。如本章开头的两张图片,夏季的空气比冬季的空气热,也就是,夏季空气的分子平均平动动能比冬季空气的分子平均平动动能大。温度相同时,分子的平均平动动能相同,而与理想气体的种类无关。如同压强公式一样,温度也是一个统计平均值,是大量分子的集体表现,对单个分子而言,讨论温度没有任何意义。式(10-3-4)也是气体动理论的基本公式之一。

需要指出的是,热运动与宏观运动是有区别的。热运动中温度所反映的是分子的无规则运动,它和物体的整体运动无关。而物体的宏观运动则是系统所有分子作为一个整体的一种有规则运动的表现。

例 10-3-1

一容积为 2×10^{-3} m^{3}的容器内有 1 mol 处于平衡态的理想气体,当气体温度为 27 ℃时,求理想气体的压强和分子的平均平动动能。

解 由式(10-1-1c)理想气体物态方程可得

$$p=\frac{\nu RT}{V}=\frac{1\times8.31\times(273+27)}{2\times10^{-3}}\ \text{Pa}\approx1.25\times10^{6}\ \text{Pa}$$

又由式(10-3-4)可得

$$\overline{\varepsilon}_{\text{kt}}=\frac{3}{2}kT=\frac{3}{2}\times1.38\times10^{-23}\times(273+27)\ \text{J}$$

$$=6.21\times10^{-21}\ \text{J}$$

10.4 能量均分定理 理想气体的内能

本节讨论气体在平衡态下分子能量所遵循的统计规律,即能量按自由度均分定理,并以此来讨论理性气体的内能。我们前面提出理想气体模型时,把气体分子看作质点,因此只需考虑它的平动即可。然而实际中,分子的结构是多种多样的,除了单原子气体分子外,还有两个或两个以上的原子组成的气体分子结构,它们的运动形式除了有平动外,还有转动和分子内原子的振动,相应的能量就有平动动能、转动动能和分子中原子间的振动能量等。为了确定分子无规则运动的能量所遵从的统计规律,需要考虑分子的结构,从而引入分子的自由度概念。

10.4.1 自由度

决定一个物体的空间位置所需要的独立坐标数目,称为这个物体的**自由度**。

描述一个质点的空间运动，需要三个独立的坐标 x,y,z，因此，质点有 3 个自由度，这 3 个自由度是平动自由度。如果质点被限制在平面内运动，则该质点就只有 2 个自由度。如果质点被限制在一条直线或者曲线上运动，则该质点的自由度为 1。

刚体的运动一般可以分解为质心的平动和绕通过质心轴的转动。先来讨论一个简单的模型，两个质点经无质量的刚性轻杆连接而成刚体，如图 10-4-1 所示。决定该刚体质心的空间位置需要 3 个平动自由度。此外，由于我们把 x 轴建立在了刚体自身的连线上，因此该刚体还有绕 y 轴和 z 轴的转动，即还需 2 个转动自由度。这样该刚体的自由度是 5（平动自由度和转动自由度之和）。

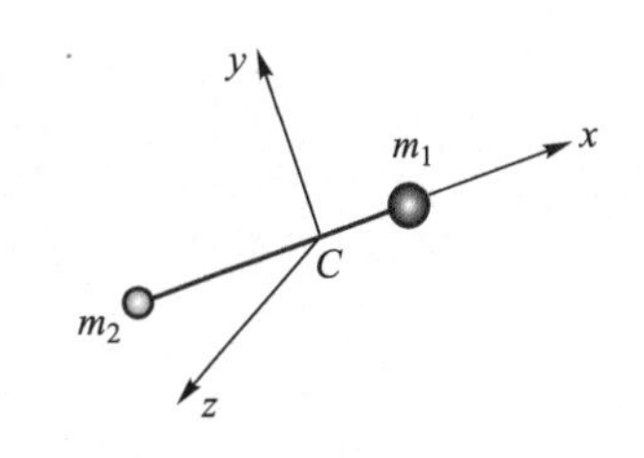

图 10-4-1　刚性轻杆连接的两个质点

对于任意刚体而言，除了质心平动的 3 个自由度，刚体在三维空间中绕 x、y、z 轴都可能有转动，这样转动也有 3 个自由度，因此刚体总的自由度为 6。

动画　刚性分子自由度演示

气体分子按照结构，可分为：单原子气体分子，例如氦、氖、氩等；双原子气体分子，例如氢、氧、氮等；以及多原子气体分子，例如水蒸气、甲烷等。若分子内原子间的相对位置保持不变，则这种气体分子称为**刚性分子**，否则称为**非刚性分子**。双原子分子、多原子分子一般不是刚性分子，还需要考虑其振动。分子的自由度不仅取决于其内部结构，还取决于温度。然而，分子间的振动一般在高温时才显著，因此在常温下将分子作刚性处理，可以给出与实验大致相符的结果。因此本节不考虑分子内部的振动，只讨论刚性分子的自由度。

现在根据概念来确定分子自由度数目，单原子分子可视为质点，在空间自由运动的质点有 3 个平动自由度，所以单原子气体分子的自由度是 3。刚性的双原子气体分子，因为分子间的相对距离不变，可视作由距离固定的两个质点组成的刚体，刚性的双原子气体分子一共有 5 个自由度。

刚性的多原子气体分子,可视作由几个质点组成的有固定结构的刚体,属于任意刚体,因此,刚性的多原子气体分子一共有 6 个自由度。

10.4.2 能量均分定理

接下来,我们依据自由度的概念,来解决理想气体内能的问题。根据前面讨论,分子的平均平动动能为

$$\overline{\varepsilon}_{kt}=\frac{1}{2}m'\overline{v^2}=\frac{3}{2}kT$$

根据统计假设,由于大量气体分子作杂乱无章的运动,向各个方向运动的概率是完全相同的,因此速度分量的平方平均值为

$$\overline{v_x^2}=\overline{v_y^2}=\overline{v_z^2}=\frac{1}{3}\overline{v^2}$$

结合

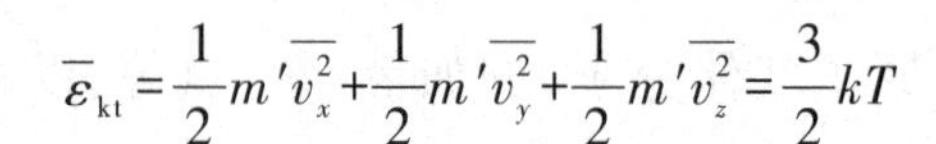

$$\overline{\varepsilon}_{kt}=\frac{1}{2}m'\overline{v_x^2}+\frac{1}{2}m'\overline{v_y^2}+\frac{1}{2}m'\overline{v_z^2}=\frac{3}{2}kT$$

教学视频 能量均分定理 理想气体的内能

可得出

$$\frac{1}{2}m'\overline{v_x^2}=\frac{1}{2}m'\overline{v_y^2}=\frac{1}{2}m'\overline{v_z^2}=\frac{1}{2}kT \qquad (10-4-1)$$

上式表明,气体分子的平均平动动能被三等分,分子有 3 个平动自由度,对应每一个平动自由度上的平均平动动能是 $\frac{1}{2}kT$。对于刚性双原子分子和多原子分子,分子不仅有平动,而且还有转动,甚至振动。那么,这些分子的平均动能又是多少呢?

玻耳兹曼假设:**气体处于平衡态时,分子任何一个自由度的平均能量都相等,均为 $\frac{1}{2}kT$**,这就是**能量按自由度均分定理**,简称**能量均分定理**。由能量均分定理,我们可以很方

便地求出各种分子的平均动能。对自由度为 i 的分子(以 t、r、v 分别表示平动、转动、振动自由度),其分子平均动能为$\frac{i}{2}kT$。

10.4.3 理想气体的内能

任一个热力学系统内部的分子,除了分子热运动的动能以外,分子之间还有相互作用,因此在一定状态下,分子之间还有势能。气体的内能包含了所有分子热运动的动能和气体分子间相互作用的势能。但是对理想气体而言,分子之间距离较远,分子之间的相互作用可以忽略不计,因此不存在分子之间的相互作用势能,理想气体的内能仅为所有分子的动能之和。因此对于以刚性分子组成的理想气体,其内能就是所有分子的动能之和。

设热力学温度为 T 的某种理想气体自由度为 i, 1 mol 理想气体内包含有 N_A 个分子,则 1 mol 理想气体的内能为

$$E=N_A\left(\frac{i}{2}kT\right) \tag{10-4-2}$$

若气体的质量为 m,则其内能为

$$E=\frac{m}{M}\frac{i}{2}RT \tag{10-4-3}$$

上式中 M 为该气体的摩尔质量。由此可知,对给定气体,其内能只与温度有关,即**理想气体的内能为温度的单值函数**。当理想气体由一个平衡态经过一系列变化后到达另一个平衡态,其温度改变了 ΔT,则该气体内能变化为

$$\Delta E=\frac{m}{M}\frac{i}{2}R\Delta T \tag{10-4-4}$$

表 10-4-1 给出了理想气体分子自由度、分子平均动能和 1 mol 理想气体内能的理论值。

表 10-4-1 理想气体分子的理论值

分子结构	单原子分子	双原子分子	三原子分子
自由度(i)	3(平动)	3(平动)+2(转动)= 5	3(平动)+3(转动)= 6
分子平均动能	$3\times\frac{1}{2}kT=\frac{3}{2}kT$	$5\times\frac{1}{2}kT=\frac{5}{2}kT$	$6\times\frac{1}{2}kT=3kT$
1 mol 理想气体内能	$\frac{3}{2}kT\times N_A=\frac{3}{2}RT$	$\frac{5}{2}kT\times N_A=\frac{5}{2}RT$	$3kT\times N_A=3RT$

例 10-4-1

1 mol 氢气,在温度为 27 ℃时,它的平均平动动能、平均转动动能和内能各是多少?

解 氢气可看作刚性双原子气体分子,其自由度为 5,其中平动自由度为 3,转动自由度为 2。

根据能量均分定理,氢气分子的平均平动动能为

$$E_{kt}=\frac{3}{2}\times8.31\times300\ \text{J}=3\ 739.5\ \text{J}$$

其平均转动动能为

$$E_{rt}=\frac{2}{2}\times8.31\times300\ \text{J}=2\ 493\ \text{J}$$

内能为

$$E=\frac{5}{2}\times8.31\times300\ \text{J}=6\ 232.5\ \text{J}$$

10.5 麦克斯韦速率分布律

詹姆斯·克拉克·麦克斯韦(James Clerk Maxwell, 1831—1879),是英国物理学家、数学家。他在电磁学上取得的成就被誉为继艾萨克·牛顿之后“物理学的第二次大统一”。他被普遍认为是对 20 世纪最有影响力的 19 世纪物理学家。除了对电磁学和光学做出的巨大贡献,麦克斯韦对许多其他学科也做出了巨大贡献,其中包括气体运动

学。他推导出的“麦克斯韦速率分布公式”,是应用最广泛的科学公式之一,在许多物理分支中起着重要的作用。

10.5.1 速率分布函数

对于处在平衡态的系统来说,由于碰撞频繁,每一个分子的速度不停地改变,若考察其中的某一个分子,在某一时刻的速度的大小和方向是由偶然因素所决定的。但是对于大量处于平衡态的气体分子而言,它们的速率分布遵从一定的统计规律。

动画 理想气体分子速率实时统计分布

假设一容器中包含 N 个理想气体分子,当气体处于热力学温度为 T 的平衡态时,由式(10-3-4),可得分子的平均平动动能为

$$\frac{1}{2}m'\overline{v^2}=\frac{3}{2}kT$$

我们把$\sqrt{\overline{v^2}}$称为分子的方均根速率,用符号 v_{rms}表示,则由上式可得

$$v_{\mathrm{rms}}=\sqrt{\overline{v^2}}=\sqrt{\frac{3kT}{m'}} \tag{10-5-1}$$

上式说明,对于给定气体,当温度恒定时,气体分子的方均根速率也是恒定的。实际上,处于平衡态的气体,并非所有的分子都以方均根速率运动,甚至 N 个分子中任意一个分子的速率都可能与方均根速率相差很大。尽管个别分子的运动情况完全是偶然的,然而在平衡态下,大量分子的速率却遵循着一个完全确定的统计分布规律。

气体分子按照速率分布的统计定律最早是麦克斯韦于 1859 年,在概率理论的基础上推导出来的,1877 年,玻耳兹曼也从经典统计力学推导出来,1920 年,施特恩从实验中证实了麦克斯韦关于分子按照速率分布的统计规律。我国物理学家葛正权在 1934 年使用铋蒸气源做实验,验证了这条规律。本节只介绍该规律的内容。

设某个系统内有 N 个气体分子,其中速率在 $v\sim v+\Delta v$ 范围内的分子数有 ΔN 个,那么,速率 v 附近 Δv 区间内分布的粒子数占总分子数的比值为$\frac{\Delta N}{N}$。而$\frac{\Delta N}{N\Delta v}$则为速率在 v 附近单位速率区间内的分子数占总分子数的百分比。如果 $\Delta v\to 0$,则比值$\frac{\Delta N}{N\Delta v}$的极限只和速率 v 有关,变成了 v 的连续函数,这一百分比可用来说明气体分子按速率分布的规律,用 $f(v)$ 表示。这个函数定量地反映了给定气体分子在温度 T 时按速率分布的具体情况。因此,$f(v)$ 称为该分子的**速率分布函数**,即

$$f(v)=\lim_{\Delta v\to 0}\frac{\Delta N}{N\Delta v}=\frac{\mathrm{d}N}{N\mathrm{d}v} \qquad (10-5-2)$$

图 10-5-1 给出了函数 $f(v)$ 的曲线。根据速率分布函数的定义,图中矩形面积表示速率在 $v\sim v+\mathrm{d}v$ 的相对分子数

$$\frac{\mathrm{d}N}{N}=f(v)\,\mathrm{d}v \qquad (10-5-3\mathrm{a})$$

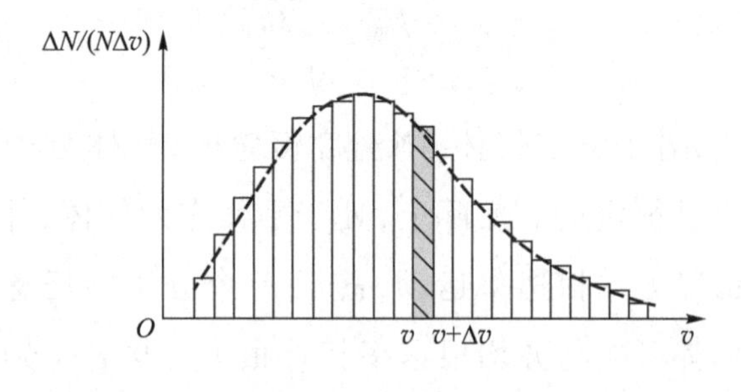

图 10-5-1 分子速率分布曲线

这个比值也表示 N 个分子在 $v\sim v+\mathrm{d}v$ 区间内的概率。因此速率分布函数的物理意义还可以表述为:**气体分子的速率处于 v 附近单位速率区间的概率**,也称为**概率密度**。

由此可得,速率在 $v\sim v+\mathrm{d}v$ 范围内的总分子数为

$$\mathrm{d}N=Nf(v)\,\mathrm{d}v \qquad (10-5-3\mathrm{b})$$

速率区间取得越小,矩形面积数目越多,这无数多个矩形面积的总和就越接近速率分布曲线下面的面积。曲线下

动画 麦克斯韦分子速率分布曲线

面的总面积，其意义是分子具有各种速率的概率之和，显然其应该等于1。数学表达式为

$$\int_0^{\infty} f(v)\,\mathrm{d}v = 1 \qquad (10\text{-}5\text{-}4)$$

这一关系式称为**速率分布函数的归一化条件**。

10.5.2 麦克斯韦速率分布律

1859年，麦克斯韦用统计方法导出了处于热力学温度为 T 的热平衡态时，气体分子速率分布函数的数学表达式

$$f(v) = 4\pi\left(\frac{m'}{2\pi kT}\right)^{\frac{3}{2}} \mathrm{e}^{-\frac{m'v^2}{2kT}} v^2 \qquad (10\text{-}5\text{-}5)$$

式中 T 为气体的热力学温度，m'为分子的质量，k 为玻耳兹曼常量。式(10-5-5)也称**麦克斯韦速率分布律**。

麦克斯韦速率分布律是气体动理论的基本规律之一。利用麦克斯韦速率分布律，我们讨论三种具有代表性的分子速率，它们是分子速率的三种统计值。

1. 最概然速率

最概然速率又叫**最可几速率**，它是麦克斯韦速率分布函数最大值对应的速率，用符号 v_p 表示，其物理意义是，**在一定温度下，速率与 v_p 相近的气体分子所占的百分率为最大**。

$$\left.\frac{\mathrm{d}f(v)}{\mathrm{d}v}\right|_{v=v_p} = 0$$

把式(10-5-5)代入上式可得

$$v_p = \sqrt{\frac{2kT}{m'}} \approx 1.41\sqrt{\frac{kT}{m'}} = 1.41\sqrt{\frac{RT}{M}} \qquad (10\text{-}5\text{-}6)$$

上式说明，气体分子的最概然速率与温度成正比，与气体摩尔质量成反比。温度越小，气体摩尔质量越大，最概然速率越小，v_p 向原点移动。但由于分布曲线与横轴所夹总面积不变，因此分布曲线高度增加，曲线宽度变窄，整个曲线比较陡。图 10-5-2 中的两幅图分别是氮气气体在不同

温度下和相同温度下不同气体的麦克斯韦速率分布曲线。

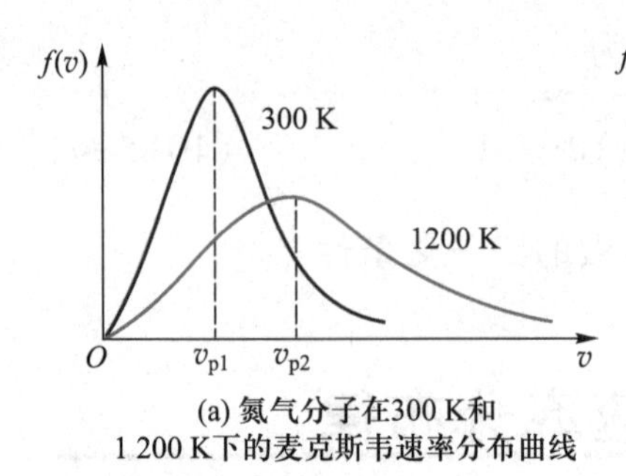

(a) 氮气分子在300 K和1 200 K下的麦克斯韦速率分布曲线

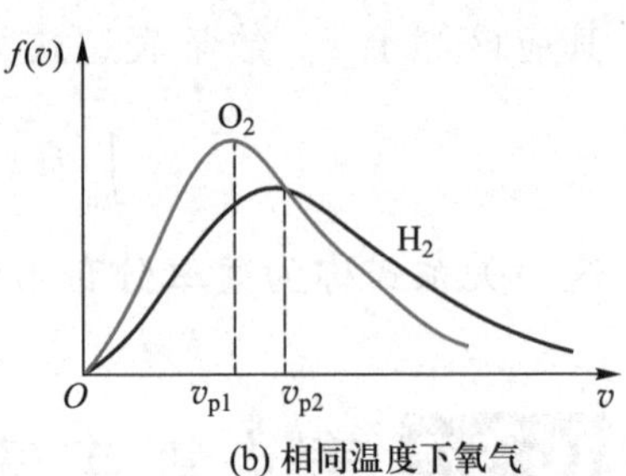

(b) 相同温度下氧气和氢气的麦克斯韦速率分布曲线

图 10-5-2 最概然速率

2. 平均速率

若一定量气体的分子数为 N,则所有分子速率的算术平均值称为**平均速率**,用符号 $\bar{v}$ 表示。设气体分子速率在 $v\sim v+\mathrm{d}v$ 区间内的分子数为 $\mathrm{d}N$,则

$$\bar{v}=\frac{v_1\mathrm{d}N_1+v_2\mathrm{d}N_2+\cdots+v_i\mathrm{d}N_i+\cdots+v_n\mathrm{d}N_n}{N}$$

由于气体分子速率在零至无穷大之间可以连续取值,则可以应用积分运算得到平均速率,即

$$\bar{v}=\frac{\int_0^\infty v\mathrm{d}v}{N}=\int_0^\infty vf(v)\,\mathrm{d}v$$

把式(10-5-5)代入上式可得

$$\bar{v}=\sqrt{\frac{8kT}{\pi m'}}=\sqrt{\frac{8RT}{\pi M}}\approx 1.60\sqrt{\frac{RT}{M}} \qquad (10-5-7)$$

3. 方均根速率

大量气体分子的速率平方的平均值再开平方,所得结果称为**方均根速率**,用符号$\sqrt{\overline{v^2}}$或 v_{rms}表示。同上分析可得

$$\overline{v^2}=\frac{\int_0^\infty v^2\mathrm{d}v}{N}=\int_0^\infty v^2f(v)\,\mathrm{d}v$$

把式(10-5-5)代入上式可得

$$\overline{v^2}=\frac{3kT}{m'}$$

把上式开方可得气体分子的方均根速率为

$$v_{\mathrm{rms}}=\sqrt{\overline{v^2}}=\sqrt{\frac{3kT}{m'}}=\sqrt{\frac{3RT}{M}}\approx 1.73\sqrt{\frac{RT}{M}} \qquad (10-5-8)$$

前面通过温度的公式,也可推导方均根速率的表达式,这两种推导过程得到的结果是一样的。

三种速率都反映了大量分子无规则运动的统计规律,其中方均根速率最大,平均速率居中,最概然速率最小,如图 10-5-3 所示。这三种速率都与$\sqrt{T}$成正比,与$\sqrt{m'}$或$\sqrt{M}$成反比。它们大小的关系为 $v_p<\bar{v}<\sqrt{\overline{v^2}}$。这三种速率各有不同的应用,讨论速率分布时用最概然速率,计算分子的平均碰撞频率和平均自由程时用平均速率,讨论分子的平均平动动能时用方均根速率。

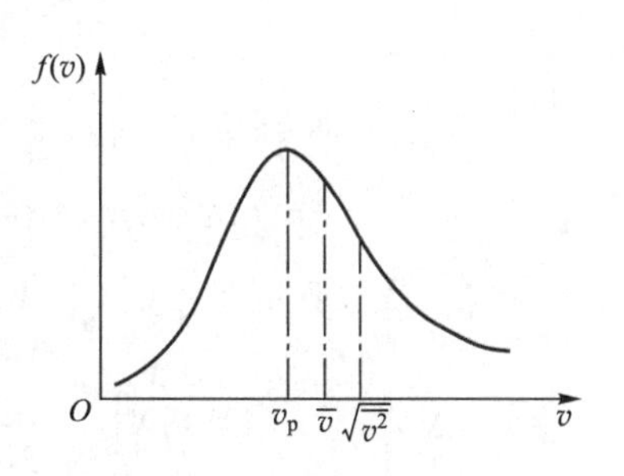

图 10-5-3 气体分子特征速率

例 10-5-1

设系统内有 N 个粒子,其速率分布函数如图 10-5-4所示。

(1) 已知 v_0,求常量 C;

(2) 写出速率分布函数用 v_0 表示的表达式;

(3) 求粒子的平均速率;

(4) 写出速率分布在 $0.5v_0\sim v_0$ 之间的粒子数;

(5) 求速率分布在 $0.5v_0\sim v_0$ 之间的粒子的平均速率。

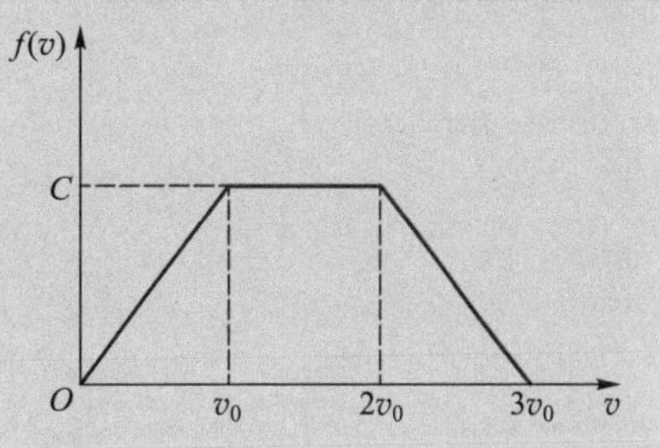

图 10-5-4 例 10-5-1 图 粒子的速率分布曲线

解 (1) 按照归一化条件,速率分布函数曲线与横轴所夹的面积为 1,则

$$2v_0C=1$$

即

$$C=\frac{1}{2v_0}$$

(2) 如图 10-5-4 所示,速率分布函数为

$$f(v)=\begin{cases}(C/v_0)v & (0\leqslant v\leqslant v_0),\\ C & (v_0\leqslant v\leqslant 2v_0),\\ (-C/v_0)(v-3v_0) & (2v_0\leqslant v\leqslant 3v_0).\end{cases}$$

代入常量 C,得

$$f(v)=\begin{cases}(1/2v_0^2)v & (0\leqslant v\leqslant v_0),\\ 1/2v_0 & (v_0\leqslant v\leqslant 2v_0),\\ (-1/2v_0^2)(v-3v_0) & (2v_0\leqslant v\leqslant 3v_0).\end{cases}$$

（3）粒子的平均速率为

$$\bar{v}=\int_0^{3v_0}vf(v)\,\mathrm{d}v=\int_0^{v_0}v\frac{v}{2v_0^2}\mathrm{d}v+\int_{v_0}^{2v_0}v\frac{1}{2v_0}\mathrm{d}v+\int_{2v_0}^{3v_0}v\frac{-(v-3v_0)}{2v_0^2}\mathrm{d}v=\frac{3v_0}{2}$$

（4）速率在 $v\sim v+\mathrm{d}v$ 范围的粒子数为

$$\mathrm{d}N=Nf(v)\,\mathrm{d}v$$

可得，速率分布在 $0.5v_0\sim v_0$ 之间的粒子数为

$$\Delta N=\int_{0.5v_0}^{v_0}\mathrm{d}N=N\int_{0.5v_0}^{v_0}\frac{v}{2v_0^2}\mathrm{d}v=\frac{3}{16}N$$

（5）速率在 $v\sim v+\mathrm{d}v$ 范围的粒子的速率和为 $v\mathrm{d}N=Nvf(v)\,\mathrm{d}v$，则 $0.5v_0\sim v_0$ 之间的粒子速率和为

$$\sum v=\int_{0.5v_0}^{v_0}Nvf(v)\,\mathrm{d}v=\frac{7v_0N}{48}$$

由此可得粒子的平均速率为

$$\bar{v}=\frac{\sum v}{\Delta N}=\frac{7}{9}v_0$$

10.6 分子平均碰撞频率和平均自由程

根据平均速率的计算公式，我们可以算出氮气分子在 27 ℃时的平均速率约为 476 m/s，这一结果说明了在室温下，气体分子热运动的平均速率很高。早在 1858 年，克劳修斯就提出了一个有趣的问题：如果摔破一瓶汽油，声音和气味是否差不多同时传到？实际上，我们是先听到了瓶子摔破的声音（声速约 340 m/s），然后才闻到了汽油的味道，这一结果揭示了气味的扩散速率要比理论计算出来的值小很多。克劳修斯最先提出了“分子相互碰撞”的概念，指出：这是因为分子的运动并不是畅通无阻的，而是频繁地受到其他分子的碰撞，致使其路程变得迂回曲折，如图 10-6-1 所示。分子从 A 处到达 B 处要经过一段时间。分子两次相邻碰撞之间通过的路程，称为**自由程**。

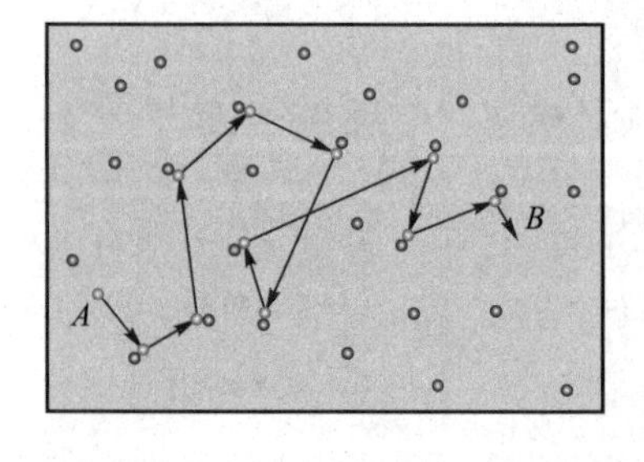

图 10-6-1 气体分子的碰撞

我们从图 10-6-1 中发现分子的自由程有长有短，没

有规律可循。但是对于大量分子的无规则热运动而言,它们是服从统计规律的,真正有意义的也正是大量分子的统计平均值。我们把单位时间内一个分子与其他分子碰撞的平均次数称为分子的**平均碰撞频率**,用符号 $\overline{Z}$ 表示,而分子在连续两次碰撞之间所经过的自由程的平均值称为**平均自由程**,用符号 $\overline{\lambda}$ 表示。假设某一分子以平均速率 $\overline{v}$ 运动,根据物理量之间的关系,平均自由程和平均碰撞频率之间满足

$$\overline{\lambda}=\frac{\overline{v}}{\overline{Z}} \tag{10-6-1}$$

我们接下来讨论分子的平均碰撞频率 $\overline{Z}$。为了使问题简化,把气体分子看作体积相同、直径为 d 的无引力的刚性小球,它们之间的碰撞是完全弹性的,如图 10-6-2 所示。事实上,d 是两个分子发生相互碰撞时中心相距的最短距离,而非真实分子的直径,并且实际中的分子并非球体,无确定半径,当分子间距离极近时,斥力相当大,以至彼此改变方向而散开(“碰撞”)。我们因此把 d 称为分子的**有效直径**。

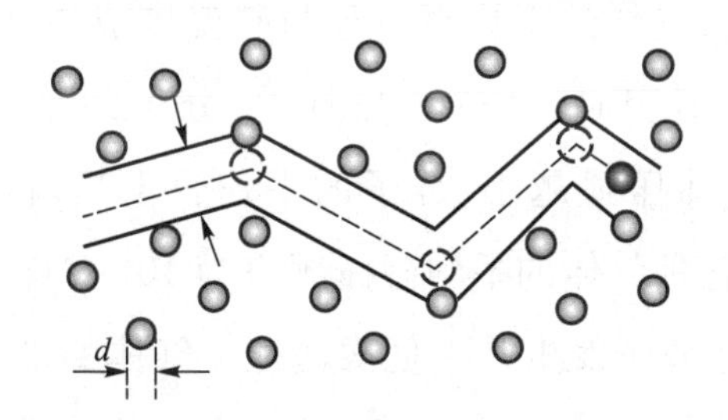

图 10-6-2 分子的平均碰撞频率的计算

现在跟踪一个分子 A,看它经过一段时间 1 s 后,和多少分子发生碰撞。考虑到碰撞过程中分子间的相对运动,假设该分子的平均相对速率为 $\overline{u}$,则可以认为其他分子都保持静止不动。由于分子 A 运动的过程中,其球心轨迹是一系列折线,因此只要其他分子的球心离开折线的距离 $\leqslant d$,必将与分子 A 发生碰撞。这样以分子 A 的球心的运动轨

迹为轴,以有效半径 d 为半径作一个曲折的圆柱体,球心在这圆柱体内的其他分子都将与分子 A 发生碰撞。假设气体分子数密度为 n,而该圆柱体的体积又为 $\pi d^2\overline{u}$,因此 1 s 内分子 A 与其他分子发生碰撞的平均次数为 $\pi d^2\overline{u}n$,即

$$\overline{Z}=\pi d^2\overline{u}n \tag{10-6-2}$$

我们可以通过麦克斯韦速率分布律证明分子的相对速率 $\overline{u}$ 和平均速率 $\overline{v}$ 之间的关系为

$$\overline{u}=\sqrt{2}\,\overline{v}$$

所以,气体分子的平均碰撞频率为

$$\overline{Z}=\sqrt{2}\,\pi d^2\overline{v}n \tag{10-6-3}$$

而分子的平均自由程则为

$$\overline{\lambda}=\frac{\overline{v}}{\overline{Z}}=\frac{1}{\sqrt{2}\,\pi d^2 n} \tag{10-6-4}$$

上式表明,**平均自由程与分子碰撞截面、分子数密度成反比**,与分子平均速率无关。

因为 $p=nkT$,上式还可以写成

$$\overline{\lambda}=\frac{kT}{\sqrt{2}\,\pi d^2 p} \tag{10-6-5}$$

由上式可知,气体的平均自由程与其温度成正比,与压强成反比。温度不变时,气体压强越大,分子的平均自由程越短;反之,气体压强越小,分子的平均自由程就越长。在标准状况下,各种气体的平均碰撞频率为 $10^9\ \mathrm{s}^{-1}$即一个分子在 1 s 内与其他分子发生几十亿次碰撞。气体的平均自由程的数量级为 $10^{-8}\sim10^{-7}$ m,由此可见分子的自由程非常短。

例 10-6-1

一容器中盛有 CO_2气体,其密度为 $\rho=1.7\ \mathrm{kg/m^3}$,在此条件下,分子的平均自由程 $\overline{\lambda}=7.9\times10^{-8}$ m,求 CO_2 分子的有效直径 d。

解 由式(10-6-4)可得

$$d=\sqrt{\frac{1}{\sqrt{2}\pi\overline{\lambda}n}}$$

其中 $n=\dfrac{\rho N_A}{M}$,则

$$d=\sqrt{\frac{M}{\sqrt{2}\pi\overline{\lambda}\rho N_A}}$$

$$=\sqrt{\frac{44\times10^{-3}}{\sqrt{2}\pi\times7.9\times10^{-8}\times1.7\times6.02\times10^{23}}}\ \text{m}$$

$$\approx3.5\times10^{-10}\ \text{m}$$

内容小结

1. 理想气体基本公式

(1) 理想气体物态方程

$pV=NkT$;$pV=\nu RT$;$p=nkT$

(2) 理想气体压强和温度公式

$p=\dfrac{2}{3}n\overline{\varepsilon}_{kt}$,$\overline{\varepsilon}_{kt}=\dfrac{1}{2}m'\overline{v^2}=\dfrac{3}{2}kT$

2. 麦克斯韦速率分布律

速率分布函数:$f(v)=\dfrac{dN}{Ndv}$

物理意义:表示在温度为 T 的平衡状态下,速率在 v 附近单位速率区间的分子数占总数的百分比。

三种统计速率

(1) 最概然速率 v_p

$$v_p=\sqrt{\frac{2kT}{m'}}=\sqrt{\frac{2RT}{M}}\approx1.41\sqrt{\frac{RT}{M}}$$

(2) 平均速率 $\overline{v}$

$$\overline{v}=\sqrt{\frac{8kT}{\pi m'}}=\sqrt{\frac{8RT}{\pi M}}\approx1.60\sqrt{\frac{RT}{M}}$$

(3) 方均根速率

$$\sqrt{\overline{v^2}}=\sqrt{\frac{3kT}{m'}}=\sqrt{\frac{3RT}{M}}\approx 1.73\sqrt{\frac{RT}{M}}$$

三种速率之间的关系

$$v_{\mathrm{p}}<\overline{v}<\sqrt{\overline{v^2}}$$

3. 理想气体的内能

能量均分定理:气体处于平衡态时,分子任何一个自由度的平均能量都相等,均为 $kT/2$。

理想气体分子自由度、分子平均动能和 1 mol 理想气体内能的理论值

分子结构	单原子分子	双原子分子	三原子分子
自由度(i)	3(平动)	3(平动)+2(转动)= 5	3(平动)+3(转动)= 6
分子平均动能	$3\times\frac{1}{2}kT=\frac{3}{2}kT$	$5\times\frac{1}{2}kT=\frac{5}{2}kT$	$6\times\frac{1}{2}kT=3kT$
1 mol 理想气体内能	$\frac{3}{2}kT\times N_{\mathrm{A}}=\frac{3}{2}RT$	$\frac{5}{2}kT\times N_{\mathrm{A}}=\frac{5}{2}RT$	$3kT\times N_{\mathrm{A}}=3RT$

4. 平均碰撞频率和平均自由程

在碰撞问题中,通常把分子看成有效直径为 d 的弹性小球,除碰撞外,无相互作用。

平均碰撞频率 $\overline{Z}=\sqrt{2}\pi d^2\overline{v}n$

平均自由程 $\overline{\lambda}=\dfrac{1}{\sqrt{2}\pi d^2 n}$;$\overline{\lambda}=\dfrac{kT}{\sqrt{2}\pi d^2 p}$

习题 10

10-1 一容器内装有 0.10 kg 的氧气,容器内氧气的压强为 10^6 Pa,温度为 47 ℃。因漏气,经若干时间后,容器内氧气的压强降为原来的 $\frac{5}{8}$,温度降为 27 ℃。求:

(1) 容器的体积;

(2) 漏去的氧气质量。

10-2 一容器中储有氧气,其压强为标准大气压,温度为 27 ℃,求:

(1) 分子数密度 n;

(2) 氧气的密度;

(3) 分子间的平均距离(设分子是均匀等距离排列的,可视为小立方体)。

10-3 一容积为 $V=1.0\ \text{m}^3$ 的容器内装有 $N_1=1.0\times10^{24}$ 个氧气分子和 $N_2=3.0\times10^{24}$ 个氮气分子的混合气体。若混合气体的压强 $p=2.58\times10^4\ \text{Pa}$，求：

（1）混合气体分子的平均平动动能；

（2）混合气体的温度。

10-4 一体积为 2 L 的容器内装有内能为 $6.75\times10^2\ \text{J}$ 的氧气；

（1）计算气体的压强；

（2）若气体分子总数为 5.4×10^{22} 个，计算单个分子的平均平动动能以及气体的温度。

10-5 求两种情况下氮气分子的平均平动动能和均方根速率：

（1）在温度 $t=1\ 000\ ^\circ\text{C}$ 时；

（2）在温度 $t=0\ ^\circ\text{C}$ 时。

10-6 10 L 容器内存储了 10^{23} 个质量为 5.31×10^{-26} kg 的分子，它的方均根速率是 400 m/s。求：

（1）气体的温度；

（2）气体的压强；

（3）气体分子总平动动能。

10-7 一容器内装有理想气体，其温度为 273 K，压强为 1.013×10^5 Pa，密度为 $1.25\ \text{g/m}^3$。

（1）求气体分子运动的方均根速率；

（2）求气体的摩尔质量；

（3）求气体分子的平均平动动能、平均转动动能；

（4）求单位体积内气体的总平均动能；

（5）若该气体有 0.3 mol，则求气体的内能。

10-8 速率分布函数 $f(v)$ 的物理意义是什么？试说明下列各量的物理意义（n 为分子数密度，N 为系统总分子数）。

（1）$f(v)\mathrm{d}v$；

（2）$nf(v)\mathrm{d}v$；

（3）$Nf(v)\mathrm{d}v$；

（4）$\int_0^v f(v)\mathrm{d}v$；

（5）$\int_0^\infty f(v)\mathrm{d}v$；

（6）$\int_{v_1}^{v_2} Nf(v)\mathrm{d}v$

10-9 设有 N 个粒子的系统，其速率分布如习题 10-9 图所示。求：

（1）分布函数 $f(v)$ 的表达式；

（2）a 与 v_0 的关系；

（3）速度在 $1.5v_0\sim2.0v_0$ 之间的粒子数；

（4）粒子的平均速率；

（5）$0.5v_0\sim v_0$ 区间的粒子的平均速率。

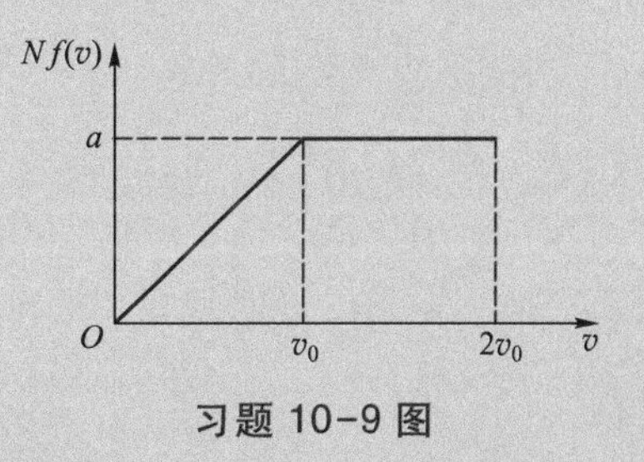

习题 10-9 图

10-10 导体中自由电子的运动可以视为类似气体分子的运动，常称为电子气。电子气中电子的最大速率 v_f 也称费米速率，已知其电子

的速率分布函数为

$$f(v)=\begin{cases}4\pi Av^2(0\leqslant v\leqslant v_f)\\0(v>v_f)\end{cases}$$

求常量 A 的值。

10-11 由 N 个分子组成的某种气体,其分子速率分布曲线如习题 10-11 图所示。

(1) 用 v_0 表示 a 的值;

(2) 求 $0\sim v_0$ 之间的分子数;

(3) 写出速率分布函数表达式;

(4) 求分子的最概然速率和平均速率。

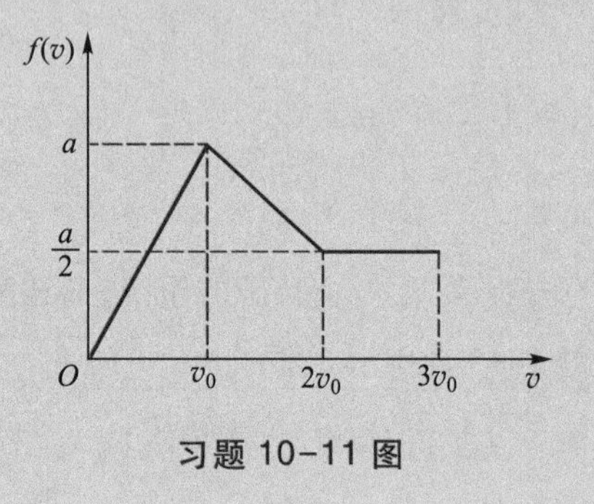

习题 10-11 图

10-12 一真空管的真空度约为 1.38×10^{-3} Pa(即 1.0×10^{-5} mmHg),求在 27 ℃时,单位体积中的分子数及分子的平均自由程(设分子的有效直径 $d=3\times10^{-10}$ m)。

10-13 一个圆柱形杜瓦瓶的内外半径分别为 $R_1=9$ cm 和 $R_2=10$ cm,瓶中储有 0 ℃的冰,瓶外周围空气的温度为 20 ℃,求:杜瓦瓶两壁之间的空气压强降到何值以下时,才能起到保温作用?(设空气分子的有效直径 d 为 3.0×10^{-10} m,两壁之间的温度等于周围空气温度的平均值。)

10-14 设氮气分子的有效直径为 10^{-10} m,

(1) 求在标准状况下氮气分子的平均碰撞频率;

(2) 若温度不变,气压降到 1.33×10^{-4} Pa,则求其平均碰撞频率。

第十一章　热力学基础

无论是卫星升空、开空调，还是洗热水澡，我们每时每刻都在享受热力学带来的益处。热力学是从 18 世纪末期发展起来的理论，它是研究物质热现象与热运动规律的一门学科，主要研究功与热之间的能量转化。不同于前面一章分子动理论中所采用的统计学的方法，热力学并不考虑物质的微观结构和过程，而以大量的实验观测为基础，从能量的观点来研究与热运动有关的各种自然现象，找出物质

第十一章　数字资源

的各种宏观性质之间的关系，得出宏观过程进行的方向及性质，具有高度的普适性与可靠性。由于热力学研究的过程中不考虑物质的微观结构，因而不能对宏观热现象的规律给出其微观本质的解释，而统计学的研究正好弥补了这一缺陷，因此这两种研究方法相辅相成，互为补充。当今社会，能源的高效开发和利用成为人们日益关注的问题，其中涉及的技术问题，可以通过热力学方法进行研究。

本章内容提要

1. 掌握内能、功和热量等概念，理解准静态过程。

2. 理解热力学第一定律；掌握计算理想气体在等容、等压、等温和绝热过程中的功、热量和内能的改变量的方法。

3. 理解热循环的意义和循环过程中的能量转化关系，掌握计算卡诺循环和其他简单循环的效率的方法。

4. 了解可逆过程和不可逆过程，了解热力学第二定律和熵增加原理。

11.1 准静态过程 功和热量

11.1.1 准静态过程

教学视频 准静态过程 功和热量

前一章提到热力学系统是由大量分子、原子等微观粒子组成的宏观物体。而与热力学系统相互作用的环境称为**外界**。当热力学系统的状态随时间发生变化时，系统经历了一个**热力学过程**。热力学过程一般可分为**自发过程**（系统状态的改变与外界无关，不借助外界而自动进行的过程）、**非自发过程**（系统状态的变化需要在外界帮助下进行的过程）和**准静态过程**（系统状态改变过程中对应的每个状态都可近似看作是平衡态)。

假定系统从某一平衡态开始变化,状态的变化必然会使原来的平衡受到破坏,需要经过一定的时间才能达到新的平衡态。如果过程进行的每一时刻,系统均处于平衡态,称系统经历了一个**准静态过程**。很显然准静态过程是一种理想化的热力学过程。实际中热力学过程发生得往往较快,在新的平衡态到达之前,系统又继续下一步的变化,系统经历了一系列非平衡态,这样的过程称为**非静态过程**。

若一个热力学过程进行得“无限缓慢”时,可以近似地将其当作一个准静态过程。这里“无限”具有相对的意义。如图 11-1-1(a)所示,在活塞可沿容器壁滑动的气缸内储存一定量的气体,活塞上方放置一堆沙粒。开始时气体处于平衡态,其状态参量为 p_1,V_1,T_1。接下来,将沙粒一粒粒缓慢拿走,最终气体的状态参量变为 p_2,V_2,T_2。在拿走沙粒的过程中,由于是一粒粒缓慢拿走的,容器中气体的状态对应每一时刻都是平衡态。因此,这种“无限缓慢”的过程可以近似看作准静态过程。当系统从一个平衡态开始变化时,原来的平衡态被打破,需要经过一段时间才能到达新的平衡态,这段时间称为**弛豫时间**。实际热力学过程中,如果系统状态发生一个微小的改变(可通过实验测量出)所需要的时间比弛豫时间长得多,那么在任何时刻观察,系统都有充分的时间到达平衡态,这样的过程都可以作为准静态过程处理。准静态过程对应的每一个状态都是平衡态。第 10.1 节中曾指出,气体处于平衡态时,可以在 $p-V$ 图上用一个点来表示,如图 11-1-1(b)中点 1、2 对应的两个平衡态 (p_1,V_1,T_1) 和 (p_2,V_2,T_2)。准静态过程中每一个状态都是平衡态,因此可以在 $p-V$ 图中把这些平衡态对应的点连接,这样就形成了一条曲线,这条曲线称为两状态间的**准静态过程曲线**,简称**过程曲线**。

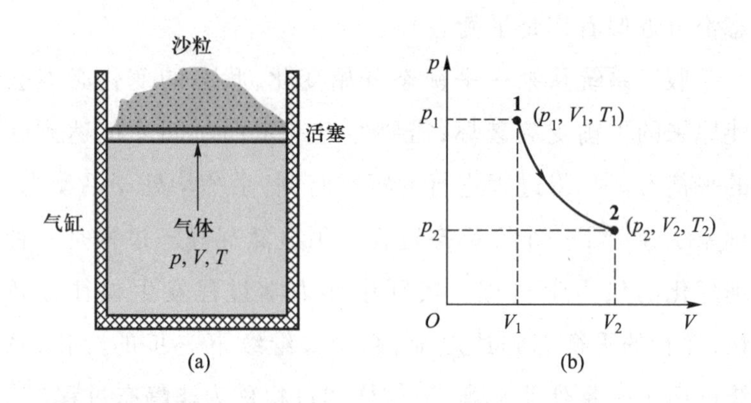

图 11-1-1 准静态过程

11.1.2 准静态过程的功

现在以气缸为例来研究准静态过程的功。如图 11-1-2 所示,设气缸中气体的压强为 p,活塞面积为 S,活塞与气缸壁的摩擦不计。当气缸内的气体发生微小膨胀时,系统施加在活塞上的力为 $F=p\mathrm{d}x$,当活塞向外移动微小距离 $\mathrm{d}x$ 时,气体对外界做的功 $\mathrm{d}W$ 为

$$\mathrm{d}W=F\mathrm{d}x=pS\mathrm{d}x=p\mathrm{d}V$$

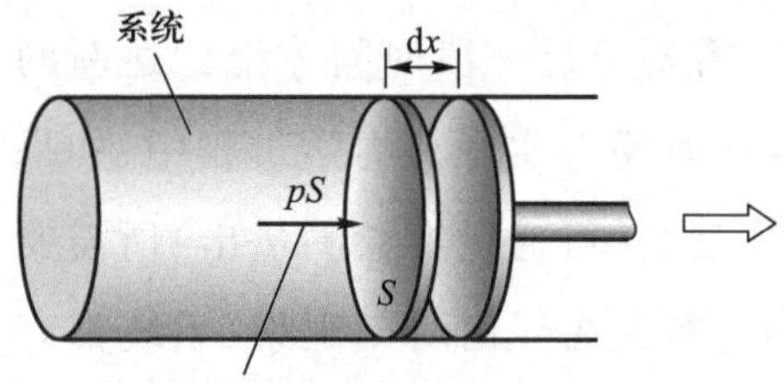

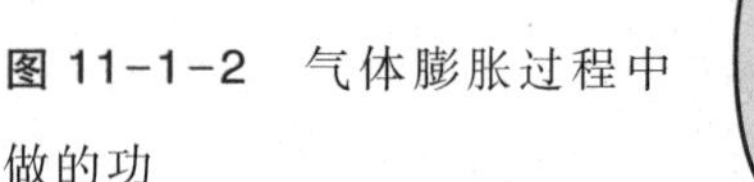

图 11-1-2 气体膨胀过程中做的功

显然,气体膨胀时,$\mathrm{d}W>0$,气体对活塞做正功;反之,气体压缩时,$\mathrm{d}W<0$,气体对活塞做负功。对任何固体和液体材料而言,表述也是一样的,在一定压强下膨胀,材料对外界做正功;在一定压强下压缩,材料对外界做正功。

当系统经历一个有限的准静态过程后,体积由 V_1 变化到 V_2,气体对活塞做的功为

$$W=\int_{V_1}^{V_2} p\mathrm{d}V \tag{11-1-1}$$

在 $p-V$ 图中,可以看出**气体做功的大小就等于曲线下**

面的面积。然而,当一个热力学系统从初状态变化到末状态时,可以有很多个不同的路径,如图 11-1-3 所示。点 1、2 分别代表初、末状态。从初状态至末状态可以经过 1→3→2 路径,也可以经过 1→4→2 路径,还可以经过从 1 到 2 的平衡曲线这一路径。比较后可发现三个过程曲线下面的面积是不同的,即**系统所做的功不仅与系统的始、末状态有关,而且还与路径有关**,由此可以得出,**功是一个过程量,它不是状态的函数**。

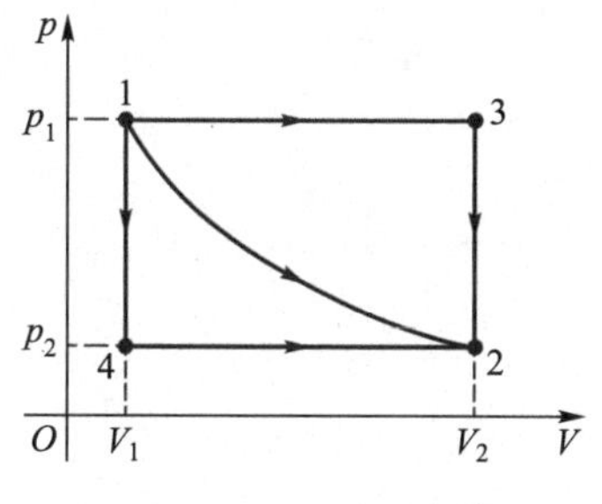

图 11-1-3 做的功与过程有关

例 11-1-1

已知物质的量为 ν 的某种理想气体,状态按照规律 $V=\dfrac{a}{\sqrt{p}}$ 变化(式中 a 为正常量),当气体体积从 V_1 膨胀为 V_2 时,试求气体对外界所做的功及气体温度的变化 T_1-T_2 各为多少?

解 由准静态过程中的式(11-1-1)得

$$W=\int_{V_1}^{V_2} p\mathrm{d}V=\int_{V_1}^{V_2}\frac{a^2}{V^2}\mathrm{d}V=a^2\left(\frac{1}{V_1}-\frac{1}{V_2}\right)$$

由式(10-1-1c)理想气体物态方程,可得

$$T_1=\frac{p_1V_1}{\nu R}=\frac{a^2}{\nu RV_1},\quad T_2=\frac{p_2V_2}{\nu R}=\frac{a^2}{\nu RV_2}$$

则

$$T_1-T_2=\frac{a^2}{\nu R}\left(\frac{1}{V_1}-\frac{1}{V_2}\right)$$

11.1.3 热量

热力学系统能量的改变除了通过做功外,还能以热量传递的方式实现。例如,把一壶冷水放在火炉上,水的温度逐渐升高而改变了状态。我们把**系统与外界之间由于存在温度差而传递的能量叫热量**,用符号 Q 表示。当系统温度高于外界温度时,系统向外界释放热量,则 $Q<0$;当系统温度低于外界温度时,系统向外界吸收热量,则 $Q>0$。热量传

递是借助分子的无规则运动来实现能量的转化，是系统内的分子无规则热运动与系统外的分子无规则热运动间转化的量度。

在国际单位制中，热量的单位与功的单位相同，均为焦耳，符号为J。

应当指出，热量传递的多少与其传递方式有关，因此热量与功一样都是与热力学过程有关的量，也是一个过程量。同时，热量也是一个传递量，仅在两个系统之间存在能量传递时，热量才有意义。就某一热力学系统而言，谈热量是没有任何意义的。

11.2 内能 热力学第一定律

11.2.1 内能

对系统做功，系统的能量增加；对系统传热，也将使系统的能量增加。由此可知，系统处于一定的状态应具有一定的能量，称为**系统的内能**，用 E 表示，国际单位为焦耳，符号为J。系统的内能为其所有组成粒子的动能和粒子之间相互作用的势能之和。尽管讨论“系统的功”或“系统的热量”没有意义，但是研究系统的内能却是有意义的。实验证明，系统状态变化时，只要初状态和末状态给定，不论经历什么过程，外界对系统做的功和与系统传递的热量总和是恒定的。这表明，**系统内能的改变只取决于初、末两个状态，与过程无关，它是一个状态函数**。由此可得，内能的变化量 ΔE 也只依赖初状态和末状态。

11.2.2 热力学第一定律

大量实验表明，无论做功还是热传递都可以改变热力学系统的内能。根据能量守恒定律，外界对系统所做的功与热传递过程中系统吸收的热量的总和，应该等于系统内能的增量，故有

阅读材料 热力学第一定律的建立

$$Q=\Delta E+W \qquad (11-2-1)$$

上式表明，**系统从外界吸收的热量，一部分用于系统内能的增加，另一部分用于系统对外界做功，这一规律称为热力学第一定律**。显然，热力学第一定律就是包含热量在内的能量守恒定律。

对于一个无限小的过程，系统吸收的热量用 $\mathrm{d}Q$ 表示，对外做的功用 $\mathrm{d}W$ 表示，内能的增量用 $\mathrm{d}E$ 表示，则

$$\mathrm{d}Q=\mathrm{d}E+\mathrm{d}W \qquad (11-2-2)$$

由气体动理论可知，理想气体的内能是温度的单值函数，即 $E=\dfrac{i}{2}\nu RT$。当系统由理想气体组成，并经历了一个准静态过程时，则热力学第一定律式(11-2-1)可写成

教学视频 内能 热力学第一定律

$$Q=\nu\frac{i}{2}R(T_2-T_1)+\int_{V_1}^{V_2}p\mathrm{d}V \qquad (11-2-3)$$

对热力学第一定律中各个物理量的正负，作如下的规定：当系统从外界吸收热量时，$Q>0$，当系统向外界释放热量时，$Q<0$；当系统内能增加时，$\Delta E>0$，当系统内能减少时，$\Delta E<0$；若系统体积膨胀对外做功，则 $W>0$，若系统体积压缩，或外界对系统做功，则 $W<0$。

自然界中，所有热力学过程必须满足热力学第一定律。历史上曾有人想制造一种机器，这种机器不需要外界输送能量，自身也不需要消耗能量，却能对外界做功，被称为**第一类永动机**。显然，它违反了热力学第一定律，最终没有被制成。因此，热力学第一定律也可以表述为，第一类永动机

是不可能实现的。

例 11-2-1

图 11-2-1 中的系统沿路径 acb 从状态 a 变化成状态 b 时，系统吸收 80 J 热量，同时对外界做的功为 30 J。(1) 若沿路径 adb，系统对外界做的功为 10 J，则求系统吸收的热量；(2) 当系统沿曲线路径从状态 b 变化至状态 a 时，外界对系统做的功为20 J，则求系统吸收的热量，此时系统吸热还是放热？

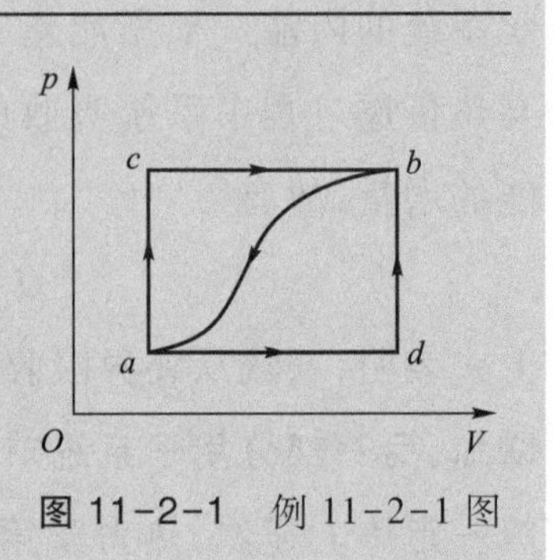

图 11-2-1 例 11-2-1 图

解 由式(11-2-1)热力学第一定律可得，系统从初态 a 变化为末态 b 时，内能的变化为

$$\Delta E_{ab}=Q_{acb}-W_{acb}=(80-30)\ \mathrm{J}=50\ \mathrm{J}$$

由于内能是状态的函数，可得

(1) $Q_{adb}=\Delta E_{ab}+W_{adb}=(50+10)\ \mathrm{J}=60\ \mathrm{J}$

(2) 系统从初态 b 变化成末态 a 时，内能的变化为 $\Delta E_{ba}=-50\ \mathrm{J}$

$$Q_{\widehat{ba}}=\Delta E_{ba}+W_{\widehat{ba}}=(-50-20)\ \mathrm{J}=-70\ \mathrm{J}$$

由此可知系统沿曲线路径从状态 b 变化至状态 a 时放热 70 J。

11.3 理想气体的等值过程

热力学第一定律讨论了系统状态变化过程中，传递的热量、功和内能变化之间的关系。本节将讨论热力学第一定律在理想气体几个等值过程(等容、等压和等温过程)中的应用，这些过程是讨论其他热力学过程的基础。本节的讨论中，我们将应用理想气体物态方程 $pV=\nu RT$。

11.3.1 等容过程 摩尔定容热容

一定系统，在状态变化的过程中，若体积保持不变，即 $V=C$（常量），这一热力学过程称为**等容过程**。$p-V$ 图中，等容过程为一条与压强 p 轴平行的直线，即**等容线**，如图 11-3-1 所示。

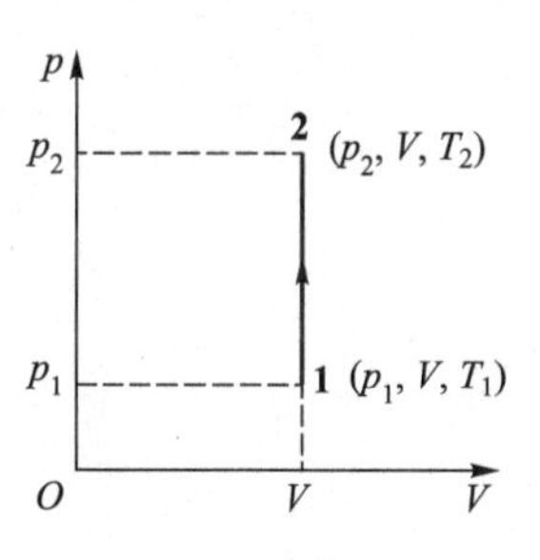

图 11-3-1 等容过程

由式(10-1-1c)理想气体物态方程可得

$$\frac{p}{T}=\text{常量} \qquad (11-3-1)$$

上式为**等容过程的方程**。在此过程中，气体的体积始终保持不变，即 $\mathrm{d}V=0$，由此可知系统对外界所做的元功 $p\mathrm{d}V=0$。由热力学第一定律可得

$$\mathrm{d}Q=\mathrm{d}E \qquad (11-3-2a)$$

对有限的等容过程，则

$$Q_V=\Delta E \qquad (11-3-2b)$$

上式表明，在等容过程中，系统吸收的热量全部用来增加气体的内能。如果系统释放热量，则释放的热量等于气体减少的内能。

理想气体的摩尔定容热容：1 mol 理想气体在等容过程中吸收热量 $\mathrm{d}Q_{V,\mathrm{m}}$，温度升高 $\mathrm{d}T$，其摩尔定容热容 $C_{V,\mathrm{m}}$ 为

$$C_{V,\mathrm{m}}=\frac{\mathrm{d}Q_{V,\mathrm{m}}}{\mathrm{d}T} \qquad (11-3-3)$$

单位是焦耳每摩尔开尔文，符号为 $\mathrm{J\cdot mol^{-1}\cdot K^{-1}}$。

由式(11-3-3)和理想气体内能的公式 $E=\frac{i}{2}\nu RT$ 可得，物质的量为 ν 的理想气体，经历等容过程后系统吸收的热量及内能的增量为

$$Q_V=\Delta E=\nu C_{V,\mathrm{m}}=\nu\frac{i}{2}R(T_2-T_1) \qquad (11-3-4)$$

需要注意的是，理想气体内能是温度的单值函数，从上式结果还可以得出，物质的量为 ν 的理想气体，无论它经历

什么样的过程,只要温度的改变量是相同的,那么内能的增量就是一定的。

比较式(11-3-4)的两边,可得对于刚性分子理想气体,有

$$C_{V,\mathrm{m}}=\frac{i}{2}R \tag{11-3-5}$$

由此可见,理想气体摩尔定容热容是一个只与分子自由度有关的量,而与气体温度无关。

生活中,高压锅能够快速加热食物就是通过等容过程实现的,如图 11-3-2 所示。高压锅体积恒定,锅内水沸腾并蒸发成水蒸气后,水蒸气在加热的过程中经历了等容过程,此时水蒸气吸收的热量全部转化成自身的内能,使得锅内的压强和温度同时增加。压强增加的同时也导致水的沸点升高,因此食物更易熟。受高压锅金属材料性能影响,锅内的压强也不能太高,因此高压锅上都安装有排气孔,用于调节锅内的气压,保证使用安全。

图 11-3-2 高压锅

11.3.2 等压过程 摩尔定压热容

对于给定的系统,在状态变化的过程中,压强始终保持不变,即 $p=C$(常量),称为**等压过程**。在 $p-V$ 图中,等压过程是一条与 V 轴平行的直线,即**等压线**,如图 11-3-3 所示。

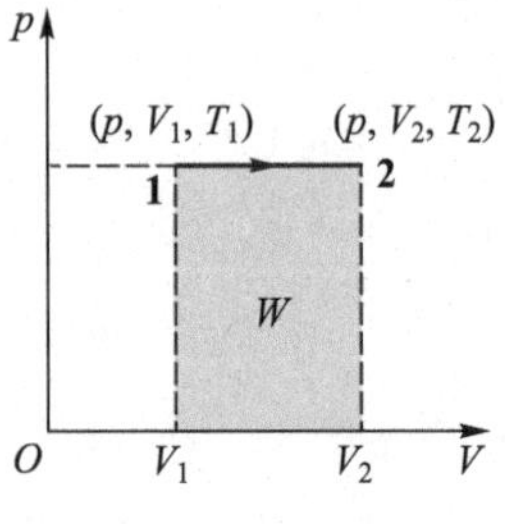

图 11-3-3 等压过程

由式(10-1-1c)理想气体物态方程可得

$$\frac{V}{T}=\text{常量} \tag{11-3-6}$$

上式为**等压过程的方程**。

由图 11-3-2 可知,等压过程系统对外所做的功

$$W=\int_{V_1}^{V_2}p\mathrm{d}V=p(V_2-V_1) \tag{11-3-7}$$

因为理想气体内能是温度的单值函数,由式(11-3-4)

可知,等压过程中,系统从 1 变化成 2 的过程中内能的增量为

$$\Delta E=\nu C_{V,\mathrm{m}}=\nu \frac{i}{2}R(T_2-T_1)$$

对有限的等压过程,根据热力学第一定律 $Q=\Delta E+W$,等压过程中,系统吸收的热量为

$$Q_p=\Delta E+W=\nu \frac{i}{2}R(T_2-T_1)+p(V_2-V_1) \quad (11-3-8)$$

气体的摩尔定压热容:1 mol 理想气体在等压过程中吸收热量 $\mathrm{d}Q_{p,\mathrm{m}}$,温度升高 $\mathrm{d}T$,其摩尔定压热容 $C_{p,\mathrm{m}}$ 为

$$C_{p,\mathrm{m}}=\frac{\mathrm{d}Q_{p,\mathrm{m}}}{\mathrm{d}T} \quad (11-3-9\mathrm{a})$$

单位是焦耳每摩尔开尔文,符号 $\mathrm{J\cdot mol^{-1}\cdot K^{-1}}$。则物质的量为 ν 的理想气体经历等压过程,温度升高 $\mathrm{d}T$ 后,系统吸收的热量为

$$\mathrm{d}Q_{p,\mathrm{m}}=\nu C_{p,\mathrm{m}}\mathrm{d}T \quad (11-3-9\mathrm{b})$$

对理想气体物态方程 $pV=\nu RT$ 两边取微分,由于 p 是常量,可得

$$p\mathrm{d}V=\nu R\mathrm{d}T$$

又由式(11-3-4)得,$\dfrac{\mathrm{d}E}{\mathrm{d}T}=\nu C_{V,\mathrm{m}}$。代入式(11-2-2),则有

$$\nu C_{p,\mathrm{m}}\mathrm{d}T=\nu C_{V,\mathrm{m}}\mathrm{d}T+\nu R\mathrm{d}T$$

对上面每一项除以共同因子 $\nu\mathrm{d}T$,得到

$$C_{p,\mathrm{m}}=C_{V,\mathrm{m}}+R \quad (11-3-10)$$

上式说明理想气体的摩尔定压热容大于摩尔定容热容,其差值为摩尔气体常量 R。由式(11-3-5)可得,理想气体的摩尔定压热容为

$$C_{p,\mathrm{m}}=\frac{i+2}{2}R \quad (11-3-11)$$

实际应用中,常用到摩尔定压热容 $C_{p,\mathrm{m}}$ 与摩尔定容热容 $C_{V,\mathrm{m}}$ 的比值,用 γ 表示,称为**比热**,有

$$\gamma=\frac{C_{p,\mathrm{m}}}{C_{V,\mathrm{m}}} \tag{11-3-12}$$

我们可以利用理想气体的摩尔定压热容 $C_{p,\mathrm{m}}$ 与摩尔定容热容 $C_{V,\mathrm{m}}$ 来预测 γ 值。如单原子理想气体，自由度 $i=3$，由式(11-3-5)和式(11-3-11)可得 $C_{V,\mathrm{m}}=\frac{3}{2}R$，$C_{p,\mathrm{m}}=\frac{5}{2}R$，由式(11-3-12)计算可得

$$\gamma=\frac{C_{p,\mathrm{m}}}{C_{V,\mathrm{m}}}=\frac{\frac{5}{2}R}{\frac{3}{2}R}\approx 1.67$$

对于双原子分子自由度 $i=5$，由式(11-3-5)和式(11-3-11)可得 $C_{V,\mathrm{m}}=\frac{5}{2}R$，$C_{p,\mathrm{m}}=\frac{7}{2}R$，由式(11-3-12)计算可得

$$\gamma=\frac{C_{p,\mathrm{m}}}{C_{V,\mathrm{m}}}=\frac{\frac{7}{2}R}{\frac{5}{2}R}=1.40$$

上述通过理想气体计算得到的单原子和双原子气体的 γ 值均与实验值吻合得良好。

图 11-3-4 烹饪食物中的等压过程

生活中，烹饪食物的过程大多数都是等压过程，如图 11-3-4 所示。这是因为在加热食物的过程中，无论是汤锅、炒锅还是煎锅，甚至微波炉内的空气压强都基本保持不变。

例 11-3-1

如图 11-3-5 所示，一定量氧气分子理想气体，从状态 A 出发，经图示 $A \to B$、$B \to C$、$C \to A$ 三个过程又回到初状态，求各过程中氧气对外所做的功、内能的增量及吸收的热量。

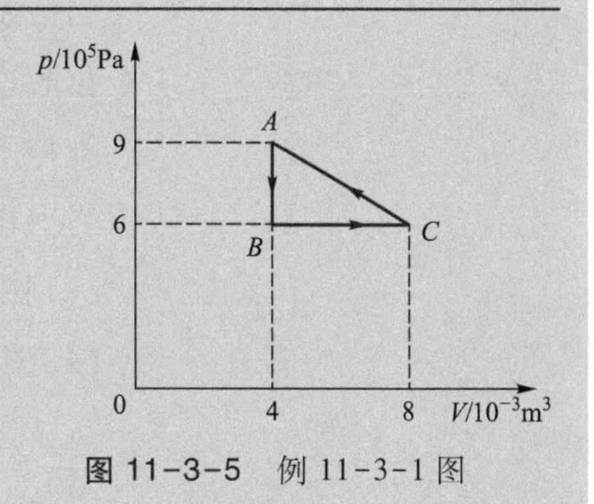

图 11-3-5 例 11-3-1 图

解 设有物质的量为 ν 的氧气，氧气为双原子分子，其自由度 $i=5$。

$A \to B$ 过程为等容过程，系统对外不做功，吸收的热量和内能的增量分别为

$$\Delta E_{AB}=Q_{AB}=\nu C_{V,\mathrm{m}}(T_B-T_A)$$

$$=\frac{i}{2}\nu R(T_B-T_A)$$

由理想气体物态方程 $pV=\nu RT$，上式可写成

$$\Delta E_{AB}=Q_{AB}=\frac{5}{2}(p_BV_B-p_AV_A)=-3\ 000\ \mathrm{J}$$

$B \to C$ 过程为等压过程，系统对外做的功为

$$W_{BC}=p_B(V_C-V_B)=6\times10^5\times4\times10^{-3}\ \mathrm{J}=2\ 400\ \mathrm{J}$$

内能的增量为

$$\Delta E_{BC}=\nu C_{V,\mathrm{m}}(T_C-T_B)=\frac{i}{2}\nu R(T_C-T_B)$$

$$=\frac{5}{2}(p_CV_C-p_BV_B)=6\ 000\ \mathrm{J}$$

吸收的热量为

$$Q_{BC}=W_{BC}+\Delta E_{BC}=8\ 400\ \mathrm{J}$$

$C \to A$ 过程中，系统对外所做的功为 CA 直线下的面积

$$W_{CA}=\frac{1}{2}(p_A+p_C)(V_A-V_C)=-3\ 000\ \mathrm{J}$$

内能的增量为

$$\Delta E_{CA}=\nu C_{V,\mathrm{m}}(T_A-T_C)=\frac{5}{2}(p_AV_A-p_CV_C)$$

$$=-3\ 000\ \mathrm{J}$$

吸收的热量为

$$Q_{CA}=W_{CA}+\Delta E_{CA}=-6\ 000\ \mathrm{J}$$

11.3.3 等温过程

一个密闭的气缸内储存着理想气体，气缸壁由绝热材料制成，气缸底部由良好的导热材料制成。现把气缸底部

与一温度为 T 的恒温热源相互接触，如图 11-3-6(a)所示。当活塞移动时，缸内气体对外做功，使得气体的内能发生变化。这时就有热量从恒温热源传入或传出，使气体的温度维持不变。对于给定的系统，在状态变化的过程中，温度始终保持不变，即 $T=C$(常量)，这种过程称为**等温过程**。在 p-V图中，等温过程是双曲线的一支，该线为**等温线**[图 11-3-6(b)]。

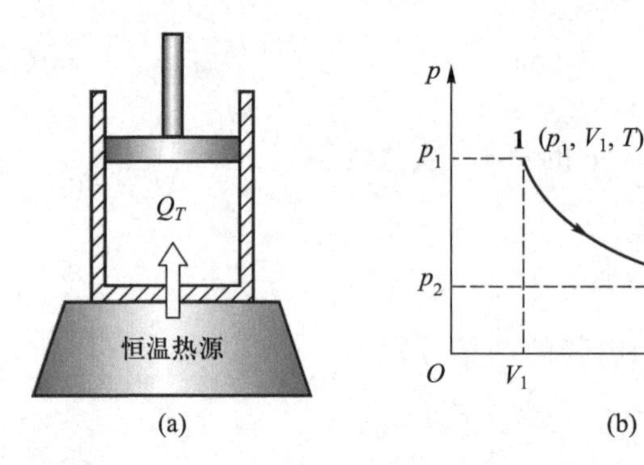

图 11-3-6 等温过程

由式(10-1-1c)理想气体物态方程可得

$$pV=常量 \tag{11-3-13}$$

上式为**等温过程的方程**。

对于理想气体，内能仅是温度的单值函数，与具体的热力学过程无关，因此在等温过程中，内能保持不变，即 $\Delta E=0$。

根据热力学第一定律 $Q=W$，当系统的体积从 V_1变化到 V_2时，系统吸收的热量为

$$Q_T=W=\int_{V_1}^{V_2} p\mathrm{d}V=\int_{V_1}^{V_2} \nu\frac{RT}{V}\mathrm{d}V=\nu RT\ln\frac{V_2}{V_1} \tag{11-3-14a}$$

由等温过程的方程可得 $p_1V_1=p_2V_2$，上式还可写成

$$Q_T=W=\frac{m}{M}RT\ln\frac{p_1}{p_2} \tag{11-3-14b}$$

上式表明，在等温膨胀过程中，理想气体从恒温热源吸收的热量全部用来对外做功。在等温压缩过程中，此时外界对

气体所做的功，全部以热量的形式由气体传递给恒温热源。

例 11-3-2

如图 11-3-7 所示，双原子理想气体经历 $abcd$ 过程。图中 $a\to b$ 为等压过程，$b\to c$ 为等容过程，$c\to d$ 为等温过程。求气体在整个过程中吸收的热量、内能的增量及对外所做的功。

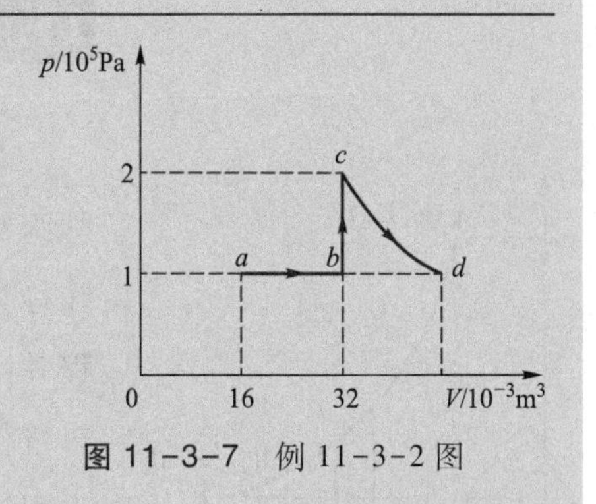

图 11-3-7　例 11-3-2 图

解　设双原子理想气体物质的量为 ν，双原子分子自由度 $i=5$。

$a\to b$ 为等压过程，系统对外所做的功

$$W_{ab}=p_a(V_b-V_a)=1\times10^5\times16\times10^{-3}\ \text{J}=1\ 600\ \text{J}$$

由理想气体物态方程 $pV=\nu RT$，内能的增量分别为

$$\Delta E_{ab}=\nu C_{V,\text{m}}(T_b-T_a)=\frac{5}{2}(p_bV_b-p_aV_a)=4\ 000\ \text{J}$$

系统吸收的热量为

$$Q_{ab}=W_{ab}+\Delta E_{ab}=5\ 600\ \text{J}$$

$b\to c$ 为等容过程，系统对外不做功，吸收的热量和内能的增量分别为

$$\Delta E_{bc}=Q_{bc}=\nu C_{V,\text{m}}(T_c-T_b)=\frac{5}{2}(p_cV_c-p_bV_b)=8\ 000\ \text{J}$$

$c\to d$ 为等温膨胀过程，系统内能的增量 $\Delta E=0$，吸收的热量和对外做的功分别为

$$W_{cd}=Q_{cd}=\nu RT_c\ln\frac{p_c}{p_d}=p_cV_c\ln\frac{p_c}{p_d}\approx4\ 436\ \text{J}$$

因此，气体在整个过程中吸收的热量、内能的增量和对外做的功分别为

$$Q=Q_{ab}+Q_{bc}+Q_{cd}=18\ 036\ \text{J};$$

$$\Delta E=\Delta E_{ab}+\Delta E_{bc}=12\ 000\ \text{J};$$

$$W=W_{ab}+W_{cd}=6\ 036\ \text{J}$$

11.4 绝热过程和多方过程

11.4.1 绝热过程

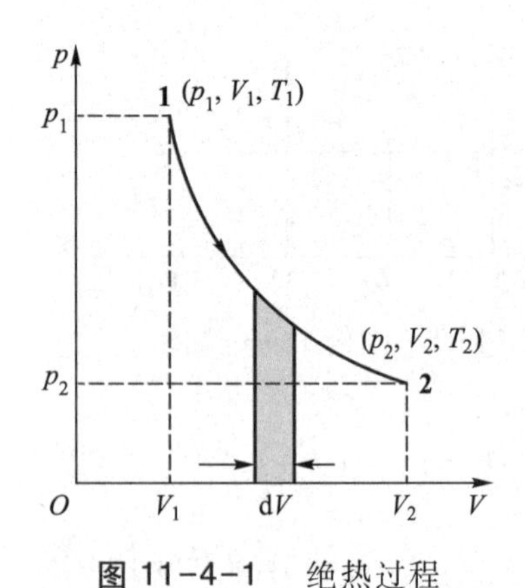

图 11-4-1 绝热过程

对于给定的系统,与外界之间没有热传递发生的过程,称为**绝热过程**,即 $Q=0$。在 $p-V$ 图中,绝热过程对应的曲线称为**绝热线**,如图 11-4-1 所示。实际中,绝对的绝热过程并不存在。在一些热力学过程中,若系统与外界之间有热量传递,但是传递的热量很小,以至于可以忽略时,这种过程近似称为绝热过程。如在工程中,压缩机中空气的压缩就可以看作是绝热过程。

我们下面推导理想气体无穷小绝热过程中体积变化和温度之间的关系。绝热过程中,由于 $\mathrm{d}Q=0$,由热力学第一定律得

$$\mathrm{d}W+\mathrm{d}E=0$$

由于理想气体内能仅是温度的单值函数,由式(11-3-4)可得

$$\nu C_{V,\mathrm{m}}\mathrm{d}T+p\mathrm{d}V=0 \qquad (11-4-1)$$

根据理想气体物态方程 $pV=\nu RT$,两端微分得

$$p\mathrm{d}V+V\mathrm{d}p=\nu R\mathrm{d}T \qquad (11-4-2)$$

由式(11-4-1)和式(11-4-2)可得

$$C_{V,\mathrm{m}}p\mathrm{d}V+C_{V,\mathrm{m}}V\mathrm{d}p=-Rp\mathrm{d}V$$

利用 $C_{p,\mathrm{m}}=C_{V,\mathrm{m}}+R$ 和 $\gamma=\dfrac{C_{p,\mathrm{m}}}{C_{V,\mathrm{m}}}$,代入上式可得

$$\gamma\frac{\mathrm{d}V}{V}=-\frac{\mathrm{d}p}{p}$$

对上式积分,得

$$\gamma\ln V+\ln p=\text{常量}$$

即

$$pV^{\gamma}=\text{常量} \tag{11-4-3a}$$

上式为理想气体绝热过程的 $p-V$ 函数关系。

我们还可以通过理想气体物态方程 $pV=\nu RT$,消去上式中的 V 或 p,可得

$$V^{\gamma-1}T=\text{常量} \tag{11-4-3b}$$

$$p^{\gamma-1}T^{-\gamma}=\text{常量} \tag{11-4-3c}$$

式(11-4-3a)、式(11-4-3b)和式(11-4-3c)称为**绝热过程的方程**。

对一有限绝热过程,由式(11-4-1)可得,理想气体做的功为

$$W=\int_{V_1}^{V_2}p\mathrm{d}V=-\nu C_{V,\mathrm{m}}\int_{T_1}^{T_2}\mathrm{d}T=-\nu C_{V,\mathrm{m}}(T_2-T_1) \tag{11-4-4a}$$

由上式可以看出,若气体体积从 V_1 绝热膨胀到 V_2 时,气体对外做正功,温度降低,内能减少;若气体体积从 V_2 被绝热压缩到 V_1 时,气体对外做负功,温度升高,内能增加。如图 11-4-2 所示,在开启啤酒瓶时,绝热过程就发生了。瓶盖打开的瞬间,啤酒表面上方的气体迅速膨胀,在此过程中气体来不及从外界吸收热量,近似绝热过程。因此气体膨胀,对外做正功,温度降低,使气体中的水蒸气凝结,形成一团薄雾,这种现象称为**绝热冷却**。"绝热加热"和"绝热冷却"指的是在绝热过程中,系统温度的变化来自系统做功或外界对系统做功,系统与外界之间没有热量的流动。

图 11-4-2　绝热冷却

式(11-4-4a)还可以利用理想气体物态方程 $pV=\nu RT$ 表示为

$$W=C_{V,\mathrm{m}}\left(\frac{p_1V_1}{R}-\frac{p_2V_2}{R}\right)=\frac{C_{V,\mathrm{m}}}{C_{p,\mathrm{m}}-C_{V,\mathrm{m}}}(p_1V_1-p_2V_2)$$

即

$$W=\frac{p_1V_1-p_2V_2}{\gamma-1} \tag{11-4-4b}$$

11.4.2 绝热线和等温线

在 p-V 图中等温线和绝热线都是曲线，那么在同一个图中怎么判断哪条是等温线，哪条是绝热线呢？图 11-4-3 给出了这两个过程的过程曲线，实线是绝热线，虚线是等温线。两线在图中 A 点相交。显然绝热线比等温线陡一些，下面比较这两条曲线在 A 点的斜率。

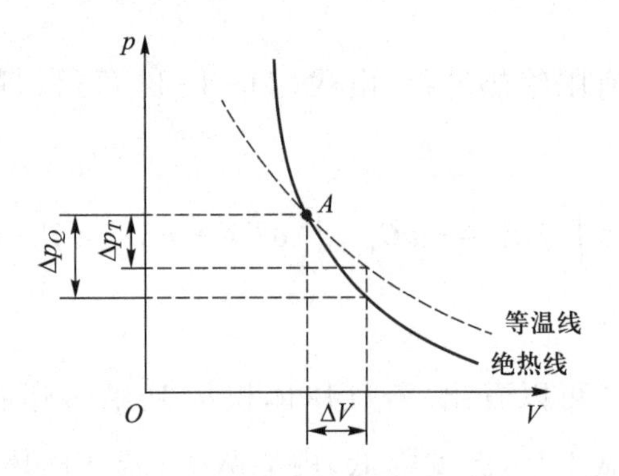

图 11-4-3 绝热线与等温线的比较

由等温过程的方程 $pV=$常量，得

$$p\mathrm{d}V+V\mathrm{d}p=0$$

即

$$\left(\frac{\mathrm{d}p}{\mathrm{d}V}\right)_T=-\frac{p_A}{V_A}$$

由绝热过程的方程 $pV^{\gamma}=$常量，得

$$\gamma pV^{\gamma-1}\mathrm{d}V+V^{\gamma}\mathrm{d}p=0$$

即

$$\left(\frac{\mathrm{d}p}{\mathrm{d}V}\right)_Q=-\gamma\frac{p_A}{V_A}$$

因为 $\gamma=\dfrac{C_{p,\mathrm{m}}}{C_{V,\mathrm{m}}}>1$，比较上面两条曲线在 A 点的斜率的绝对值，可得绝热线要陡些。这一结论可以从 $p=nkT$ 得到物理解释：气体从同一状态 A 经历等温和绝热过程膨胀相同的体积，分子数密度 n 的减少是相同的，等温过程压强的减小是由于 n 的减小造成的，而绝热过程压强的减小除了 n

的减小外还伴随着温度的降低，所以压强的下降比等温过程要大，因而绝热线要比等温线更加陡峭。

例 11-4-1

试讨论图 11-4-4 中理想气体在Ⅰ，Ⅲ两个过程中是吸热还是放热？其中Ⅱ为绝热过程。

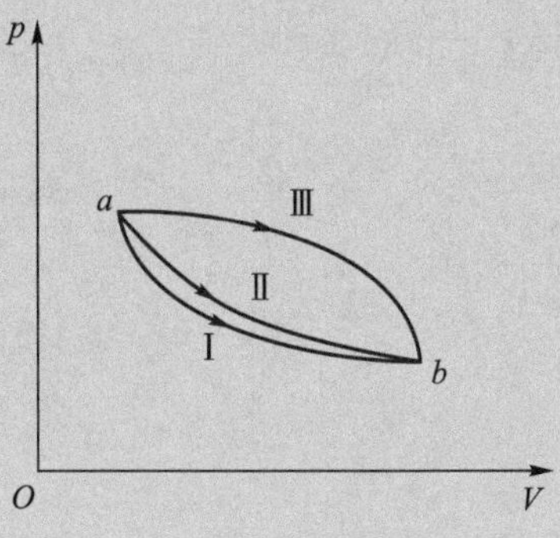

图 11-4-4 例 11-4-1 图

解 由题意可知，Ⅱ过程为绝热过程，则由热力学第一定律式(11-2-1)可得

$$0=(E_b-E_a)+W_{Ⅱ}$$

（因为 $W_{Ⅱ}>0$，所以 $E_b-E_a<0$）

Ⅰ，Ⅲ两个过程中热力学第一定律的表达式为

$$Q_{Ⅰ}=(E_b-E_a)+W_{Ⅰ}$$

$$Q_{Ⅲ}=(E_b-E_a)+W_{Ⅲ}$$

比较Ⅰ，Ⅲ两条曲线下面的面积，由图可知，$W_{Ⅰ}<W_{Ⅱ}<W_{Ⅲ}$，因此 $Q_{Ⅰ}<0$，放热；$Q_{Ⅲ}>0$，吸热。本题中若路径是从 $b\to a$，则有 $Q_{Ⅰ}>0$，$Q_{Ⅲ}<0$。

例 11-4-2

设有 8 g 氧气，体积为 $0.41\times10^{-3}\ m^3$，温度为 300 K。

（1）若氧气作绝热膨胀，膨胀后的体积为 $4.10\times10^{-3}\ m^3$，则求气体做的功；

（2）若氧气作等温膨胀，膨胀后的体积也是 $4.10\times10^{-3}\ m^3$，则求气体做的功。

解 (1) 由绝热过程方程式(11-4-3b)可得

$$V_1^{\gamma-1}T_1=V_2^{\gamma-1}T_2$$

理想气体为氧气,则比热

$$\gamma=\frac{C_{p,\mathrm{m}}}{C_{V,\mathrm{m}}}=\frac{i+2}{i}=\frac{5+2}{5}=1.4$$

已知 $V_1=0.41\times10^{-3}\ \mathrm{m}^3$, $T_1=300\ \mathrm{K}$, $V_2=4.10\times10^{-3}\ \mathrm{m}^3$,则

$$T_2=T_1\left(\frac{V_1}{V_2}\right)^{\gamma-1}=300\times\left(\frac{0.41\times10^{-3}}{4.10\times10^{-3}}\right)^{1.40-1}\ \mathrm{K}$$
$$\approx119\ \mathrm{K}$$

由式(11-4-4a)可得

$$W=\nu C_{V,\mathrm{m}}(T_1-T_2)$$
$$=\frac{8\times10^{-3}}{32\times10^{-3}}\times\frac{5}{2}\times8.31\times(300-119)\ \mathrm{J}$$
$$\approx940\ \mathrm{J}$$

(2) 由式(11-3-14a)可得

$$W=\nu RT_1\ln\frac{V_2}{V_1}$$
$$=\frac{8\times10^{-3}}{32\times10^{-3}}\times8.31\times300\times\ln\frac{4.10\times10^{-3}}{0.41\times10^{-3}}\ \mathrm{J}$$
$$\approx1\ 435\ \mathrm{J}$$

*11.4.3 多方过程

前面介绍的等值过程和绝热过程都是理想过程,实际中难以实现。实际过程往往与这四个等值过程有些偏离。

我们设想把绝热过程 $pV^{\gamma}=$常量推广为下面这个方程,即

$$pV^{n}=\text{常量} \qquad (11-4-5a)$$

其中 n 等于任意实数。这个方程称为**理想气体多方过程方程**,n 称为**多方指数**。利用理想气体物态方程 $pV=\nu RT$,式(11-4-5a)的其他等价表达式为

$$p^{n-1}T^{-n}=\text{常量} \qquad (11-4-5b)$$

$$TV^{n-1}=\text{常量} \qquad (11-4-5c)$$

与式(11-4-4b)相似,在多方过程中,理想气体对外界做的功为

$$W=\int_{V_1}^{V_2}p\mathrm{d}V=\frac{1}{n-1}(p_1V_1-p_2V_2)$$

在多方过程中,内能的增量仍为

$$\Delta E=\nu C_{V,\mathrm{m}}(T_2-T_1)$$

而在多方过程中，气体吸收的热量为

$$Q=\nu C_{n,\mathrm{m}}(T_2-T_1)$$

式中 $C_{n,\mathrm{m}}$ 为**理想气体多方摩尔热容**。

11.5 循环过程 卡诺循环

11.5.1 循环过程

在生产技术上，如何获取热能，并尽可能将热能转化为机械能或功是非常重要的。这正是空调机、汽车里的发动机、发电厂蒸气涡轮机及供暖用的锅炉等系统里发生的过程，这些过程的发生都需要利用循环过程。**一个热力学系统从某一状态出发，经历一系列变化后又回到初始状态的过程称为循环过程**。参与循环过程的物质为**工作物质**，简称**工质**。在p-V图中，一个循环过程可以用一个闭合曲线来表示，如图 11-5-1 所示。

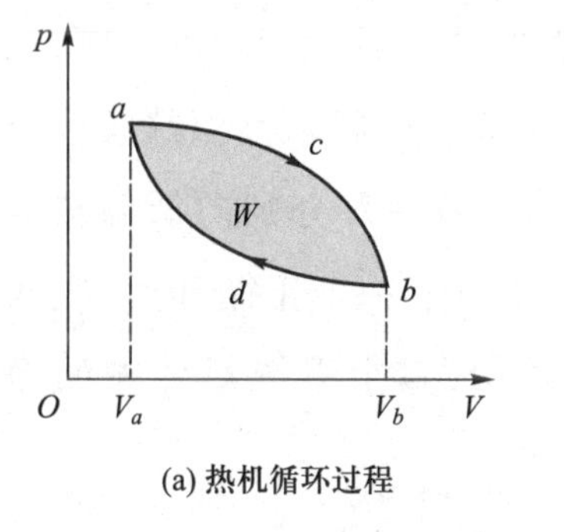

(a) 热机循环过程

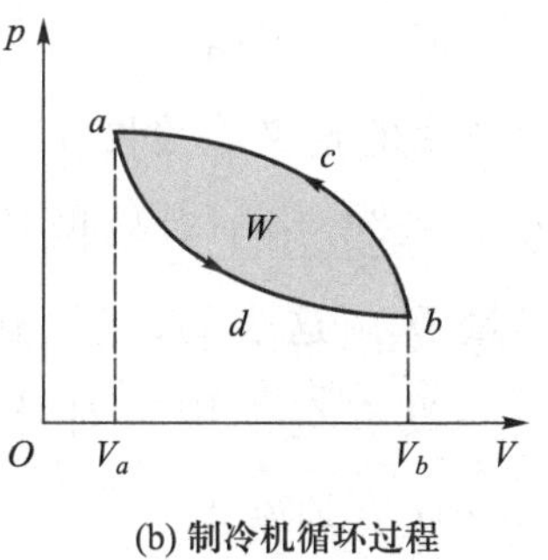

(b) 制冷机循环过程

图 11-5-1 循环过程

由于理想气体内能是温度的单值函数，因此**工质经历一个循环过程后，它的内能改变量为零，即 $\Delta E=0$**，这是循环过程的重要特征。在 p-V 图中，如果循环的行进方向是沿顺时针方向，则称为**正循环**，工作物质作正循环的机器称为**热机**;如果循环的行进方向是沿逆时针方向,则称为**逆循环**,工作物质作逆循环的机器称为**制冷机**。

11.5.2 热机效率和制冷系数

图 11-5-1(a)所示为正循环,在 *acb* 过程中,系统膨胀对外界做正功,根据准静态过程功的计算,此正功应为 *acb* 曲线下面所围面积;在 *bda* 过程中,系统压缩对外界做负功,此负功等于 *bda* 曲线下面所围面积。因此,整个正循环中,系统对外界所做的净功 W 数值上等于闭合曲线 *acbd* 所包围的面积,且 $W>0$。假设整个循环过程中系统吸收的热量为 Q_1,向外界放出的热量为 Q_2,系统从外界吸收的净热量为 $\Delta Q=Q_1-Q_2$。根据循环过程的重要特征 $\Delta E=0$,由热力学第一定律,有 $Q_1-Q_2=W$。如果循环沿逆时针方向进行,系统对外界所做的净功 W 数值上也等于闭合曲线所包围的面积,但 $W<0$,如图 11-5-1(b)所示。

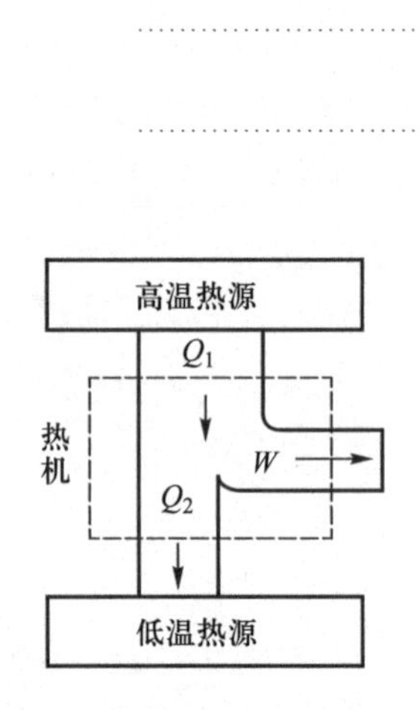

图 11-5-2 热机循环的能流图

图 11-5-2 所示为热机循环的能流图。所有热机都从温度较高的热源吸收热量,做机械功,然后向低温热源释放热量。就热机而言,排出的热量是浪费了。为了描述热机在经历了一个正循环后,吸收的热量转化为功的本领,引入**热机效率**的定义。设图 11-5-2 中热机从高温热源吸收热量 Q_1,一部分用于对外做功 W,另一部分则向低温热源释放热量 Q_2。这表明,热机在经历了一个正循环后,吸收的热量并没有全部用于对外做功,整个系统对外做的净功 $W=Q_1-Q_2$。通常把

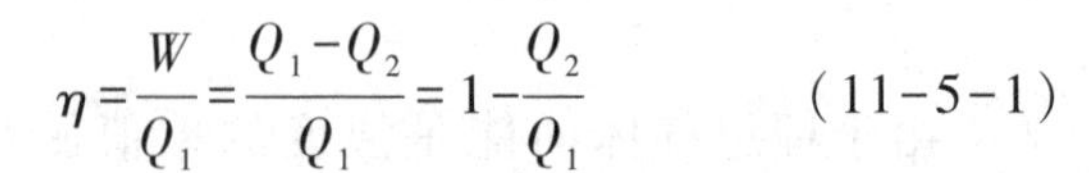

$$\eta=\frac{W}{Q_1}=\frac{Q_1-Q_2}{Q_1}=1-\frac{Q_2}{Q_1} \tag{11-5-1}$$

定义为**热机效率**。人们当然希望把吸收的热量 Q_1 全部转化为功,此时 $Q_2=0$,但是经验告诉人们这是不可能的,总会有一些热量被浪费掉,因此热机效率不可能等于 1,更不可

能大于1。

制冷机的循环过程刚好和热机的循环过程相反,如图11-5-3所示。制冷机依靠外界对系统做功,这一过程中制冷机从低温热源吸收热量 Q_2,然后向高温热源释放热量 Q_1。经过一次循环,工作物质回到原来的状态。在逆循环过程中,同样系统的内能并未发生变化,因此制冷机对外界所做的净功 $-W=Q_2-Q_1$,即 $W=Q_1-Q_2$。为了评价制冷机的工作效益,可把外界每做一个单位的功,能使制冷机从低温热源吸取的热量,作为制冷机的一个技术指标,称为**制冷系数**,其定义为

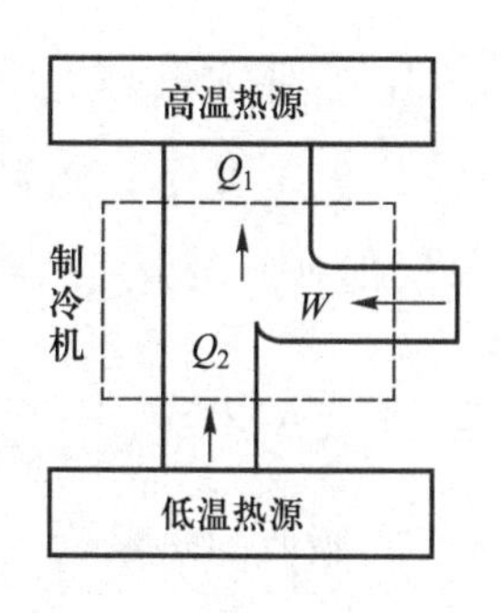

图 11-5-3 冷机的循环能流图

$$e=\frac{Q_2}{W}=\frac{Q_2}{Q_1-Q_2} \tag{11-5-2}$$

这个值越大,说明制冷机的性能越好。

把热量从较冷的物体传递给较热的物体总是需要做功的。经验表明,不可能制成把热量从低温物体传送到高温物体而不需要做功的制冷剂。如果不需要做功,式(11-5-2)表明,该机器的制冷系数将无限大。

例 11-5-1

如图11-5-4所示,1 mol单原子分子的理想气体,经历如图所示的可逆循环,连接 ac 两点的曲线3的方程为 $p=p_0V^2/V_0^{\ 2}$,a 点的温度为 T_0。(1)用 T_0,R 表示过程1,2和3中气体吸收(释放)的热量;(2)求此热机的循环效率。

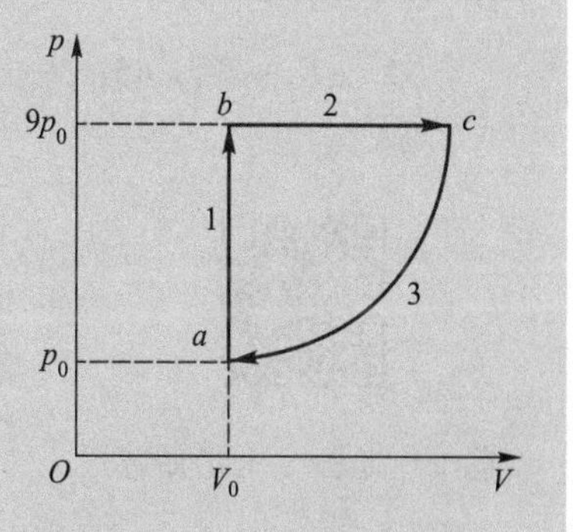

图 11-5-4 例11-5-1图

解 由理想气体状态方程得可得 $p_0V_0=RT_0$，气体为单原子分子，则 $i=3$。

（1）过程 1 为等容过程，系统不对外做功，即 $W_1=0$；由式（11-3-4）内能的变化为

$$\Delta E_1=\frac{i}{2}R(T_b-T_a)=\frac{3}{2}(9p_0V_0-p_0V_0)=12RT_0$$

吸收的热量为

$$Q_1'=\Delta E_1=12RT_0$$

过程 2 为等压过程，且由过程 3 的方程，可知当 $p_c=9p_0$ 时

$$V_c=\sqrt{\frac{p_cV_0^2}{p_0}}=\sqrt{\frac{9p_0V_0^2}{p_0}}=3V_0$$

则系统对外所做的功为

$$W_2=p_b(V_c-V_b)=9p_0\times2V_0=18RT_0$$

内能的变化为

$$\Delta E_2=\frac{i}{2}R(T_c-T_b)=\frac{3}{2}(p_cV_c-p_bV_b)$$

$$=\frac{3}{2}\times9p_0\times2V_0=27RT_0$$

吸收的热量为

$$Q_2'=\Delta E_2+W_2=45RT_0$$

过程 3 中，系统对外所做的功为

$$W_3=\int_{V_c}^{V_a}p\mathrm{d}V=\frac{p_0}{V_0^2}\int_{V_c}^{V_a}V^2\mathrm{d}V$$

$$=\frac{p_0}{3V_0^2}(V_a^3-V_c^3)=-\frac{26}{3}RT_0$$

内能的变化为

$$\Delta E_3=\frac{i}{2}R(T_a-T_c)=\frac{3}{2}(RT_0-p_cV_c)$$

$$=\frac{3}{2}(RT_0-9p_0\times3V_0)=-39RT_0$$

吸收的热量为

$$Q_3'=\Delta E_3+W_3=\frac{-143RT_0}{3}$$

Q_3' 为负值，说明过程 3 中系统向外界释放热量。

（2）系统对外做的总功为

$$W=W_1+W_2+W_3=\frac{28RT_0}{3}$$

系统从高温热源吸收的热量为

$$Q_1=Q_1'+Q_2'=57RT_0$$

热机循环效率为

$$\eta=\frac{W}{Q_1}\approx16.37\%$$

动画 卡诺循环

阅读材料 卡诺的热机理论

11.5.3 卡诺循环

19 世纪初，蒸汽机的使用已经相当广泛，但效率只有 3%~5%，大部分的能量都没有得到利用，人们迫切希望提高热机的效率，但决定热机效率的关键是什么？1824 年，法国工程师萨迪·卡诺（Sadi Carnot，1796—1832）为研究热机的效率提出了一种理想的循环过程，这一循环过程由

两条绝热线和两条等温线构成，称为**卡诺循环**，卡诺循环对应热机的效率是理论的极限值。

需要注意的是，所有涉及卡诺循环的计算中，温度必须使用热力学温度。

图 11-5-5 所示为理想气体的准静态卡诺循环。$a\to b$ 为等温膨胀过程，$b\to c$ 为绝热膨胀过程，$c\to d$ 为等温压缩过程，$d\to a$ 为绝热压缩过程。整个循环过程中，只有 $a\to b$ 和 $c\to d$ 两个过程有热量的交换，下面我们来计算卡诺循环

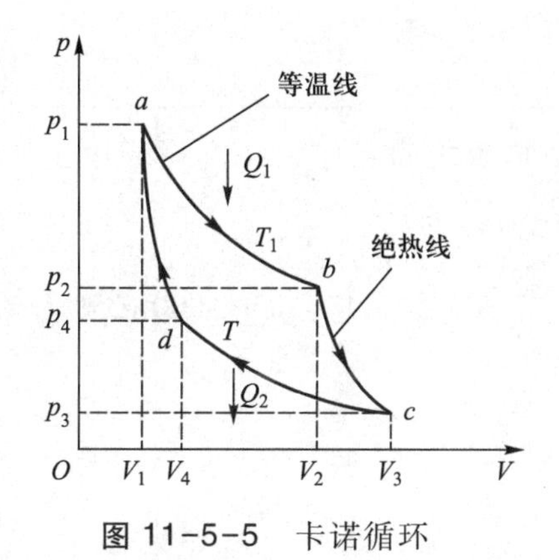

图 11-5-5 卡诺循环

的效率。$a\to b$：系统吸收的热量等于其对外界所做的功，即

$$Q_1=\nu RT_1\ln\frac{V_2}{V_1}$$

$c\to d$：系统对外界所做的功等于其向外界释放的热量，即

$$Q_2=\nu RT_2\ln\frac{V_3}{V_4}$$

$b\to c$ 和 $d\to a$ 为两个绝热过程，满足绝热过程的方程

$$V_2^{\gamma-1}T_1=V_3^{\gamma-1}T_2$$

$$V_1^{\gamma-1}T_1=V_4^{\gamma-1}T_2$$

由此可以推出$\dfrac{V_3}{V_4}=\dfrac{V_2}{V_1}$，则卡诺循环的效率为

$$\eta = 1-\frac{Q_2}{Q_1} = 1-\frac{\nu RT_2\ln\dfrac{V_3}{V_4}}{\nu RT_1\ln\dfrac{V_2}{V_1}} = 1-\frac{T_2}{T_1} \qquad (11-5-3)$$

上式表明，卡诺热机效率与工作物质无关，只与两个热源的温度有关，两个热源的温差越大，则卡诺循环的效率越高。当两热源的温度接近时，效率就非常低了。此外，效率永远不可能达到1。

例 11-5-2

一卡诺热机在127 ℃和27 ℃的两个热源之间工作。一次循环中工作物质从高温热源吸收热量600 J，那么系统对外做的功为多少？

解 由式(11-5-3)卡诺循环效率可得

$$\eta = \frac{W}{Q_1} = 1-\frac{T_2}{T_1} = 1-\frac{27+273}{127+273} = 1-\frac{300}{400} = 25\%$$

$$W = \eta Q_1 = 600\times 25\%\ \mathrm{J} = 150\ \mathrm{J}$$

例 11-5-3

一热机在1 000 K和300 K的两热源之间工作，如果(1) 高温热源温度提高100 K，(2) 低温热源温度降低100 K，从理论上说，哪一种方案提高的热机效率高一些？为什么？

解 (1) 热机效率为：$\eta = 1-\dfrac{T_2}{T_1}$，

提高高温热源温度时，效率为

$$\eta_1 = 1-\frac{T_2}{T_1+\Delta T},$$

提高的效率为

$$\Delta\eta_1 = \eta_1-\eta = \frac{T_2}{T_1}-\frac{T_2}{T_1+\Delta T} = \frac{T_2\Delta T}{T_1(T_1+\Delta T)}$$

$$= \frac{3}{110} \approx 2.73\%$$

(2) 降低低温热源温度时，效率为

$$\eta_2 = 1-\frac{T_2-\Delta T}{T_1},$$

提高的效率为

$$\Delta\eta_2 = \eta_2-\eta = \frac{T_2}{T_1}-\frac{T_2-\Delta T}{T_1} = = \frac{\Delta T}{T_1} = 10\%$$

可见，降低低温热源温度更能提高热机效率。对于温度之比$\dfrac{T_2}{T_1}$，由于 $T_2 < T_1$，显然，分子减少一个量比分母增加同一量要使比值降得更大，因而效率提得更高。

11.6 热力学第二定律

我们从热力学第一定律中了解到，热力学过程应满足能量守恒定律。然而实际过程有一定的方向性。例如，两个不同温度的物体相互接触时，热量总是从高温物体传给低温物体，这就是**热传导过程**。相反的过程是：热量自动地从低温物体传给高温物体。根据经验，这个过程是不可能发生的。又如，打开一瓶香水的盖子后，在瓶附近的人可以闻到香水的气味，这是由于分子热运动，香水分子扩散到了外面空间。相反的过程是：香水分子应自动地再回到瓶中，但是，这样的过程是不可能发生的。这样的例子很多，说明自然界的过程是有方向性的。尽管这些过程也都满足热力学第一定律，却不一定能实现。另外在能量转化方面，包括提高热机效率，有无限制条件，这些问题都不能由热力学第一定律来解决。这些情况说明，还需要建立另外一条独立的定律来研究过程进行的方向、条件和限度。为此，人们在实验的基础上总结出了一条新的定律，即热力学第二定律。

教学视频　热力学第一及第二定律

11.6.1 热力学第二定律的两种表述

热力学第二定律有各种不同的表述，具有代表性的是开尔文表述和克劳修斯表述两种。

1. 开尔文表述

不可能造出一种循环工作的热机，它只从单一热源吸收热量，使之完全变为有用的功，而不产生其他影响，称为**热力学第二定律的开尔文表述**。应该注意的是，开尔文表述中指出的是循环工作的热机，没有这一条件，从单一热源吸收热量并使其完全转化为功的过程是可以实现的。历

阅读材料　热力学第二定律的建立

史上曾经有人试图制造出一种循环工作的热机,它只从单一热源吸收热量并将热全部转化为功,这种热机被称为第二类永动机,这种热机不违反能量守恒定律,但是无法制成这种热机。开尔文表述中的热机又被称为第二类永动机,热力学第二定律又可以表述为:**不可能制造出第二类永动机**。

2. 克劳修斯表述

热量不能自动从低温物体传递给高温物体而不引起其他变化,称为热力学第二定律的克劳修斯表述。应该注意的是,克劳修斯表述中"自动"这两个字。热量可以从低温物体传递给高温物体,但是必须在外界干预的情况下,此时外界做功,因此这就不是热量从低温物体自动传向高温物体。

热力学第二定律的开尔文表述和克劳修斯表述是等价的,只是一个定律的不同表述方法。两者都揭示了热力学第二定律的本质内容:在自然界中,热量的传递和热功之间的转化都是有方向性的。开尔文表述,功完全转化为热量是自然界允许的过程;反过来,把热量完全转化为功而不产生其他影响是自然界不可能实现的过程。克劳修斯表述,热量从高温物体向低温物体传递是可能的自发过程;反过来,必须有外力做功才可能把热量从低温物体传递到高温物体。

11.6.2 可逆过程和不可逆过程

从前面的讨论可知,热力学第一定律指明了在任何过程中能量必须守恒。热力学第二定律则表明,并非所有能量守恒的过程均能实现。热力学第二定律反映了自然界中与热现象有关的一切实际过程,都是沿一定方向进行的,某些方向的过程可以实现,而反向的过程则不能实现,即过程是不可逆的。为了进一步研究热力学过程的方向问题，需要先介绍可逆过程和不可逆过程的概念。

如果一个过程可以反方向进行并回到初始状态，经历的每一个中间状态都和原来经历过的相同，同时不引起外界的任何变化，那么这个过程就称为**可逆过程**，否则称为**不可逆过程**。

那么实现可逆过程的条件是什么呢？我们现在以一个准静态过程进行举例，设气缸中有理想气体，且活塞与气缸之间无摩擦，活塞上面堆放着一堆沙子，系统一开始处于平衡态，当我们将沙粒一颗一颗地拿走后，最终状态变为另一个平衡态，因为这一过程中活塞移动得很慢，使得每一个中间态都可以认为是一个平衡态。现在我们再将沙粒一颗一颗地加到活塞上面，气体将沿着与原来过程相反的方向经历之前经过的每一个中间状态而回到初始状态，与此同时，外界没有产生任何变化。这样的过程称为可逆过程。

事实上，活塞和气缸之间总有摩擦，摩擦力做功要向外界释放热量，从而使得外界的温度升高，导致外界的状态发生了改变。所以有摩擦的过程是不可逆过程。此外，活塞的运动不可能是无限缓慢的，在正、逆过程中，不仅气体的状态不能重复，而且也不能实现准静态过程。因此，可逆过程是一种理想化的过程，一切实际的宏观过程都是不可逆的。本章我们讨论的过程除特别指明外，都视为可逆过程。

自然界的一切自发过程，既然存在着共同的特征和内在的联系，从一个过程的不可逆性可以推断出其他过程的不可逆性，因而任一自发过程都可用来作为热力学第二定律的表述。不过无论采用什么样的表述方式，热力学第二定律的实质，就是揭示了自然界的一切自发过程都是单方向进行的不可逆过程。

自然界中不可逆过程的例子很多，例如气体的扩散、水的汽化、固体的升华等都是不可逆过程。生命科学里的生长与衰老也都是不可逆过程。

从上面的讨论可以看出,热力学第二定律的每一种表述指明,一切涉及热现象的过程不仅需要满足能量守恒,并且具有方向性和局限性,即与热现象有关的实际宏观过程都是不可逆过程。

11.6.3 卡诺定理

工作在可逆过程中的热机称为可逆热机,相反称为不可逆热机。理想的卡诺循环的四个过程都是可逆过程,所以卡诺循环是一个可逆循环,相应的热机称为可逆热机。

卡诺在研究如何提高热机效率的同时,提出了两条卡诺定理:

(1) 在相同的高温热源与低温热源之间工作的一切可逆热机效率都相同,与工作物质无关。

(2) 在相同的高温热源与低温热源之间工作的一切不可逆热机的效率不可能大于可逆热机的效率。

两条定理综合起来,由式(11-5-3)可得

$$\eta=\frac{Q_1-Q_2}{Q_1}\leqslant\frac{T_1-T_2}{T_1} \tag{11-6-1}$$

其中等号对应可逆热机,小于号对应不可逆热机。

卡诺定理指明了提高热机效率的方向。首先,要增大高、低温热源的温度差,由于一般热机总是以周围环境作为低温热源,所以实际上只能是提高高温热源的温度;其次,则要尽可能地减少热机循环的不可逆性,如减少摩擦、漏气和散热等耗散因素。

*11.7 熵 熵增加原理

鲁道夫·克劳修斯(Rudolf Clausius,1822—1888)是德国理论物理学家和数学家,热力学的主要奠基人之一。他曾提出热力学第二定律的克劳修斯表述。为了判断自发过程的进行方向,他提出了一个新的物理量——熵,并得出了孤立系统的熵增加原理。在气体动理论方面,他也做出了突出的贡献。他第一次提出物理学中的统计概念,推导出了气体压强公式,引入气体分子单位时间内的碰撞次数和平均自由程的重要概念,提出了比范德瓦耳斯方程更普遍的气体物态方程。

热力学第二定律指出,自然界实际进行的与热现象有关的过程都是不可逆的,都是具有方向性的。在不对外界产生其他影响的情况下,不可逆过程不能按照原来的路程,返回初始状态,从而也说明了在不可逆过程中系统初、末状态有着较大的差异,正是这种差异性决定了过程的方向。这一情况启发人们寻找和系统相关的物理量,用来判断过程进行的方向。1854 年,克劳修斯发现了这一个新的**态函数**,且将其命名为**熵** S,并得出孤立系统的熵增加原理。

11.7.1 克劳修斯熵等式

根据卡诺循环定理,可逆卡诺热机在经历一次循环后其效率为

$$\eta = 1-\frac{Q_2}{Q_1} = 1-\frac{T_2}{T_1}$$

上式可改写为

$$\frac{Q_1}{T_1}-\frac{Q_2}{T_2}=0$$

若取吸热为正，放热为负，考虑到 Q_2 自身的符号，则上式可表示为

$$\frac{Q_1}{T_1}+\frac{Q_2}{T_2}=0 \tag{11-7-1}$$

由于绝热过程 $Q=0$，所以上式可以理解为：在整个可逆卡诺循环中，$\frac{Q}{T}$ 之和为零。尽管这一结果是从可逆卡诺循环得出来的，但是这一结果可以推广到任意的可逆循环。对于任意一个可逆循环可以认为是由一系列微小卡诺循环构成，如图 11-7-1 所示。对于每一个可逆的卡诺循环都具有式(11-7-1)的关系，这样，对于这个任意的可逆循环则有

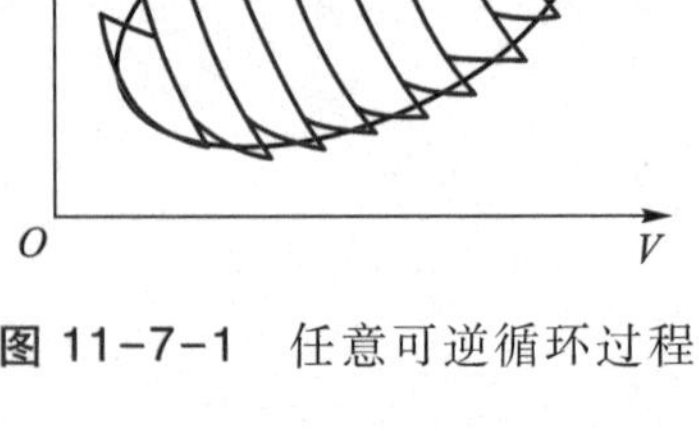

图 11-7-1 任意可逆循环过程

$$\sum_{i=1}^{n}\frac{Q_i}{T_i}=0 \tag{11-7-2}$$

当微小的卡诺循环无限变窄，即小卡诺循环的数目无限多时，式(11-7-2)中的求和可以用积分来替代，表示为

$$\oint\frac{\mathrm{d}Q}{T}=0 \tag{11-7-3}$$

式(11-7-3)称为**克劳修斯等式**。

11.7.2 熵(克劳修斯熵)

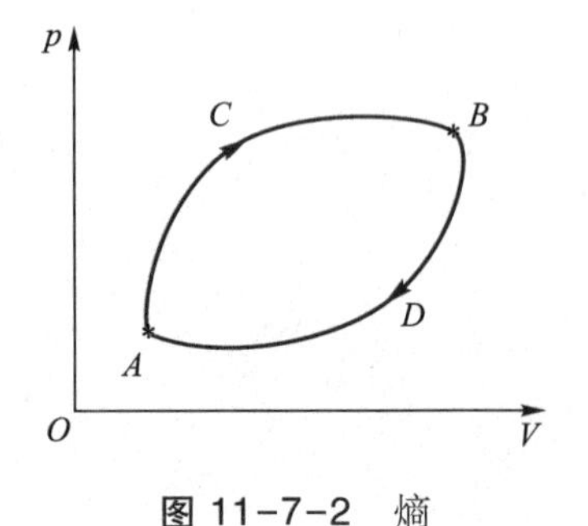

图 11-7-2 熵

如图 11-7-2 所示，设热力学系统从初态 A 出发沿可逆过程 ACB 到达 B 点，再沿可逆过程 BDA 回到 A 点。由式(11-7-3)得

$$\oint\frac{\mathrm{d}Q}{T}=\int_{ACB}\frac{\mathrm{d}Q}{T}+\int_{BDA}\frac{\mathrm{d}Q}{T}=0$$

由于是可逆过程，则

$$\int_{BDA}\frac{\mathrm{d}Q}{T}=-\int_{ADB}\frac{\mathrm{d}Q}{T}$$

由此可以推出

$$\int_{ACB}\frac{\mathrm{d}Q}{T}=\int_{ADB}\frac{\mathrm{d}Q}{T}$$

上式说明经历可逆过程，$\int\frac{\mathrm{d}Q}{T}$仅与该过程的初状态和末状态有关，而与过程无关，类比内能这个态函数的定义，这里引入一个新的态函数 S，称为**熵**。这样任意两个状态 A、B 的态函数熵的变化为

$$S_B-S_A=\int_A^B\frac{\mathrm{d}Q}{T} \tag{11-7-4}$$

熵的国际单位为焦耳每开尔文，符号为 J/K。实际中的热力学过程都是不可逆的，因此需要人为设计一个可逆过程来计算实际系统的熵变。

11.7.3 熵增加原理

以图 11-7-3 为例，来考虑一个循环过程。设 ACB 过程为不可逆过程，BDA 过程为可逆过程。

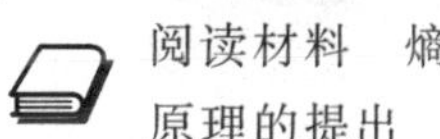

由卡诺定理，不可逆循环的效率

$$\eta'=1-\frac{Q_2}{Q_1}<1-\frac{T_2}{T_1}$$

把 Q 规定为代数值，且吸热为正，放热为负，则上式变为

$$\frac{Q_1}{T_1}+\frac{Q_2}{T_2}<0$$

由此可得

$$\sum_{i=1}^{n}\frac{Q_i}{T_i}<0$$

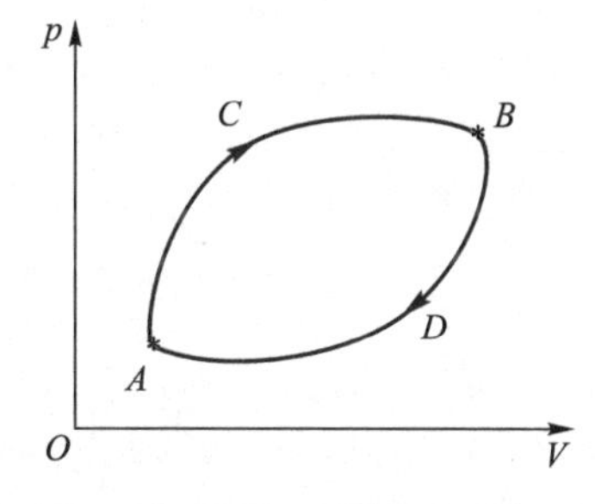

图 11-7-3　不可逆过程的熵

对任意的不可逆循环过程，则有

$$\oint\frac{\mathrm{d}Q}{T}<0 \tag{11-7-5}$$

将式(11-7-5)应用于图 11-7-3 所示的循环过程，则有

$$\oint \frac{dQ}{T} = \int_{AC}^{B} \frac{dQ}{T} + \int_{BD}^{A} \frac{dQ}{T} < 0$$

即

$$\int_{AC}^{B} \frac{dQ}{T} < -\int_{BD}^{A} \frac{dQ}{T} = \int_{AD}^{B} \frac{dQ}{T}$$

由于

$$S_B - S_A = \int_{AD}^{B} \frac{dQ}{T}$$

则有

$$S_B - S_A > \int_{AC}^{B} \frac{dQ}{T} \qquad (11-7-6)$$

这是任意的热力学过程所遵从的关系式。式(11-7-6)表明,系统在经过任意过程的熵的增量大于从热源吸收的热量和热源温度之比。

对于无穷小的过程,微分式为

$$dS \geqslant \frac{dQ}{T} \qquad (11-7-7)$$

如果过程是绝热的,则 $dQ=0$,则有

$$\Delta S>0 \qquad (11-7-8)$$

这就是**熵增加原理**。熵增加原理指出,当热力学系统从一个平衡态到达另一个平衡态,它的熵永不减少,即孤立系统或绝热系统中,$dS<0$ 的过程是不可能发生。$dS>0$ 的过程自动进行,当熵达到最大,$dS=0$ 时,自发过程停止,孤立系统达到平衡态。因此可以根据孤立系统熵的变化,来判断孤立系统的热力学过程进行的方向和所能达到的程度。

熵增加原理常用的表述为:**一个孤立系统或绝热系统的熵永不减少**。

内容小结

1. 准静态过程功的计算

$$W = \int_{V_1}^{V_2} p\mathrm{d}V$$

2. 热力学第一定律：$Q=\Delta E+W$

$W>0$ 系统做正功（体积膨胀），$W<0$ 系统做负功（体积缩小）；$\Delta E>0$ 系统内能增加（温度升高），$\Delta E<0$ 系统内能减小（温度降低）；$Q>0$ 系统吸热，$Q<0$ 系统放热。

3. 摩尔热容：1 mol 理想气体温度升高 1 K 所吸收的热量。（与具体的过程有关）

理想气体的摩尔定容热容：$C_{V,\mathrm{m}}=\dfrac{i}{2}R$

理想气体的摩尔定压热容：$C_{p,\mathrm{m}}=\dfrac{i+2}{2}R$；$C_{p,\mathrm{m}}-C_{V,\mathrm{m}}=R$

比热：$\gamma=\dfrac{C_{p,\mathrm{m}}}{C_{V,\mathrm{m}}}$

4. 物质的量为 ν 的理想气体温度升高 $\mathrm{d}T$，系统内能变化 $\mathrm{d}E=\nu C_{V,\mathrm{m}}\mathrm{d}T$

5. 理想气体准静态过程主要公式

过程	等容	等压	等温	绝热
W	0	$p(V_2-V_1)$	$\nu RT\ln\dfrac{V_2}{V_1}$	$-\nu C_{V,\mathrm{m}}(T_2-T_1)$
ΔE	$\nu C_{V,\mathrm{m}}(T_2-T_1)$	$\nu C_{V,\mathrm{m}}(T_2-T_1)$	0	$\nu C_{V,\mathrm{m}}(T_2-T_1)$
Q	$\nu C_{V,\mathrm{m}}(T_2-T_1)$	$\nu C_{p,\mathrm{m}}(T_2-T_1)$	$\nu RT\ln\dfrac{V_2}{V_1}$	0
过程方程	$\dfrac{p}{T}=$常量	$\dfrac{V}{T}=$常量	$pV=$常量	$pV^{\gamma}=$常量 $V^{\gamma-1}T=$常量 $p^{\gamma-1}T^{-\gamma}=$常量

6. 热机效率 η 和制冷系数 e

$$\eta=\frac{W}{Q_1}=1-\frac{Q_2}{Q_1};$$

$$e=\frac{Q_2}{W}=\frac{Q_2}{Q_1-Q_2}$$

7. 熵

克劳修斯熵

$$S_B - S_A = \int_A^B \frac{dQ}{T} \text{ 或 } dS = \frac{dQ}{T}$$

熵增加原理：孤立系统的熵永不减少，$\Delta S \geqslant 0$。孤立系统中的可逆过程，其熵不变；孤立系统中的不可逆过程，其熵增加。

习题 11

11-1　如习题11-1图所示为1 mol的理想气体的 $T-V$ 图，ab 为直线，其延长线通过原点 O。求在 ab 过程中，气体对外做的功。

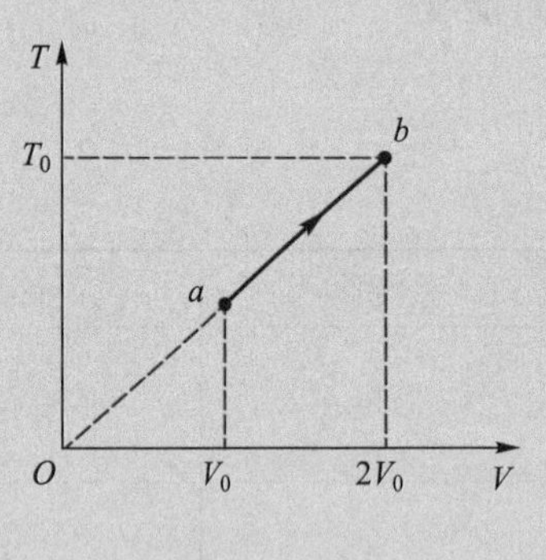

习题 11-1 图

11-2　1 mol的空气从热源吸收了热量 2.66×10^5 J，其内能增加了 4.18×10^5 J。求在这一过程中，气体做的功，并问是气体对外界做功，还是外界对气体做功？

11-3　如习题11-3图所示，一系统由状态 a 沿 acb 到达状态 b 的过程中，有350 J热量传入系统，而系统做功126 J。(1) 若沿 adb 时，系统做功42 J，求传入系统的热量；

(2) 若系统由状态 b 沿曲线 ba 返回状态 a 时，外界对系统做功84 J，求传入系统的热量，并问系统是吸热还是放热？

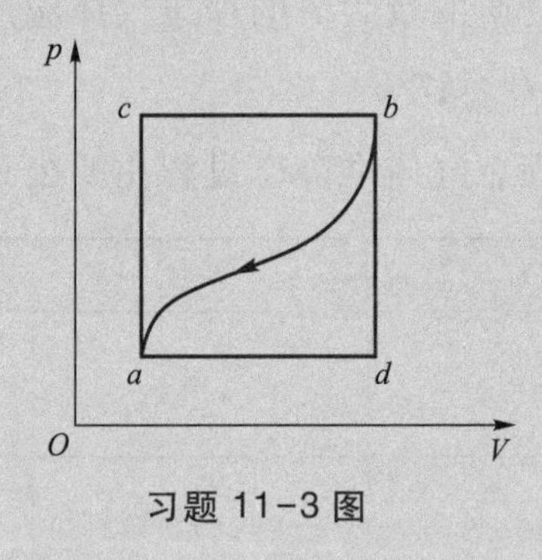

习题 11-3 图

11-4　将500 J的热量传给标准状况下的2 mol氢气。求：(1) V 不变，氢气的温度 T；(2) T 不变，氢气的 p、V；(3) p 不变，氢气的 T、V。

11-5　质量为 2.8×10^{-3} kg、压强为 1.013×10^5 Pa、温度为27 ℃的氮气，先在体积不变的情况下使其压强增至 3.039×10^5 Pa，再经等温膨胀使其压强降至 1.013×10^5 Pa，然后又在等压过

程中将体积压缩一半。求氮气在全部过程中的内能变化，做的功以及吸收的热量，并画出 $p-V$图。

11-6 1 mol 氢气在压强为 1.013×10^5 Pa，温度为 20 ℃时的体积为 V_0，今使其经历以下两种过程到达同一状态：(1) 先保持体积不变，加热使其温度升高到 80 ℃，然后令其作等温膨胀，体积变为原来的 2 倍；(2) 先使其作等温膨胀至原体积的 2 倍，然后保持体积不变，升温至 80 ℃。求两种过程中气体内能的增量、所做的功和吸收的热量，并在 $p-V$ 图中作出两过程的曲线。

11-7 一气缸内储有 10 mol 的单原子理想气体，外力压缩气体做的功为 209 J，气体温度升高 1 ℃。求气体内能增量和所吸收的热量。

11-8 2 mol 单原子理想气体初状态 A 的温度为 27 ℃，体积为 20 L，系统先作等压膨胀至状态 $B(V_B=2V_A)$，后作绝热膨胀至状态 $C(t_C=t_A)$，求(1) $p-V$ 图；(2) 各个过程的功、内能增量和热量。

11-9 0.032 kg 的氧气作如习题 11-9 图所示的循环 $abcda$。设 $V_2=2V_1$，da 为等温过程，$T_1=300$ K，bc 为等温过程，$T_2=400$ K。求：(1) 整个循环过程的吸热、放热和做的净功；(2) 循环效率。

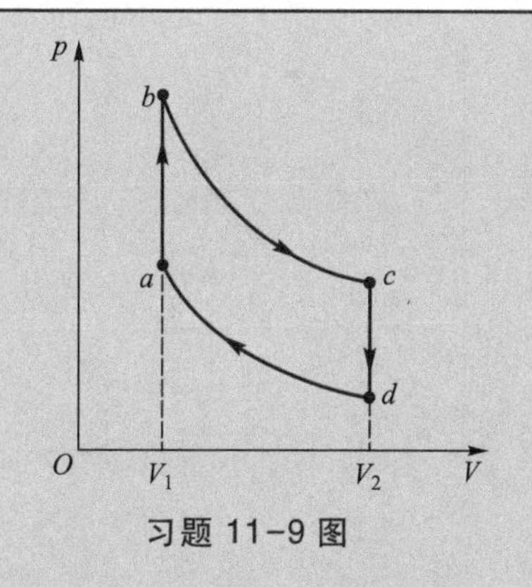

习题 11-9 图

11-10 一定量的 CO_2 理想气体经如习题 11-10 图所示的循环过程，已知气体在状态 A 的温度 $T_A=300$ K，试求：(1) 气体在状态 B、C 的温度；(2) 各个过程中气体所做的功；(3) 循环效率。

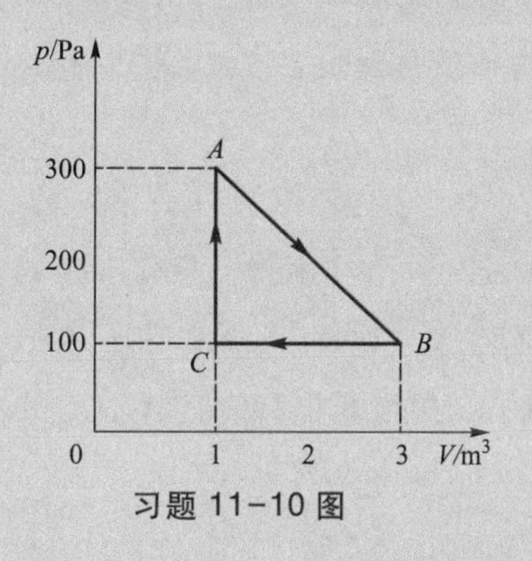

习题 11-10 图

11-11 如习题 11-11 图所示，1 mol 的理想气体作可逆循环，其中 1—2 过程线为直线，2—3 过程线为绝热线，3—1 过程线为等温线。已知 1—2 过程线与横轴之间的夹角 $\theta=45°$，$T_2=2T_1$，$V_3=8V_1$，摩尔定容热容为 $C_{V,m}=\dfrac{5}{2}R$。求：(1) 气体在各个过程中所做的功、内能的增量和传递的热量。(2) 该理想气体的循环效率。

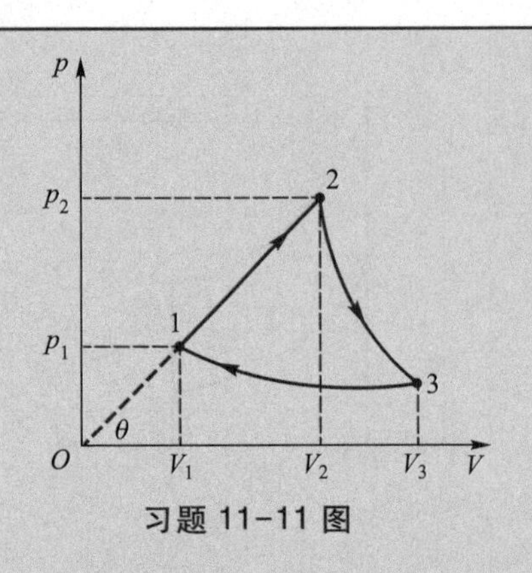

习题 11-11 图

11-12 1 mol 理想气体在 $T_1 = 400$ K 的高温热源与 $T_2 = 300$ K 的低温热源间作卡诺循环（可逆的），在 400 K 的等温线上初始体积为 $V_1 = 0.001\ \mathrm{m}^3$，最终体积为 $V_2 = 0.005\ \mathrm{m}^3$，试求该气体在此循环中从高温热源吸收的热量 Q_1、气体传给低温热源的热量 Q_2 和气体所做的净功 W。

11-13 一卡诺循环的热机，高温热源温度是 400 K。每一循环从此热源吸进 100 J 热量并向一低温热源放出 80 J 热量。求：(1) 低温热源温度；(2) 该循环的热机效率。

11-14 如习题 11-14 图所示，一定量的理想气体，沿 $a \to b \to c \to a$ 循环，请填写下表。

过程	内能增量 ΔE/J	对外做的功 W/J	吸收热量 Q/J
$a \to b$	1 000		
$b \to c$		1 500	
$c \to a$		-500	
$abca$	$\eta =$		

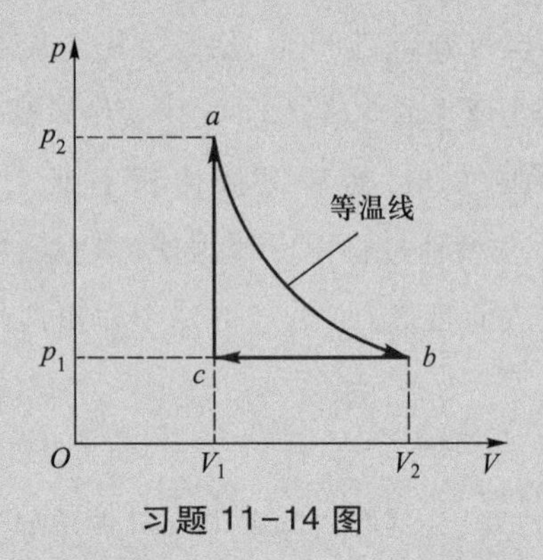

习题 11-14 图

11-15 制冷机工作时，其冷藏室中的温度为 -10 ℃，其放出的冷却水的温度为 11 ℃。若按理想卡诺制冷循环计算，求此制冷机每消耗 10^3 J 的功时，可以从冷藏室中吸收多少热量？

11-16 一个人大约一天向周围环境散发 8×10^4 J 热量，试估算人一天产生多少熵。（不计人进食时带入体内的熵，环境的温度取 273 K。）

第十二章　狭义相对论

19世纪末期，经典物理学已经建立起了完整的理论，可以说已达到了相当完美、成熟的程度。因此不少物理学家认为，物理学理论的骨架已经完成，今后的工作，只不过是扩大这些理论的应用范围以及提高实验的精确度。开尔文说：“物理学的大厦已经全部建成，今后物理学家的任务就是修饰、完善这座大厦了。”但这位热力学温标的创始人在欢庆物理大厦完成的同时，接着又指出：“但是在物理学的晴朗天空中，还有两朵小小的令人不安的乌云。”狭义相对论和量子力学的建立驱散了这两朵“乌云”，开创了物理学中一场深刻的革命。狭义相对论的创立完全颠覆了人们对时空的认识，它是研究高能物理和微观粒子的基础。

第十二章　数字资源

本章内容提要

1. 理解爱因斯坦狭义相对论的两条基本原理，以及在此基础上建立起来的洛伦兹变换式。

2. 理解狭义相对论中同时的相对性，以及长度收缩和时间延缓的概念；理解牛顿力学的时空观和狭义相对论的时空观以及两者的差异。

3. 理解狭义相对论中质量、动量与速度的关系，以及质量与能量的关系。

12.1 经典力学的绝对时空观

12.1.1 伽利略变换

在牛顿力学中，对于不同的惯性参考系，对物体运动状态的描述存在着一定的变换关系。

如图 12-1-1 所示，两个惯性参考系 S($Oxyz$)与 S′($O'x'y'z'$)，它们对应的坐标轴相互平行，且 S′系相对 S 系以速度 $\boldsymbol{v}$ 沿 Ox 轴正方向运动。$t=0$ 时刻，S 系和 S′系重合。由牛顿力学可知，任意时刻 t，空间任一点 P 在两个惯性参考系中的位置坐标和时间关系如下：

$$\begin{cases} x'=x-vt \\ y'=y \\ z'=z \\ t'=t \end{cases} \tag{12-1-1}$$

上式为**牛顿力学中的时空坐标变换公式**，也称为**伽利略时空变换公式**。

式(12-1-1)也可以变换成

$$\begin{cases} x=x'+vt \\ y=y' \\ z=z' \\ t=t' \end{cases} \tag{12-1-2}$$

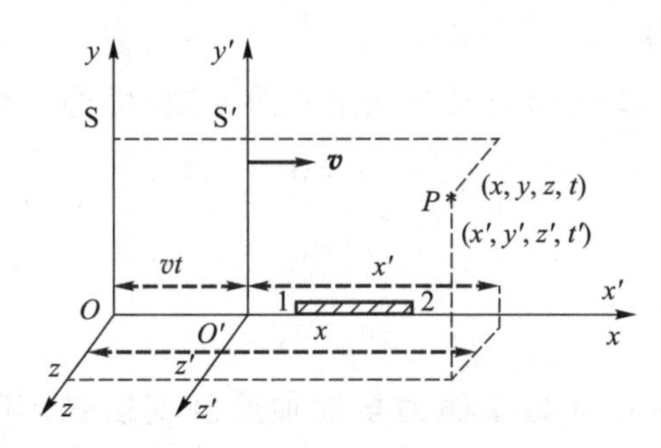

图 12-1-1 惯性参考系 S′相对惯性参考系 S 运动

上式称为**伽利略时空逆变换公式**。

现有一根细棒，在 S′系中沿 $O'x'$轴放置，棒两端在 S′系和 S 系中的坐标分别为 x_1'、x_2'和 x_1、x_2，由式(12-1-1)可得

$$x_1'=x_1-vt,\quad x_2'=x_2-vt$$

由此得

$$x_2'-x_1'=x_2-x_1$$

上式表明，在两个相对作匀速运动的惯性参考系中分别测量同一物体的长度时，依据伽利略变换，两参考系中测量得到的物体的长度是相等的，与两惯性参考系的相对运动速度 $\boldsymbol{v}$ 无关。由此可知，在牛顿力学中：空间和时间彼此独立，空间和时间的测量都是绝对的，这称为**牛顿力学的绝对时空观**。

把式(12-1-1)中的位置坐标关系对时间求一阶导数，可得

$$\begin{cases}u_x'=u_x-v\\u_y'=u_y\\u_z'=u_z\end{cases}\qquad(12\text{-}1\text{-}3a)$$

其中 u_x'、u_y'、u_z'为 P 点在 S′系中运动的速度分量，u_x、u_y、u_z 为 P 点在 S 系中运动的速度分量。式(12-1-3a)为 P 点在两个惯性参考系中的速度变换关系，称为**牛顿力学的速度变换式**。其矢量表达式为

$$\boldsymbol{u}'=\boldsymbol{u}-\boldsymbol{v}\qquad(12\text{-}1\text{-}3b)$$

上式表明，**在两个相对运动的惯性参考系中测得质点的速**

度是不同的。

把式(12-1-3a)对时间求一阶导数,可得

$$\begin{cases} a_x' = a_x \\ a_y' = a_y \\ a_z' = a_z \end{cases} \qquad (12-1-4a)$$

式(12-1-4a)称为**牛顿力学的加速度变换式**,其矢量表达式为

$$\boldsymbol{a}' = \boldsymbol{a} \qquad (12-1-4b)$$

上式表明,**在两个相对运动的惯性参考系中测得质点的加速度是相同的,即对不同的惯性系而言,牛顿运动定律的形式不变**。表达形式如下:

$$\boldsymbol{F} = m\boldsymbol{a}, \quad \boldsymbol{F}' = m\boldsymbol{a}'$$

由此可以推断出,对于所有的惯性系,牛顿力学的规律都具有相同的形式。这就是**牛顿力学的相对性原理**。上述结论在宏观、低速的空间与实验结果一致。

12.1.2 绝对时空观及其局限性

牛顿力学认为:(1) 空间与物质的运动无关,是永恒不变,绝对静止的;(2) 时间也与物质的运动无关,在永恒地、均匀地流逝着,时间是绝对的;(3) 空间距离和时间间隔与惯性系无关,是绝对的。

然而,随着科学的发展,人们发现牛顿力学的绝对时空观存在着局限性。19 世纪末,麦克斯韦电磁场理论预言了电磁波的存在,同时推算出电磁波在真空中的传播速度是一个常量,并不符合牛顿力学中的伽利略变换式。1887 年,美国物理学家迈克耳孙与莫雷合作,进行了著名的迈克耳孙-莫雷实验,以此想证明光速的变化,结果实验却证实了光速不变。狭义相对论否定了这种绝对时空观,并建立了新的时空概念。

阅读材料 迈克耳孙-莫雷实验

12.2　狭义相对论的基本原理

阿尔伯特·爱因斯坦(Albert Einstein,1879—1955)是20世纪最伟大的物理学家,是近代物理的开创者和奠基人。1902—1909年期间,爱因斯坦在瑞士伯尔尼专利局工作,其中1905年是他硕果累累的一年,这一年结束时,爱因斯坦已经发表了三篇非常重要的论文:《关于光的产生和转化的一个推测性的观点》提出了光量子假说,解决了光电效应问题(他也因此于1921年获得诺贝尔物理学奖);《分子大小的新测定法》证明了分子的存在;《论动体的电动力学》提出了狭义相对论的理论。1905年是他震惊世界的一年,开创了物理的新纪元,推动了整个物理学理论的革命。1913年,他发表了《广义相对论纲要和引力理论》,提出了引力的度规场理论。1917年,他用广义相对论研究整个宇宙的时空结构,发表了《根据广义相对论对宇宙学所作的考查》,开创了宇宙学研究的新纪元,导致宇宙膨胀理论的建立,并于1946年后发展成为宇宙大爆炸理论。

12.2.1　狭义相对论的基本原理

爱因斯坦在深入研究牛顿力学和麦克斯韦电磁场理论的基础上,认为相对性原理具有普适性。1905年,在《论动体的电动力学》论文中,他摒弃了“以太”的假说和绝对参考系的假设,认为光速是一个常量,与惯性系的选取无关,提出了狭义相对论的两条基本原理:

(1) **狭义相对性原理:在所有的惯性参考系中,物理定律都具有相同的表达形式,即所有的惯性参考系对运动的描述都是等效的。**也就是说,运动的描述只有相对意义,绝对静止的参考系是不存在的。如在一辆匀速行驶的火车上,无论怎么观察列车中人们的活动,你都无法判断这辆列车是否运动或者运动得有多快。

(2) **光速不变原理:在所有惯性参考系中,真空中的光速都是相同的,为一常量,且与光源或者观察者的运动无关。**对于一切惯性参考系,光速都是相同的,这与伽利略速度变化公式相矛盾。如打开以 1 000 m/s 速率飞过地球的航天器上的探照灯,航天器上的观察者测出探照灯发出的光的速率为 c,然而根据伽利略速度变换公式,地球上的观察者测量同一束光的速率为 c+1 000 m/s,这一理论结果是与实际观测相矛盾的。

狭义相对论的这两条基本原理是否正确,最终将通过以它们所导出的结果与实验事实是否相符来判定。

12.2.2 洛伦兹变换式

按照狭义相对论的基本原理,伽利略变换不再适用,因此需要寻找一个满足狭义相对论基本原理的变换式。爱因斯坦推导出了这个变换式,我们一般称之为**洛伦兹变换**。

有两个相对运动的惯性参考系 S 与 S′,时刻 $t=0$,S 系和 S′系重合。接下来,S′系相对 S 系以速度 $\boldsymbol{v}$ 沿 Ox 轴正方向运动,如图 12-2-1 所示。若有一个事件发生在 P 点,它在惯性系 S 的位置坐标为 x、y、z,时间为 t;而在惯性系 S′的位置坐标为 x'、y'、z',时间为 t',则该事件在两个惯性参考系 S 与 S′中的时空坐标变换关系为

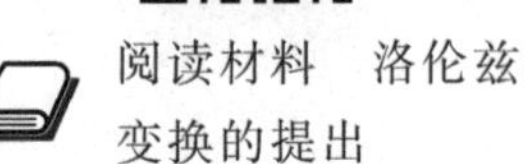

阅读材料 洛伦兹变换的提出

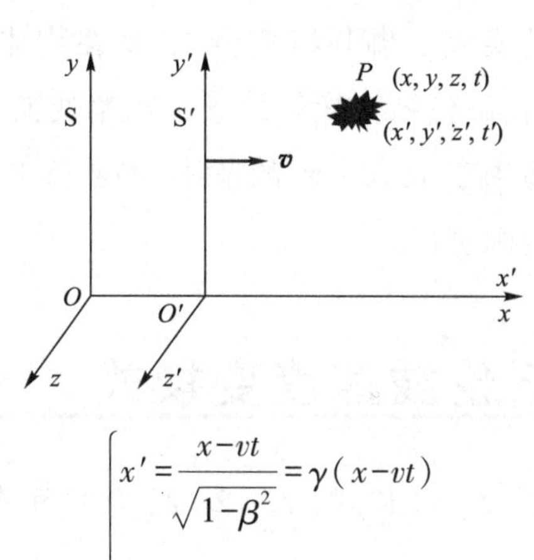

图 12-2-1 洛伦兹变换

$$\begin{cases} x'=\dfrac{x-vt}{\sqrt{1-\beta^2}}=\gamma(x-vt) \\ y'=y \\ z'=z \\ t'=\dfrac{t-\dfrac{v}{c^2}x}{\sqrt{1-\beta^2}}=\gamma\left(t-\dfrac{v}{c^2}x\right) \end{cases} \tag{12-2-1}$$

其中 c 为真空中的光速，$\beta=\dfrac{v}{c}$，$\gamma=\dfrac{1}{\sqrt{1-\beta^2}}$为**洛伦兹因子**。由式(12-2-1)可推出 x、y、z 和 t，即式(12-2-1)的逆变换式为

$$\begin{cases} x=\dfrac{x'+vt'}{\sqrt{1-\beta^2}}=\gamma(x'+vt') \\ y=y' \\ z=z' \\ t=\dfrac{t'+\dfrac{v}{c^2}x'}{\sqrt{1-\beta^2}}=\gamma\left(t'+\dfrac{v}{c^2}x'\right) \end{cases} \tag{12-2-2}$$

式(12-2-1)和式(12-2-2)分别称为**洛伦兹的正变换式**和**洛伦兹的逆变换式**。在洛伦兹变换式中，空间坐标依赖时间，时间也依赖空间坐标，时间和空间不再彼此独立，而是相互关联的，这与伽利略变换迥然不同。

由式(12-2-1)和式(12-2-2)可知，当两个惯性参考系的相对运动速度 $v \ll c$ 时，$\beta \ll 1$，即洛伦兹因子 $\gamma \approx 1$，洛伦

兹变换式就转换成了伽利略变换式，即在物体的运动速度远小于光速时，洛伦兹变换等效于伽利略变换。由此表明，牛顿力学仅适用于低速运动的范围，而狭义相对论比牛顿力学的应用范围更广。

12.2.3 洛伦兹速度变换式

把式(12-2-1)和式(12-2-2)对时间求一阶导数，可得

$$\begin{cases} u_x' = \dfrac{u_x - v}{1 - \dfrac{v}{c^2}u_x} \\ u_y' = \dfrac{u_y}{\gamma\left(1 - \dfrac{v}{c^2}u_x\right)} \\ u_z' = \dfrac{u_z}{\gamma\left(1 - \dfrac{v}{c^2}u_x\right)} \end{cases} \tag{12-2-3}$$

其中 u_x、u_y、u_z 为 P 点在惯性参考系 S 中的速度；u_x'、u_y'、u_z'为 P 点在惯性参考系 S′中的速度。式(12-2-3)称为**洛伦兹速度正变换式**。我们还可以写出**洛伦兹速度逆变换式**，如下所示

$$\begin{cases} u_x = \dfrac{u_x' + v}{1 + \dfrac{v}{c^2}u_x'} \\ u_y = \dfrac{u_y'}{\gamma\left(1 + \dfrac{v}{c^2}u_x'\right)} \\ u_z = \dfrac{u_z'}{\gamma\left(1 + \dfrac{v}{c^2}u_x'\right)} \end{cases} \tag{12-2-4}$$

比较式(12-2-3)和式(12-1-3a)可以看出，当 $v \ll c$

时,式(12-2-3)转化成了式(12-1-3a),由此可知,式(12-1-3a)仅适用于低速运动的物体。若在惯性参考系 S 中,一物体以 $u_x=c$ 运动,则在惯性参考系 S′中的速度 $u'_x=c$,这与狭义相对论第二条基本原理一致,即**光对于 S 系和 S′系的速度相等**。

12.3 狭义相对论的时空观

洛伦兹时空变换式与伽利略时空变换式截然不同,因此得出许多令人惊奇的结论,然而这些结论却被近代高能物理实验所证实。

12.3.1 同时的相对性

在牛顿力学中,时间是绝对的,因此在惯性参考系 S 中同时观察到的两个事件,在另一惯性参考系 S′也是同时观察到的。但是在狭义相对论中,两个在惯性系 S 中同时观察到的事件,在惯性系 S′一般不是同时观察到的,即“同时”在不同的参考系中不再是绝对了。

教学视频 狭义相对论时空观

为了说明同时的相对性,这里引入一个爱因斯坦理想实验,如图 12-3-1 所示。设一车厢(惯性系 S′)相对于地面(惯性系 S)以速率 v 沿 Ox 轴正向运动。车厢正中央的灯闪了一下后,光信号同时向车厢两头镜面 A 和镜面 B 传播。对于车厢惯性系 S′中的观察者,光向镜面 A 和镜面 B 传播速率是相同的,光信号将同时到达 A 和 B,即车厢两端同时接收到光信号。然而,对于地面惯性系 S 中的观察者,A 以速率 v 迎向光运动,B 以速率 v 背离光运动。由于光速恒定,则光信号到达 A 要比到达 B 早一些,即车厢两端接收

阅读材料 爱因斯坦创建狭义相对论的基本思路

到光信号不是同时的。

以上分析表明不存在与惯性无关的绝对时间,这就是**同时的相对性**。它是由相对性原理和光速不变原理导出的必然结果。

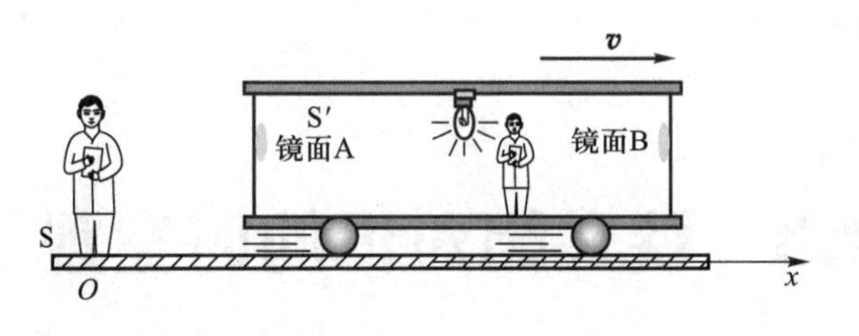

图 12-3-1 同时的相对性理想实验

12.3.2 长度收缩效应

在牛顿力学中,空间的测量是绝对的。不同惯性系中观察空间两点之间的距离或某个物体的长度是相同的。那么在狭义相对论中,情况又是怎样的呢?

设有两个惯性参考系 S 和 S′,S′系相对 S 系以速度 $\boldsymbol{v}$ 沿 Ox 轴正方向运动。一尺子沿 $O'x'$轴方向静止放置在 S′系中,如图 12-3-2 所示。由于同时的相对性,需要同时测量尺子两端的位置。若 S′系中的观察者同时测得尺子两端的坐标为 x_1'和 x_2',则尺子的长度为 $l'=x_2'-x_1'$。定义在相对尺子静止的参考系中测得的尺子长度为其**固有长度** l_0,则 $l'=l_0$。在 S 系中的观察者同时测得尺子两端的坐标为 x_1 和 x_2,则 S 系中尺子的长度为 $l=x_2-x_1$。由式(12-2-1),得

$$x_1'=\frac{x_1-vt_1}{\sqrt{1-\beta^2}} \qquad x_2'=\frac{x_2-vt_2}{\sqrt{1-\beta^2}}$$

上式中 $t_1=t_2$。两式相减可得

$$x_2'-x_1'=\frac{x_2-x_1}{\sqrt{1-\beta^2}}$$

即

$$l=l_0\sqrt{1-\beta^2} \tag{12-3-1}$$

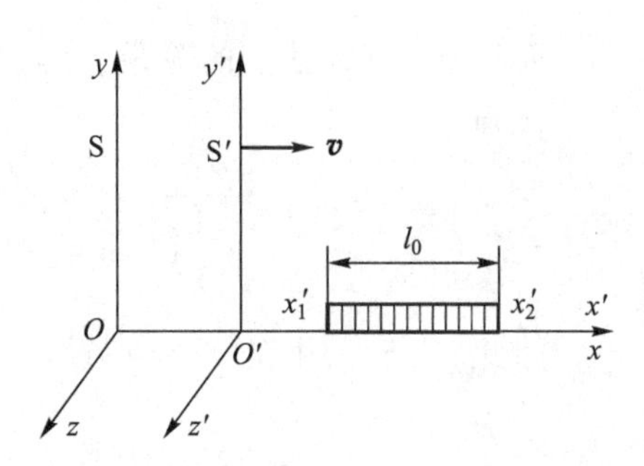

图 12-3-2 长度的相对性

由于$\sqrt{1-\beta^2}<1$，因此 $l<l_0$。式(12-3-1)说明，尺子相对 S 系运动时，从 S 系中测得的尺子长度 l 比从相对尺子静止的 S′系中测得的长度 l_0 短，**物体沿运动方向发生的收缩**称为**洛伦兹收缩**。长度收缩并不符合日常经验，但是真实发生的。生活中相对运动速率 v 远小于光速 c，β 趋近于零，因此在低速条件下 $l\approx l_0$，趋近于牛顿力学中得出的 $l=l_0$。然而，当 v 与光速 c 相当时，$\sqrt{1-\beta^2}$ 明显小于 1，因此 l 显著小于 l_0。

例 12-3-1

一艘飞船以 $0.990c$ 的速率飞过地球，一名飞船上的观察者测出飞船的长度为 450 m。求在地球上的观察者测出飞船的长度。

解 由式(12-3-1)可得

$$l=l_0\sqrt{1-\left(\frac{v}{c}\right)^2}=450\times\sqrt{1-0.990^2}\ \text{m}\approx 63.48\ \text{m}$$

即在地球上的观察者测得飞船的长度为只有 63.48 m。

例 12-3-2

1 m 长的尺子静止于 S′系中，尺子与 $O'x'$轴之间的夹角为 60°，且 S′系相对 S 系沿 Ox 轴正方向以 $0.8c$ 的速度运动。求在 S 系中测得尺子的长度。

解 尺子在S′系中的长度为1 m，与$O'x'$轴之间的夹角为60°，则尺子长度在$O'x'$轴和$O'y'$轴上的分量分别为

$$l'_x = l'\cos 60° = \frac{1}{2}\ \text{m},\quad l'_y = l'\sin 60° = \frac{\sqrt{3}}{2}\ \text{m}$$

由于S′系沿Oy轴的相对S系的速度为零，故从S系的观察者来看，尺子在Oy轴上的分量l_y与l'_y相等，即

$$l_y = l'_y = \frac{\sqrt{3}}{2}\ \text{m}$$

而尺子在Ox轴上的分量，由式(12-3-1)可得

$$l_x = l'_x\sqrt{1-\beta^2} = \frac{1}{2}\sqrt{1-\left(\frac{4}{5}\right)^2}\ \text{m} = \frac{1}{2}\times\frac{3}{5}\ \text{m} = 0.3\ \text{m}$$

因此，从S系中的观察者看来，尺子的长度为

$$l = \sqrt{l_x^2 + l_y^2} = \sqrt{\left(\frac{3}{10}\right)^2 + \left(\frac{\sqrt{3}}{2}\right)^2}\ \text{m} \approx 91.65\ \text{cm}$$

12.3.3 时间延缓效应

在狭义相对论中，时间间隔也不是绝对的。不同参考系中，时间流逝得快慢不一样，导致不同参考系中时钟走得快慢不同。

设在S′系中的观察者测量了在空间同一地点发生的两个事件的时间间隔。事件1是位于B点的光源在时刻t'_1发出一束光；事件2是在时刻t'_2，这束光从相距为d的镜子反射回到B点，如图12-3-3所示。这两个事件的时间间隔为$\Delta t = t'_2 - t'_1$，常称为**固有时间** $\boldsymbol{\Delta t_0}$。从相对S′系且沿$O'x'$轴方向，以速度$\boldsymbol{v}$运动的S系中来看，时钟记录这两个事件发生的时间分别为t_1和t_2，根据式(12-2-2)洛伦兹变换可得

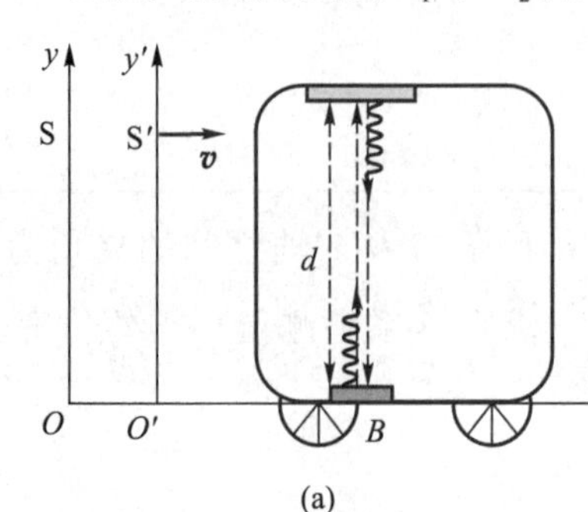

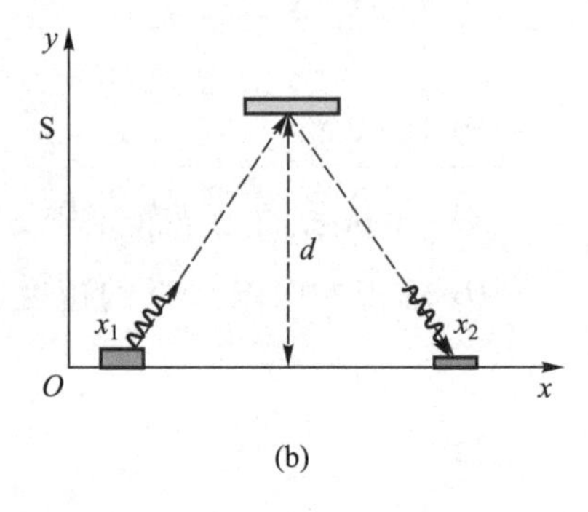

图 12-3-3 时间的相对性

$$t_1=\gamma\left(t_1'+\frac{vx'}{c^2}\right)\quad t_2=\gamma\left(t_2'+\frac{vx'}{c^2}\right)$$

于是

$$\Delta t=t_2-t_1=\gamma(t_2'-t_1')=\gamma\Delta t'$$

或

$$\Delta t=\frac{\Delta t'}{\sqrt{1-\beta^2}}=\frac{\Delta t_0}{\sqrt{1-\beta^2}} \qquad (12-3-2)$$

由式(12-3-2)可知，由于$\sqrt{1-\beta^2}<1$，故 $\Delta t>\Delta t_0$。由此可见，静止参考系的时钟比运动参考系中的时钟走得快，即运动的时钟走慢了，称为**时间延缓效应**。需要强调的是，“固有时间”描述的是同一地点发生的两个事件之间的时间间隔 Δt_0。

式(12-3-2)中，当 v 远小于光速 c 时，β 趋近于零，则 $\Delta t\approx\Delta t_0$，即两个事件的时间间隔在不同的参考系近似为一绝对量，趋近牛顿力学中得出的 $\Delta t=\Delta t_0$。狭义相对论的时空观表明，时间延缓是一种相对论效应，且时间的流逝不是绝对的，运动将改变时间的进程。

例 12-3-3

高能亚原子粒子从宇宙空间飞入地球高层的大气中，与大气原子相互作用产生不稳定的 μ 子。μ 子以平均寿命衰减为其他粒子。在相对 μ 子静止的参考系中测得其平均寿命为 2.20 μs。如果 μ 子以 0.990c 的速率相对地球运动，求地球上的观察者测得的 μ 子平均寿命。

解 由题意可知，μ 子在静止 S′系的平均寿命为固有寿命，则在地球参考系中测得 μ 子的平均寿命由式(12-3-2)可得

$$\Delta t=\frac{\Delta t_0}{\sqrt{1-\beta^2}}=\frac{2.20}{\sqrt{1-0.990^2}}\ \mu\text{s}\approx 15.6\ \mu\text{s}$$

则地球上的观察者测量 μ 子的平均寿命为 15.6 μs，大约为自身参考系中平均寿命的 7 倍，此即时间延缓效应，这一预测已经被实验证实。

12.4 相对论的动力学关系

12.4.1 相对论动量和质量

在牛顿力学中，一质量为 m，速度为 $\boldsymbol{v}$ 的质点，其动量表达式为

$$\boldsymbol{p}=m\boldsymbol{v} \tag{12-4-1}$$

对于由许多质点组成的系统，总动量为所有质点的动量的矢量和，即

$$\boldsymbol{p}=\sum_i \boldsymbol{p}_i=\sum_i m\boldsymbol{v}_i$$

当系统所受合外力为零时，总动量守恒，即

$$\boldsymbol{p}=\sum_i \boldsymbol{p}_i=\sum_i m\boldsymbol{v}_i=\text{常量}$$

在牛顿力学中，质点的质量是一个不随质点速度变化的量。当我们使用伽利略变换公式把速度从一个惯性参考系变到另外一个惯性参考系时，牛顿运动定律在所有惯性参考系中都具有相同的形式。但是，在狭义相对论中，伽利略变换被更为一般的洛伦兹变换替代，因此运动定律、动量和能量的定义也需要更一般的形式，使其适合洛伦兹变换式。

根据狭义相对论的相对性原理和洛伦兹速度变换式，动量守恒表达式要保持在任意惯性系中都不变，质点的动量表达式应为

$$\boldsymbol{p}=\frac{m_0\boldsymbol{v}}{\sqrt{1-\beta^2}}=\gamma m_0\boldsymbol{v} \tag{12-4-2}$$

上式称为**相对论动量的表达式**。式中 m_0 为质点的静质量（质点相对于某惯性系静止时的质量），$\boldsymbol{v}$ 为质点在某一惯性参考系中的运动速度。当质点速率 v 远小于光速 c 时，有 $\gamma\approx1$，则 $\boldsymbol{p}\approx m_0\boldsymbol{v}$，这与牛顿力学中的动量表达式相同。一

般来说,式(12-4-2)中动量的数值大于 mv,且随着速率趋近光速($v \to c$),动量趋向无穷大,如图 12-4-1 所示。

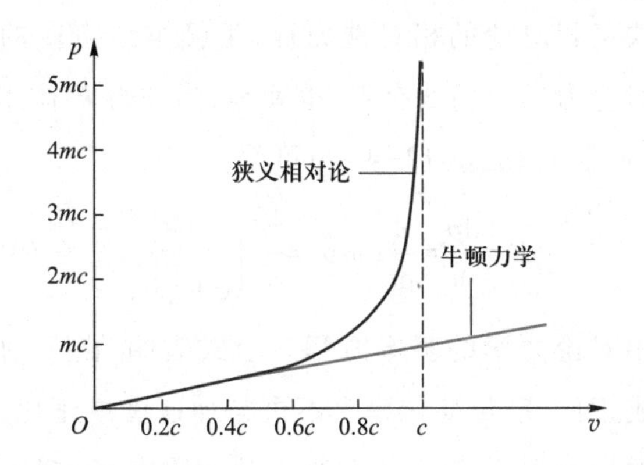

图 12-4-1 相对论动量和牛顿力学动量随速率的变化曲线

为了不改变动量的基本定义,式(12-4-2)常被写成

$$\boldsymbol{p} = m\boldsymbol{v}$$

式中

$$m = \gamma m_0 = \frac{m_0}{\sqrt{1-\beta^2}} \tag{12-4-3}$$

由此可见,在狭义相对论中,质量 m 与速度有关,称为**相对论质量**,如图 12-4-2 所示。式(12-4-3)表明,当质点速率远小于光速时,相对论质量近似等于静质量,即 $m \approx m_0$,可以忽略不同速率质点的质量与静质量的区别,认为其质量为一常量。但是对于微观粒子,它们的运动速率有的可以接近光速,这时质量和静质量就有了很大区别。

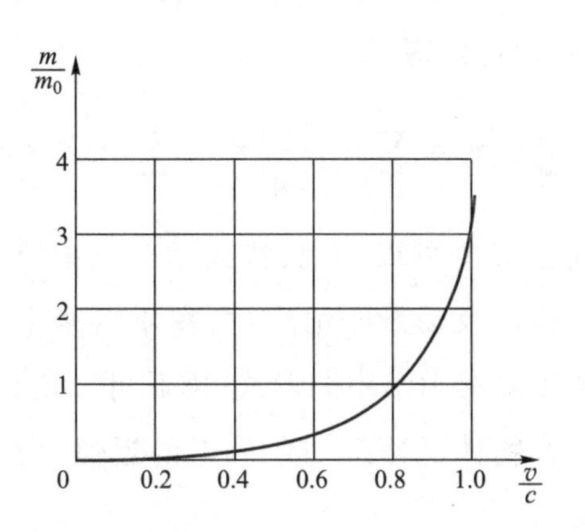

图 12-4-2 质量的相对性

12.4.2 相对论力学的基本方程

由狭义相对论的相对性原理，牛顿第二定律的基本形式在相对论力学中仍然有效，也就是，当外力 $\boldsymbol{F}$ 作用于质量为 m 的质点时，由式(12-4-2)可得

$$\boldsymbol{F}=\frac{\mathrm{d}\boldsymbol{p}}{\mathrm{d}t}=\frac{\mathrm{d}}{\mathrm{d}t}(m\boldsymbol{v})=\frac{\mathrm{d}}{\mathrm{d}t}\left(\frac{m_0\boldsymbol{v}}{\sqrt{1-\beta^2}}\right) \qquad (12-4-4)$$

上式为**相对论力学的基本方程**。上式表明，由于动量不再与速度成正比，动量变化率也不再与加速度成正比，因此恒力产生的加速度不再是恒定的。对于质点系，若系统所受合外力为零，则系统的总动量保持不变，为一常量。在狭义相对论中，动量守恒定律为

$$\boldsymbol{p}=\sum_i m_i\boldsymbol{v}_i=\sum_i \frac{m_{0i}}{\sqrt{1-\beta^2}}\boldsymbol{v}_i=\text{常量} \qquad (12-4-5)$$

当质点速率远小于光速时，$m\approx m_0$，式(12-4-4)可以写成

$$\boldsymbol{F}=\frac{\mathrm{d}(m_0\boldsymbol{v})}{\mathrm{d}t}=m_0\frac{\mathrm{d}\boldsymbol{v}}{\mathrm{d}t}=m_0\boldsymbol{a}$$

上式为经典力学中牛顿第二定律的表达式。动量守恒定律式(12-4-5)也可以写成

$$\boldsymbol{p}=\sum_i m_i\boldsymbol{v}_i=\sum_i \frac{m_{0i}}{\sqrt{1-\beta^2}}\boldsymbol{v}_i=\sum_i m_{0i}\boldsymbol{v}_i=\text{常量}$$

从上述推导中可以发现，狭义相对论中质量、动能、力学的基本方程以及动量守恒定律，在质点速率远小于光速时均变换成了经典力学中的形式，因此可以说，牛顿力学是狭义相对论在物体低速运动条件下的近似，因此它们具有普遍的意义。

12.4.3 相对论功和能量

同牛顿力学一样，元功的定义仍为 $\mathrm{d}W=\boldsymbol{F}\cdot\mathrm{d}\boldsymbol{r}$。考虑比较简单的情况，合力与位移方向相同，则力所做的功 $W=\int F\mathrm{d}x$。质点从静止开始运动，当质点速率为 v 时，由动能定理可得

$$\Delta E_{\mathrm{k}}=W=\int F_x\mathrm{d}x=E_{\mathrm{k}}-E_0$$

由于质点在初始时刻静止，则 $E_0=0$，即

$$E_{\mathrm{k}}=\int F_x\mathrm{d}x=\int\frac{\mathrm{d}p}{\mathrm{d}t}\mathrm{d}x=\int v\mathrm{d}p$$

利用 $\mathrm{d}(pv)=p\mathrm{d}v+v\mathrm{d}p$，上式可写为

$$E_{\mathrm{k}}=pv-\int_0^v p\mathrm{d}v$$

代入相对论动量表达式(12-4-2)，则

$$E_{\mathrm{k}}=\frac{m_0v^2}{\sqrt{1-\frac{v^2}{c^2}}}-\int_0^v\frac{m_0v}{\sqrt{1-\frac{v^2}{c^2}}}\mathrm{d}v$$

积分后，最终结果为

$$E_{\mathrm{k}}=\frac{m_0c^2}{\sqrt{1-\frac{v^2}{c^2}}}-m_0c^2 \qquad (12-4-6\mathrm{a})$$

代入相对论质量表达式(12-4-3)，上式还可以写成

$$E_{\mathrm{k}}=mc^2-m_0c^2 \qquad (12-4-6\mathrm{b})$$

上式称为**相对论动能表达式**。上式表明当 $v\to c$ 时，动能趋于无穷大。它与牛顿力学中动能的表达式毫无相似之处。然而当 v 远小于光速 c 时，有

$$\gamma=\left(1-\frac{v^2}{c^2}\right)^{-\frac{1}{2}}=1+\frac{1}{2}\frac{v^2}{c^2}+\frac{3}{8}\left(\frac{v^2}{c^2}\right)^2+\cdots$$

将其代入式(12-4-6a)，可以得出

$$E_k=m_0\left[1+\frac{1}{2}\frac{v^2}{c^2}+\frac{3}{8}\left(\frac{v^2}{c^2}\right)^2+\cdots\right]-m_0c^2$$

$$=\frac{1}{2}m_0v^2+\frac{3}{8}\frac{m_0v^4}{c^2}+\cdots$$

当 v 远小于光速 c 时，上式等号右侧所有项中除第一项以外都非常小，因此可以忽略。由此可得

$$E_k=\frac{m_0c^2}{\sqrt{1-\frac{v^2}{c^2}}}-m_0c^2=\frac{1}{2}m_0v^2$$

上式正是牛顿力学中动能的表达式，如图 12-4-3 所示。

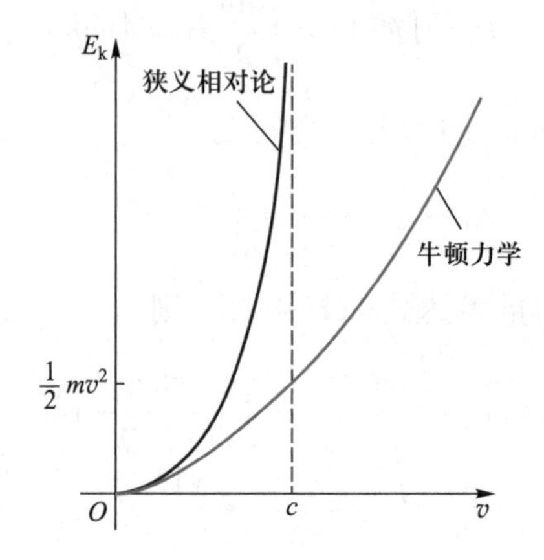

图 12-4-3 相对论动能和牛顿力学动能随速率的变化曲线

式(12-4-6b)包含一项与质点运动无关的能量项 m_0c^2，即使质点静止时也有这一项，这一项称为质点的**静能**。表 12-4-1 给出了一些微观粒子和轻核的静能。它等于总能量与质点动能之差，因此式(12-4-6b)可以改写成

$$mc^2=E_k+m_0c^2 \qquad (12-4-7a)$$

表 12-4-1 一些微观粒子和轻核的静能

粒子	符号	静能/MeV
光子	γ	0
电子(或正电子)	e^-(或 e^+)	0.511
μ 子	$\mu^\pm$	105.7
π 介子	$\pi^\pm$, π^0	139.6, 135.0

续表

粒子	符号	静能/MeV
质子	p	938.272
中子	n	939.565
氘核	^{2}H	1 875.613
氚核	^{3}H	2 808.921
氦核(α 粒子)	^{4}He	3 727.379

用符号 E 代表质点的总能量,则有

$$E=mc^2 \tag{12-4-7b}$$

这就是狭义相对论中的**质能关系式**。它是狭义相对论中的一个重要结论,具有重要的意义。上式表明,如果一个系统的质量变化 Δm 时,无论能量的形式如何,系统对应有能量 ΔE 的改变,且它们之间的关系为

$$\Delta E=(\Delta m)c^2 \tag{12-4-8}$$

上式为核能发电的基本原理。

12.4.4 相对论动量和能量的关系

将相对论动量 p、静能 E_0 和总能量 E 表达式联立,可以消掉质点速度,得到三个物理量之间的关系。

由式(12-4-2)、式(12-4-3)和式(12-4-7b)可得

$$E^2=(mc^2)^2=\left(\frac{m_0c^2}{\sqrt{1-\left(\frac{v}{c}\right)^2}}\right)^2 \qquad p^2=\left(\frac{m_0v}{\sqrt{1-\left(\frac{v}{c}\right)^2}}\right)^2$$

由上两式相减消掉速度,整理可得

$$(mc^2)^2=(m_0c^2)^2+p^2c^2$$

即

$$E^2=E_0^2+p^2c^2 \tag{12-4-9}$$

式(12-4-9)称为相对论动量和能量关系式,可以用图 12-4-4 表示。

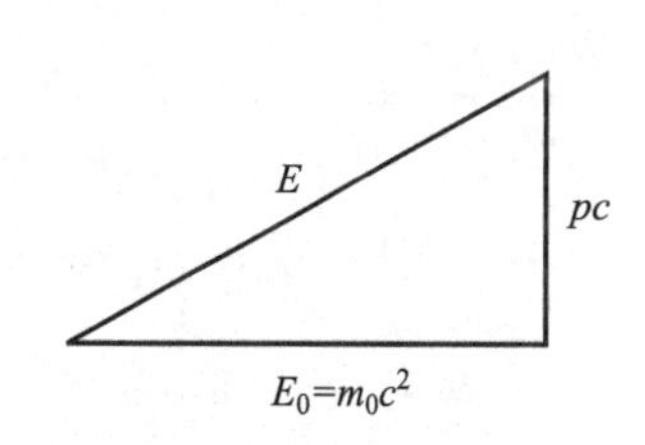

图 12-4-4 相对论动量和能量的关系

若粒子的静质量为零,即 $m_0=0$,则

$$E=pc \tag{12-4-10}$$

实验发现存在静质量为零的粒子，这种粒子以真空中的光速运动，例如光子。对于频率为 ν 的光束，其中光子的能量为 $E=h\nu$，其中 h 为普朗克常量。由式(12-4-10)可得光子的动量为

$$p=\frac{E}{c}=\frac{h\nu}{c}=\frac{h}{\lambda} \tag{12-4-11}$$

目前，狭义相对论已经被大量实验所证实，并且成为研究宇宙学、粒子物理、核物理等的基础。狭义相对论中提出的长度、时间等概念，运动方程和守恒原理等，似乎否定了牛顿力学的基础，但是当物体速度远小于光速时，长度收缩、时间延缓以及运动定律等的修正都是非常小的，基本观察不到，牛顿力学的公式仍然是正确的。事实上，牛顿力学中的每一个原理都是更一般化的相对论公式的一种特殊情况。

例 12-4-1

设一电子的动能为 2.53 MeV，求：(1) 电子的总能量；(2) 电子的动量(单位为 MeV/c)。(电子的静质量为 $m_e=9.109\times10^{-31}$ kg。)

解 (1) 由静能的定义可得

$$E_0=m_ec^2=9.101\times10^{-31}\times(2.998\times10^8)^2\ \text{J}$$
$$\approx8.180\times10^{-14}\ \text{J}$$

换算成 eV 的单位，则

$$E_0=\frac{8.180\times10^{-14}}{1.602\times10^{-19}}\ \text{eV}\approx0.511\ \text{MeV}$$

与表 12-4-1 值相同。

由式(12-4-7a)可得总能量为

$$E=E_k+m_ec^2=(2.53+0.511)\ \text{MeV}$$
$$=3.041\ \text{MeV}$$

(2) 由式(12-4-9)可得

$$pc=\sqrt{E^2-(m_ec^2)^2}=\sqrt{3.041^2-0.511^2}\ \text{MeV}$$
$$\approx3.00\ \text{MeV}$$

则

$$p=300\ \text{MeV}/c$$

内容小结

1. 狭义相对论的两条基本原理:

(1) 狭义相对性原理:在所有的惯性参考系中,物理定律都具有相同的表达形式,即所有的惯性参考系对运动的描述都是等效的。

(2) 光速不变原理:在所有的惯性参考系中,真空中的光速都是相同的,为一常量,且与光源或者观察者的运动无关。

2. 洛伦兹变换

$$\begin{cases} x'=\dfrac{x-vt}{\sqrt{1-\beta^2}}=\gamma(x-vt) \\ y'=y \\ z'=z \\ t'=\dfrac{t-\dfrac{v}{c^2}x}{\sqrt{1-\beta^2}}=\gamma\left(t-\dfrac{v}{c^2}x\right) \end{cases} \qquad \begin{cases} x=\dfrac{x'+vt'}{\sqrt{1-\beta^2}}=\gamma(x'+vt') \\ y=y' \\ z=z' \\ t=\dfrac{t'+\dfrac{v}{c^2}x'}{\sqrt{1-\beta^2}}=\gamma\left(t'+\dfrac{v}{c^2}x'\right) \end{cases}$$

洛伦兹速度变换

$$\begin{cases} u_x'=\dfrac{u_x-v}{1-\dfrac{v}{c^2}u_x} \\ u_y'=\dfrac{u_y}{\gamma\left(1-\dfrac{v}{c^2}u_x\right)} \\ u_z'=\dfrac{u_z}{\gamma\left(1-\dfrac{v}{c^2}u_x\right)} \end{cases} \qquad \begin{cases} u_x=\dfrac{u_x'+v}{1+\dfrac{v}{c^2}u_x'} \\ u_y=\dfrac{u_y'}{\gamma\left(1+\dfrac{v}{c^2}u_x'\right)} \\ u_z=\dfrac{u_z'}{\gamma\left(1+\dfrac{v}{c^2}u_x'\right)} \end{cases}$$

3. 狭义相对论的时空观

“同时”不是一个绝对概念,在一个参考系中同时发生的两个事件,在相对这个参考系运动的另外一个参考系中不一定同时发生。

长度收缩效应:$l=l_0\sqrt{1-\beta^2}$,其中 l_0 为固有长度。

时间延缓效应:$\Delta t=\dfrac{\Delta t_0}{\sqrt{1-\beta^2}}$,其中 Δt_0 为固有时间。

4. 相对论动力学

相对论质量 $m=\gamma m_0=\dfrac{m_0}{\sqrt{1-\beta^2}}$,其中 m_0 为粒子静质量。

相对论动量 $\boldsymbol{p}=\dfrac{m_0\boldsymbol{v}}{\sqrt{1-\beta^2}}=\gamma m_0\boldsymbol{v}$

相对论力学的基本方程 $\boldsymbol{F}=\dfrac{\mathrm{d}\boldsymbol{p}}{\mathrm{d}t}=\dfrac{\mathrm{d}}{\mathrm{d}t}(m\boldsymbol{v})=\dfrac{\mathrm{d}}{\mathrm{d}t}\left(\dfrac{m_0\boldsymbol{v}}{\sqrt{1-\beta^2}}\right)$

相对论质量和能量的关系:$E=E_k+E_0$,
其中$E=mc^2$ 为总能量,E_k 为动能,$E_0=m_0c^2$ 为静能。

$$\Delta E=(\Delta m)c^2$$

相对论动量和能量关系:$(mc^2)^2=(m_0c^2)^2+p^2c^2$,即 $E^2=E_0^2+p^2c^2$

光子的能量:能量 $E=h\nu$,动量 $p=\dfrac{E}{c}=\dfrac{h\nu}{c}=\dfrac{h}{\lambda}$

习题 12

12-1 设一飞船以光速相对地球飞行,飞船上的灯光以光速向前传播。求飞船上的灯光相对地球的速度。

12-2 甲乙两人所乘的飞船沿 Ox 轴作相对运动,甲测得两个事件的时空坐标分别为 $x_1=6\times10^4$ m,$y_1=z_1=0$,$t_1=1\times10^{-4}$ s,$x_2=12\times10^4$ m,$y_2=z_2=0$,$t_2=2\times10^{-4}$ s;若乙测得两个事件同时发生于时刻 t',求:(1) 乙相对甲的运动速度;(2) 乙所测得两个事件的空间间隔。

12-3 在惯性系 S 中,相距$\Delta x=5\times10^6$ m 的两个地方发生两个事件,时间间隔$\Delta t=10^{-2}$ s;而在相对 S 系沿 x 轴正方向匀速运动的 S′系中观测到这两个事件却是同时发生的，求：S′系中发生这两个事件的地点间的距离。

12-4 飞船 A 以 $0.8c$ 的速度相对地球向正东方向飞行，飞船 B 以 $0.6c$ 的速度相对地球向正西方向飞行，当两飞船即将相遇时，飞船 A 在自己的天窗处相隔 2 s 发射两颗信号弹。求在飞船 B 上的观察者测得两颗信号弹的时间间隔为多少？

12-5 从地球上测得地球到最近的恒星距离是 4.3×10^{16} m，设一艘飞船以速度 $0.999c$ 从地球飞向该恒星。求：(1) 飞船中的观察者测得地球和该恒星之间的距离；(2) 按地球上的时钟计算，求飞船往返一次需要的时间；(3) 若以飞船上的时钟计算，求往返一次的时间。

12-6 π^+介子是一不稳定粒子，其静止时的平均寿命为 2.6×10^{-8} s，当它以 $0.8c$ 的速度相对实验室飞行时，求：(1) 由实验室测得的 π^+介子的寿命；(2) 实验室测得的它的运动距离。

12-7 K 系与 K′系是坐标轴相互平行的两个惯性系，K′系相对 K 系沿 Ox 轴正方向匀速运动。一根刚性尺静止在 K′系中，且与 $O'x'$轴成 30°角。若在 K 系中观测得该尺与 Ox 轴成 45°角，求 K′系相对 K 系的速度。

12-8 一艘宇宙飞船的船身固有长度为 $L_0=90$ m，相对地面以 $v=0.8\ c$（c 为真空中光速）的匀速度在地面观测站的上空飞过。求：(1) 观测站测得的飞船的船身通过观测站的时间间隔；(2) 飞船上的宇航员测得的船身通过观测站的时间间隔。

12-9 π^+介子是一不稳定粒子，它的静质量是 2.49×10^{-28} kg，其固有寿命为 2.6×10^{-8} s，求速度为 $0.6c$ 时，π^+介子的质量和寿命。

12-10 观察者乙以 $4c/5$ 的速度相对静止的观察者甲运动，乙带有 1 kg 的物体，求甲测得的此物体的质量；如果乙带有一长为 l，且质量为 m 的棒，该棒放置在运动方向上，求甲测得的棒的密度。

12-11 一电子以 $v=0.99c$（c 为真空中光速）的速率运动。求：(1) 电子的总能量；(2) 电子的牛顿力学动能与相对论动能之比。（电子静质量 $m_e=9.11\times10^{-31}$ kg）

12-12 已知 μ 子的静能为 105.7 MeV，固有寿命为 2.2×10^{-6} s，求动能为 150 MeV 的 μ 子的速度和运动寿命。

12-13 (1) 计算一个电子的静能（电子静质量 $m_e=9.11\times10^{-31}$ kg，电荷量 $e=-1.602\times10^{-19}$ C），并分别用焦耳和电子伏表示；(2) 一个电子在 20 kV 或 5.00 MV 下从静止开始加速，求这个电子被加速后的速率。

第十三章　量子物理基础

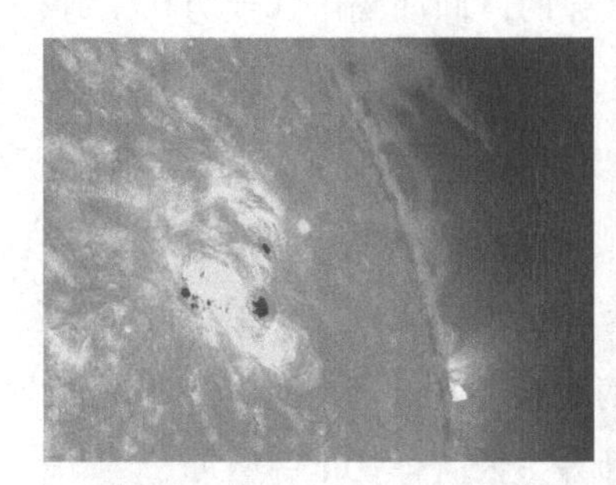

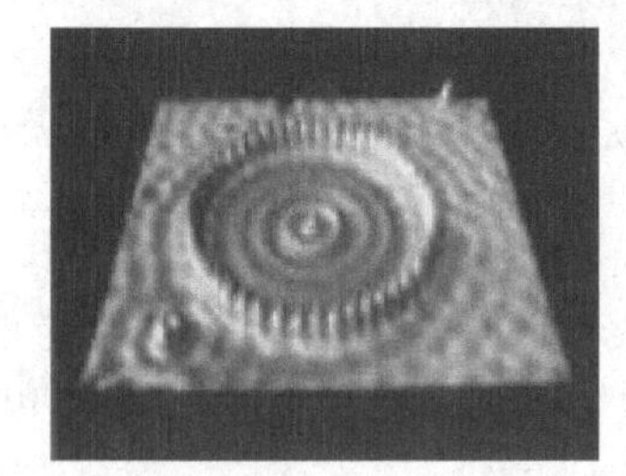

第十三章　数字资源

19世纪末,牛顿力学、麦克斯韦电动力学以及热力学和统计物理学三大物理理论形成了完整的理论框架。然而随着科技的发展,一些新的实验结果无法用这些经典理论进行解释。其中最著名的两个实验:一是迈克耳孙-莫雷实验,其零结果否定了绝对参考系的存在,导致了相对论的诞生,上一章已作了初步介绍;二是黑体辐射实验,出现了所谓的"紫外灾难",导致了量子理论的形成。1900年,普朗克首先提出了量子假设,之后经过爱因斯坦、玻尔、德布罗意、玻恩、海森伯、薛定谔等许多物理大师的共同努力,到20世纪30年代,科学家们初步建立了一套完整的量子力学理论。量子力学揭示了微观世界的基本规律,使人们对自然界的认识产生了一个飞跃，为原子物理学、固体物理学和粒子物理学的发展奠定了理论基础。

本章内容提要

1. 理解黑体辐射、光电效应、康普顿散射现象及其实验规律。

2. 了解普朗克量子假设；理解爱因斯坦光子假设，掌握光电效应的爱因斯坦方程。

3. 理解爱因斯坦的光子理论对康普顿效应的解释。

4. 理解氢原子光谱的实验规律及氢原子的玻尔理论，并了解此理论的意义及其局限性。

5. 理解德布罗意假设及电子衍射实验和实物粒子的波粒二象性。

6. 理解描述物质波动性的物理量(波长、频率)和描述粒子性的物理量(动量、能量)之间的关系。

13.1 黑体辐射 普朗克能量子假设

热辐射，是指物体由于具有温度而辐射电磁波的现象。电磁波的产生是由于物体中的分子、原子受到热激发而导致的，其发射的能量称为**辐射能**。热辐射的光谱是连续谱，波长自远红外区延伸到紫外区。常温下，物体发射的电磁波大部分分布在红外区域，人眼是观察不到的。然而随着温度升高，物体在单位时间内向外辐射的能量迅速增加，发射的电磁波往短波范围移动，特别是可见光的比例增加。如铁块在炉中加热，起初看不到它发光，却感觉到它辐射出来的热。当对铁块加热后，随着温度不断升高，它发出的可见光由暗红色逐渐转变为橙色，而后又变为黄白色，在温度很高时，变为青白色，如图 13-1-1 所示。

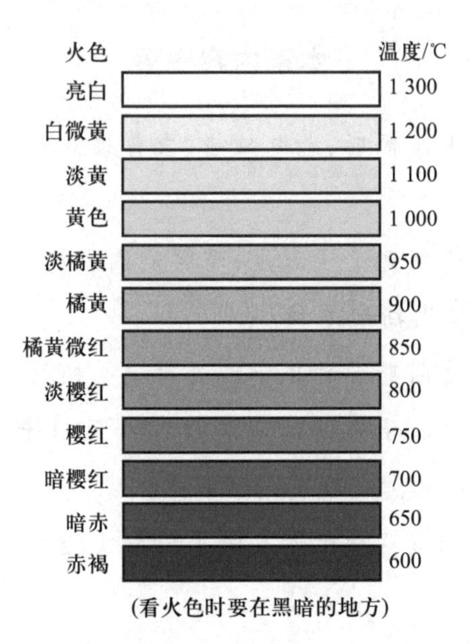

图 13-1-1　铁在不同温度下的颜色

物体在向外发射电磁波时，同时也吸收周围物体辐射的电磁波。当物体因辐射而失去的能量等于从外界吸收的能量时，这时物体的状态可用一确定温度来描述，这种热辐射称为**平衡热辐射**，反之称为**非平衡热辐射**。由于电磁波的传播无须任何介质，所以热辐射是真空中唯一的传热方式。

13.1.1 基尔霍夫定律

实验表明：物体辐射出去电磁能量的多少，取决于物体温度、辐射的波长、时间的长短和发射的面积。为了定量描述热辐射的基本规律，下面引入几个描述热辐射的物理量。

(1) 单色辐出度(单色发射本领)

温度为 T 的物体单位时间内，单位面积上，在波长 λ 附近单位波长范围内所辐射的电磁波能量，称为**单色辐射出射度**，简称**单色辐出度**，用 $M_\lambda(T)$ 表示，单位名称为瓦每三次方米，符号为 $W\cdot m^{-3}$。单色辐出度反映了物体在不同温度下辐射电磁波能量按波长分布的情况。

(2) 辐出度

单位时间内,从温度为 T 的物体表面单位面积上,所辐射的各种波长的电磁波能量总和,称为物体的**辐射出射度**,简称**辐出度**,用 $M(T)$ 表示,单位名称为瓦每平方米,符号为 $W \cdot m^{-2}$,其值可以由单色辐出度对波长积分求得,即

$$M(T)=\int_0^{\infty} M_{\lambda}(T)\,d\lambda \qquad (13-1-1)$$

实验表明,对于不同的物体,或者材料相同,但表面情况(如粗糙程度)不同的物体,即使温度相同,它们的单色辐出度和辐出度也是不相同的。

为了描述物体吸收周围物体发出的电磁波能量的本领,把物体吸收的辐射能和入射物体的总辐射能的比值称为该物体的吸收本领,也称为**单色吸收比**,用 $\alpha_{\lambda}(T)$ 表示。

若 $\alpha_{\lambda}(T)=1$,说明物体吸收了所有入射物体的总辐射量。能把一切外来的电磁辐射能完全吸收的物体称为**黑体**(也称绝对黑体)。它能吸收各种频率的电磁波,是一种**理想模型**。在自然界中吸收比最大的煤烟和黑色珐琅质,对太阳光的吸收比也不超过 99%。通常用不透明的材料制成开小孔的空腔,进入小孔的光线最终被盒壁吸收,因此盒子是一个近乎完美的吸收体,这就是黑体模型,如图 13-1-2 所示。

阅读材料 黑体辐射规律的探索

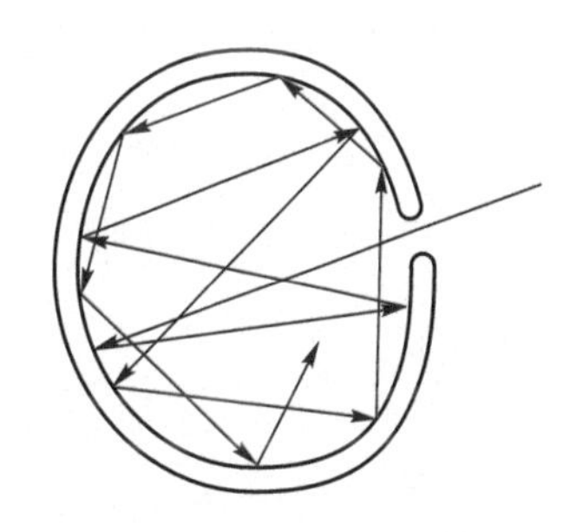

图 13-1-2 黑体模型

因为空腔小孔开得很小,射入空腔的辐射能在空腔内经腔壁多次的部分吸收和部分反射后,最终几乎被腔的内壁全部吸收。另一方面,如果均匀加热空腔到不同的温度,腔壁将向空腔发射热辐射,其中一部分将从小孔射出,小孔就成了不同温度下的黑体。

1860 年,基尔霍夫发现在一定温度下,波长 λ 附近单位波长内,物体单色辐射度与单色吸收比的比值与材料及材料表面的性质无关,仅取决于物体的温度和波长,即

$$\frac{M_{1\lambda}(T)}{\alpha_{1\lambda}(T)}=\frac{M_{2\lambda}(T)}{\alpha_{2\lambda}(T)}=\cdots=M_{B\lambda}(T) \qquad (13-1-2)$$

上式称为**基尔霍夫定律**,其中 $M_{B\lambda}(T)$ 称为**黑体的单色辐出度**。这条定律指出,好的吸收体也是好的辐射体。黑体是完全的吸收体,因此也是理想的辐射体。只要知道了黑体的热辐射本领,便能了解一般物体的热辐射本领。

13.1.2 黑体辐射实验定律

利用黑体模型,可用实验方法测得黑体的单色辐出度 $M_{B\lambda}(T)$ 随着 λ 和 T 的变化曲线,如图 13-1-3 所示。

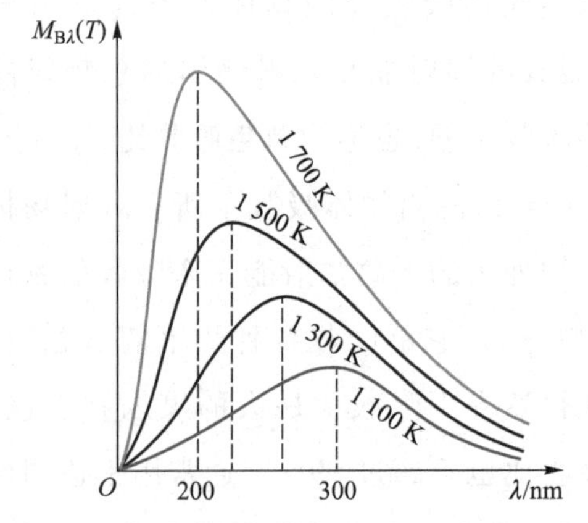

图 13-1-3 黑体单色辐出度随波长分布曲线

根据实验曲线,得出黑体辐射的两条普遍定律。

(1) 斯特藩-玻耳兹曼定律

1879 年,奥地利物理学家斯特藩(Josef Stefan,1835—1893)从实验中得出了图 13-1-3 中曲线下面的面积的大小,也就是**黑体的辐出度 $M_B(T)$ 正比于黑体的热力学温度 T 的四次方**,即

$$M_B(T)=\int_0^{\infty} M_{B\lambda}(T)\,d\lambda=\sigma T^4 \qquad (13-1-3)$$

玻耳兹曼也于 1884 年从热力学理论推导出了上述结论,因此上式称为**斯特藩-玻耳兹曼定律**,式中 $\sigma=5.67\times10^{-8}$ W·

$m^{-2} \cdot K^{-4}$称为斯特藩-玻耳兹曼常量。

(2) 维恩位移定律

从图 13-1-3 可以发现,每一条曲线都有一个峰值波长 λ_m(黑体单色辐射出射度的极值波长),在这个波长处,单位波长间隔内的发射强度最大,且随着温度 T 的升高,λ_m 减小。1893 年,德国物理学家维恩(W.Wien, 1864—1928)从热力学理论推导出了 T 和 λ_m之间的关系

$$T\lambda_m = b \tag{13-1-4}$$

上式表明,**当黑体的热力学温度升高时,黑体的单色辐出度 $M_{B\lambda}(T)$ 的峰增高,且向短波长方向移动**,该式称为**维恩位移定律**。式中 $b = 2.898 \times 10^{-3}$ m·K 为**维恩位移定律常量**。通过该定律,我们可以理解发黄光的物体为什么比同样大小发红光的物体更热、更亮。

斯特藩-玻耳兹曼定律和维恩位移定律是以经典物理学中的理论为基础的。这两条定律反映了热辐射的功率随着温度的升高而增加,而且热辐射的峰值波长,随着温度的增加而向短波长方向移动。热辐射的规律在现代科学技术上有着广泛的应用,它是高温、遥感、红外追踪等技术的物理基础。

例 13-1-1

测得太阳辐射谱的峰值在 490 nm 处。试估计太阳表面的温度和辐射出射度。

解 将太阳视为黑体,由维恩位移定律,得

$$T = \frac{b}{\lambda_m} = \frac{2.898 \times 10^{-3}}{490 \times 10^{-9}} \text{ K} \approx 5.9 \times 10^3 \text{ K}$$

由斯特藩-玻耳兹曼定律,得

$$M(T) = \sigma T^4 = 5.670 \times 10^{-8} \times (5\ 900)^4 \text{ W} \cdot \text{m}^2$$
$$\approx 6.9 \times 10^7 \text{ W} \cdot \text{m}^{-2}$$

13.1.3 普朗克能量子假设

19世纪末，黑体辐射成为物理学研究的中心问题之一。许多物理学家在经典物理的基础上作了相当大的努力，其中最为突出的是维恩和瑞利、金斯等人的工作。在1896年，维恩基于经典统计理论，并假设黑体辐射能谱分布与麦克斯韦分子速率分布相似，导出了黑体单色辐出度的数学表达式：

$$M_{B}(\lambda, T)=C_{1}\lambda^{-5}e^{-\frac{C_{2}}{\lambda T}} \tag{13-1-5}$$

式中，C_1，C_2为常量，这就是**维恩公式**。维恩公式在短波段与实际相符，当波长较长时与实验偏差较大，如图13-1-4所示。瑞利（John Rayleigh，1842—1919）和金斯（James Jeans，1877—1946）则把统计物理学中的能量按自由度均分定理应用到电磁辐射能上，得到单色辐出度为

$$M_{B}(\lambda, T)=C_{3}\lambda^{-4}T \tag{13-1-6}$$

式中，C_3为常量，上式是**瑞利-金斯公式**。这个公式在长波段与实验符合得特别好，在短波段与实验有明显区别。特别是当波长趋于零时，辐出度趋于无穷大，这与实验事实完全背离，这就是历史上所谓的“紫外灾难”。

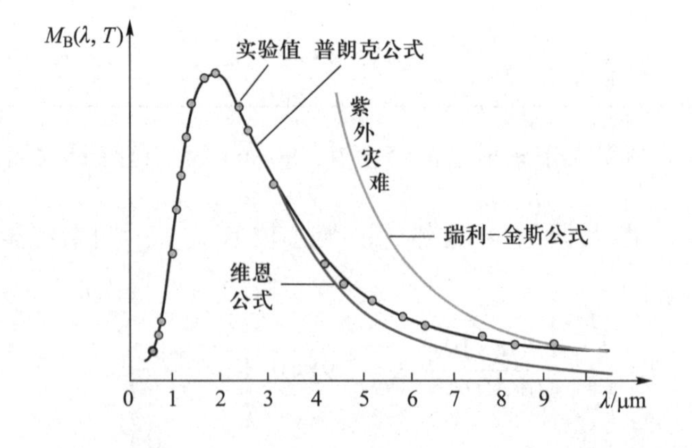

图13-1-4　黑体辐射实验数据与经验公式对比曲线

维恩公式和瑞利-金斯公式都是用经典物理学的方法研究热辐射所得到的结果，均与实验有明显的矛盾，暴露了

经典物理的缺陷。因此,开尔文认为黑体辐射实验是物理学“晴朗天空中一朵令人不安的乌云”。为了解决上述困难,德国物理学家普朗克利用内插法将适用于短波长的维恩公式和适用于长波长的瑞利-金斯公式衔接起来。1900年,他提出假设:(1) **黑体是由频率为 $\boldsymbol{\nu}$ 的带电谐振子组成,这些谐振子辐射电磁波,并和周围的电磁场交换能量;**(2) **这些谐振子能量不能连续变化,只能取一些分立值,是最小能量 $\boldsymbol{\varepsilon}$ 的整数倍,这个最小能量称为能量子,且 $\boldsymbol{\varepsilon=h\nu}$,则谐振子的能量为**

$$E=n\varepsilon=nh\nu \qquad (13-1-7)$$

在此基础上,他导出了新的黑体辐射的公式

$$M_{B\lambda}(T)=2\pi hc^2\lambda^{-5}\frac{1}{e^{\frac{hc}{k\lambda T}}-1} \qquad (13-1-8)$$

阅读材料 量子概念的提出

式中 c 为光速,k 为玻耳兹曼常量,$h=6.626\ 070\ 15\times10^{-34}$ J·s 是一个新引入的常量,称为**普朗克常量**,上式称为**普朗克辐射定律**。

普朗克(Max Karl Ernst Ludwig Planck, 1858—1947),是德国理论物理学家,量子论的奠基人。他和爱因斯坦并称为20世纪最重要的两位物理学家。1900年12月14日,他在德国物理学会上提出了能量的量子化假设,并导出了黑体辐射的能量分布公式。因为他对物理学做出的重要贡献,1918年,他被授予诺贝尔物理学奖。劳厄称量子化假设提出的这天为“量子论的诞生日”。

从经典的观点看,能量量子化的假设是不可思议的,就连普朗克本人也觉得难以相信。直到1905年,爱因斯坦为了解释光电效应,在普朗克的基础上提出光量子概念后,能量量子化的假设才逐渐被人们接受,形成近代物理中极为重要的量子理论。

13.2 光电效应 光的量子性

1887年，德国物理学家赫兹(Heinrich Rudolf Hertz，1857—1894)在做证实麦克斯韦的电磁理论的火花放电实验时，偶然发现了光电效应。1888年，德国物理学家霍尔瓦克斯(Wilhelm Hallwachs，1859—1922)证实赫兹发现的电极附近的紫外放电现象是由于放电间隙内出现电荷的缘故，并称此现象为**光电效应**现象，但此时他们对其机制还不清楚。由于电力工业的发展，稀薄气体放电现象开始引起人们的注意，汤姆孙(Joseph John Thomson，1856—1940)通过气体放电现象及阴极射线的研究发现了电子。之后，赫兹意识到光电效应实际上是由于紫外线照射，大量电子从金属表面逸出的现象。1899年，勒纳德(Philipp Eduard Anton von Lénárd，1862—1947)通过荷质比的测定，证明了金属发射的是电子。

13.2.1 光电效应的实验规律

教学视频 光电效应

如图13-2-1所示，当光照射在光电管的阴极K上时，电子会从阴极表面逸出，逸出的电子称为**光电子**。如果在AK两端加上电势差，则光电子在电场加速下向阳极A运动，形成光电流。实验结果可以归纳如下：

(1) 光强一定时，两极板之间的加速电压越大，光电流也越大。当加速电压达到一定值时，光电流不再增加，我们称之为达到饱和值I_s，如图13-2-2所示。饱和现象说明，这时单位时间内从阴极逸出的光电子已全部被阳极接收。实验还表明，若改变光强，则单位时间内从阴极逸出的光电子数与入射光的强度成正比。

阅读材料 光电效应的研究

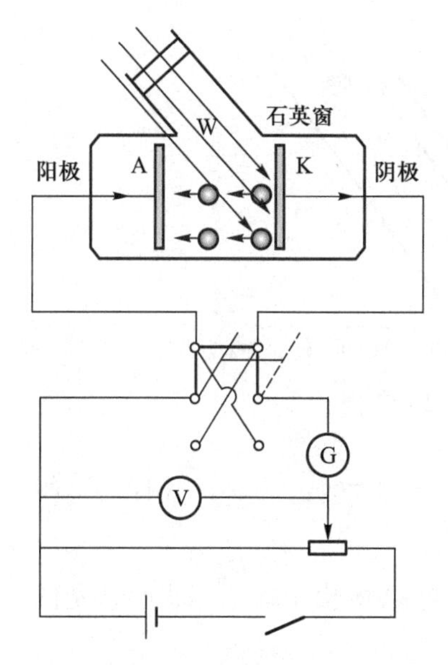

图 13-2-1 光电效应实验装置

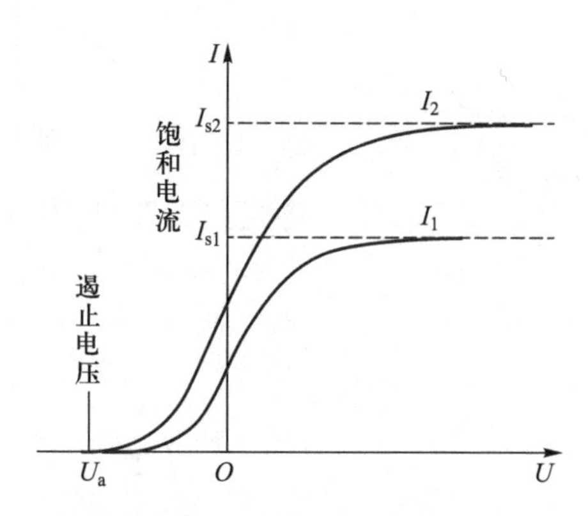

图 13-2-2 光电效应伏安特性曲线

(2) 从图 13-2-2 还可以看出,如果降低加速电压值,光电流也随着减小。当加速电压降至零时,光电流值却并不为零。仅当反向电压等于 U_a 时,光电流才等于零。该电压称为**遏止电压**。遏止电压的存在,说明了光电子从金属表面逸出的初速度有最大值,即光电子具有最大初动能,遏止电压与光电子初动能之间应有关系:

$$\frac{1}{2}mv_m^2=eU_a \qquad (13\text{-}2\text{-}1)$$

上式中 v_m 为光电子的最大速度,m 和 e 分别是光电子的质量和电荷量。

(3) 实验表明,遏止电压的大小与入射光频率之间具有线性关系

$$U_a=k\nu-U_0 \qquad (13\text{-}2\text{-}2)$$

上式中的 k 和 U_0 都是正数(图 13-2-3)。k 是直线的斜率,是与金属材料无关的量;U_0 对同一金属是一个常量,不同金属的 U_0 是不相同的。

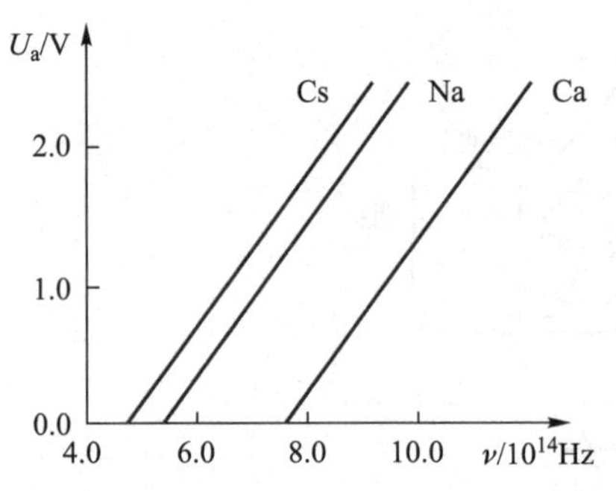

图 13-2-3 不同金属遏止电压和频率之间的关系

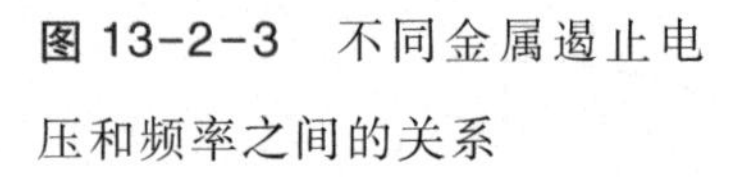

将式(13-2-1)代入式(13-2-2)可得

$$\frac{1}{2}mv_{m}^{2}=eU_{a}=ek\nu-eU_{0} \tag{13-2-3}$$

因为$\frac{1}{2}mv_{m}^{2}\geqslant 0$,从上式中可以得出 $\nu\geqslant\frac{U_0}{k}$,即入射光的频率必须大于某一值时,照射金属才能释放出光电子。令 $\nu_0=\frac{U_0}{k}$,ν_0 称为光电效应的**截止频率**,或**红限频率**,相应的波长称为**红限波长**,不同的金属具有不同的截止频率。当入射光的频率小于截止频率时,不管照射光的强度有多大,都不会产生光电效应。

(4) 实验发现,无论光强如何微弱,从光照射到光电子出现只需要 10^{-9} s 的时间,即**光电效应具有瞬时响应的性质**。

上述实验结果无法用光的波动理论解释。按照光的经典电磁理论,光波的能量与光的强度或振幅有关,与频率无关。一定强度的光照射金属表面一定时间后,只要电子吸收足够的能量即可逸出金属表面,这与光的频率无关,更不存在截止频率。然而,光电效应实验却表明,一定的金属材料制成的电极有一定的临界频率,照射光的频率小于临界频率,则没有光电效应现象。而且实验发现,电子是否逸出与光的强度没有关系,光强只会影响到电流的大小。此外,按照光的经典电磁理论,若用极微弱的光照射,阴极电子要积累一定能量,达到能够挣脱表面束缚的能量,需要一定时间。理论计算表明，1 mW 的光照射逸出功为 1 eV 的金属，从光照射到阴极，到光电子逸出这一过程需要大约十几分钟，光电效应是不可能瞬时发生的。

13.2.2 爱因斯坦的光子理论

爱因斯坦从普朗克的能量子假设中得到了启发，他假定空腔内的辐射能本身也是量子化的，即光在空间传播时，光能也是量子化的，即具有粒子性。一束光是一束以光速 c 运动的粒子流，这些粒子称为**光量子**，简称**光子**。真空中，每个光子都以光速 c 运动。对于频率为 ν 的光束，每一个光子的能量为

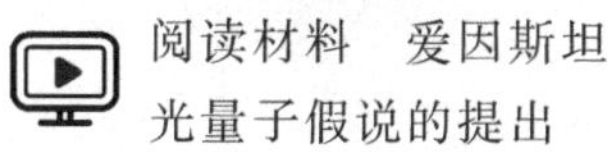
阅读材料 爱因斯坦光量子假说的提出

$$\varepsilon = h\nu \tag{13-2-4}$$

式中 h 为普朗克常量。

采用了光量子概念之后，光电效应问题迎刃而解。当频率为 ν 的光子入射到金属表面时，光子的能量被电子吸收。当入射光的频率 ν 足够大，即每一个光子的能量足够大时，可以使电子从金属表面逸出，电子逸出金属表面时所需要做的功，称为**逸出功** W，则逸出后电子的动能 $\frac{1}{2}mv^2$ 满足以下关系式

$$h\nu = \frac{1}{2}mv^2 + W \tag{13-2-5}$$

这个方程称为**光电效应的爱因斯坦方程**，简称**光电效应方程**。若电子无法克服金属表面的束缚力而无法逸出，则没有光电效应现象。当逸出电子的速度为零时，电子逸出的截止频率为

$$\nu_0 = \frac{W}{h} \tag{13-2-6}$$

所以截止频率 ν_0 相当于电子所吸收的能量全部消耗于电子逸出功时的入射光频率。同样由光子理论可得，当一个

光子被吸收时，全部能量立即被吸收，不需要积累能量的时间，这也说明了光电效应的瞬时性。表 13-2-1 给出了几种金属逸出功的近似值。

表 13-2-1 几种金属的逸出功

金属	钠	铝	锌	铜	银	铂
逸出功/eV	1.90~2.46	2.50~3.60	3.32~3.57	4.10~4.50	4.56~4.73	6.30

爱因斯坦成功地解释了光电效应现象，为此，他于 1921 年获得了诺贝尔物理学奖。美国物理学家密立根花了 10 年时间测量光电效应，得到了遏止电压和光子频率的严格线性关系；并通过直线斜率的测量测得了普朗克常量 h 的精确值，测量值与热辐射和其他实验测得的值符合得相当好。密立根也由此从反对到支持光量子学说，他于 1923 年获得了诺贝尔物理学奖。

13.2.3 光的波粒二象性

光子不仅具有能量，而且还具有质量和动量等一般粒子所共有的特性，根据狭义相对论中质能关系可得

$$\varepsilon = h\nu = mc^2 \tag{13-2-7}$$

则光子的质量

$$m = \frac{h\nu}{c^2} \tag{13-2-8}$$

光子的质量是有限的，视光子的能量而定。光子的动量为

$$p = mc = \frac{h\nu}{c} = \frac{h}{\lambda} \tag{13-2-9}$$

式(13-2-8)和式(13-2-9)是描述光子的基本性质的两个关系式。动量和能量是描述光的粒子性，频率和波长则是描述光的波动性，光的这种双重性质称为**光的波粒二象性**。

例 13-2-1

已知铯的逸出功为 $W=1.9\ \mathrm{eV}$，用波长 $\lambda=589.3\ \mathrm{nm}$ 的钠黄光照射。求：(1) 光子的质量、动量和能量；(2) 光电效应中铯释放的光电子的动能；(3) 铯的遏止电压和截止频率。（光速取 $2.99\times10^{8}\ \mathrm{m/s}$。）

解 (1) 由式(13-2-7)、式(13-2-8)和式(13-2-9)可得

$$\varepsilon=h\nu=\frac{hc}{\lambda}=\frac{6.63\times10^{-34}\times2.99\times10^{8}}{589.3\times10^{-9}\times1.6\times10^{-19}}\ \mathrm{eV}$$

$$\approx2.1\ \mathrm{eV}$$

$$m=\frac{h\nu}{c^{2}}=\frac{h}{\lambda c}=\frac{6.63\times10^{-34}}{589.3\times10^{-9}\times2.99\times10^{8}}\ \mathrm{kg}$$

$$\approx3.8\times10^{-36}\ \mathrm{kg}$$

$$p=\frac{h}{\lambda}=\frac{6.63\times10^{-34}}{589.3\times10^{-9}}\ \mathrm{kg\cdot m/s}$$

$$\approx1.13\times10^{-27}\ \mathrm{kg\cdot m/s}$$

(2) 由光电效应方程式(13-2-5)，可得

$$E_{\mathrm{k}}=h\nu-W=(2.1-1.9)\ \mathrm{eV}=0.2\ \mathrm{eV}$$

(3) 由式(13-2-3)，可得

$$U_{\mathrm{a}}=\frac{h\nu-W}{e}=\frac{E_{\mathrm{k}}}{e}=0.2\ \mathrm{V}$$

$$\nu_{0}=\frac{W}{h}=\frac{1.9\times1.6\times10^{-19}}{6.63\times10^{-34}}\ \mathrm{Hz}\approx4.59\times10^{14}\ \mathrm{Hz}$$

例 13-2-2

一束波长为 450 nm 的单色光射到纯钠的表面上。(1) 求这束光的光子能量和动量；(2) 若钠的逸出功 $W=2.28\ \mathrm{eV}$，则求光电子逸出钠表面时的动能；(3) 若光子的能量为 2.40 eV，则求其波长。

解 (1) 由式(13-2-7)和式(13-2-9)，可得

$$\varepsilon=h\nu=\frac{hc}{\lambda}=\frac{6.63\times10^{-34}\times2.99\times10^{8}}{450\times10^{-9}\times1.6\times10^{-19}}\ \mathrm{eV}\approx2.75\ \mathrm{eV}$$

$$p=\frac{h}{\lambda}=\frac{6.63\times10^{-34}}{450\times10^{-9}}\ \mathrm{kg\cdot m/s}$$

$$\approx1.47\times10^{-27}\ \mathrm{kg\cdot m/s}$$

(2) 由光电效应方程式(13-2-5)，可得

$$E_{\mathrm{k}}=\varepsilon-W=(2.75-2.28)\ \mathrm{eV}=0.47\ \mathrm{eV}$$

(3) $$\lambda=\frac{hc}{\varepsilon}=\frac{6.63\times10^{-34}\times2.99\times10^{8}}{2.40\times1.6\times10^{-19}}\ \mathrm{m}$$

$$\approx5.16\times10^{-7}\ \mathrm{m}$$

13.3 康普顿效应

阿瑟·霍利·康普顿(Arthur Holly Compton,1892—1962),是美国物理学家。1920年,他在观察X射线被物质散射时,发现散射线中含有比入射波波长大的波。1922—1923年间,他借助爱因斯坦的光子理论,从光子和电子碰撞的观点对这一实验进行了线性解释,第一次从实验上证实了爱因斯坦提出的光子具有动量的假设。康普顿效应的发现及研究,对量子力学发展产生了重要的影响,1927年他被授予诺贝尔物理学奖。

吴有训(1897—1977),是中国物理学家,1920年毕业于南京高等师范学校,1921年赴美留学,师从康普顿。他测试了15种元素的X射线散射中变线、不变线的强度随散射原子序数变化的曲线,以充分的实验数据证明并发展了康普顿散射效应的理论。1924年,他和导师共同发表了题为《被轻元素散射后的钼(Kα)射线的波长》的论文。

阅读材料 康普顿效应的发现

光电效应中,爱因斯坦光子模型提出,光子和电子相互作用时,光子被电子吸收。检验光子模型的另外一个重要实验,就是康普顿散射实验。1920年,康普顿观察X射线被物质散射时,发现与入射的X射线相比,散射线中包含有波长较长(频率较小)的散射光,且波长的变化与散射角度有关,这就是**康普顿散射**。图13-3-1所示为康普顿散射实验装置的示意图。

图13-3-2给出了石墨的康普顿散射实验结果,从实验结果发现:(1)**散射光除波长λ_0外,还出现了波长大于入射波长的新散射波长λ**。(2)**波长差$\Delta\lambda=\lambda-\lambda_0$随散射角的增大而增大**。这种现象称为**康普顿效应**。在康普顿的指导下,中国物理学家吴有训又做了15种元素的X射线图谱,证明了对不同的散射物质,只要在同一个散射角下,波长的

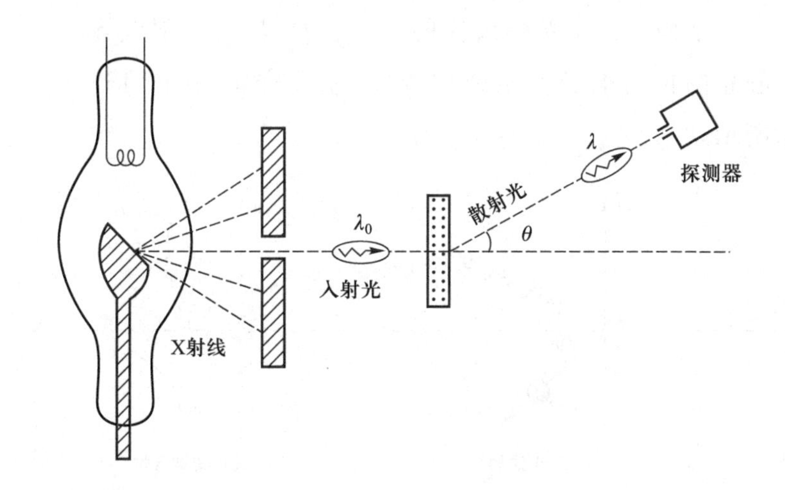

图 13-3-1 康普顿散射实验装置

改变量 $\Delta\lambda=\lambda-\lambda_0$ 都相同，与散射物质无关，且波长为 λ 的散射光强度随散射物质原子序数的增加而减小。

按照经典电磁理论，当电磁波通过物体时，将引起物体中带电粒子作受迫振动，从入射波吸收能量，带电粒子将以和入射波相同的频率作电磁振动，并向四周辐射同一频率的电磁波，因此散射的频率（或波长）是不会改变的。光的波动理论能够解释波长不变的散射，但是无法解释康普顿效应。

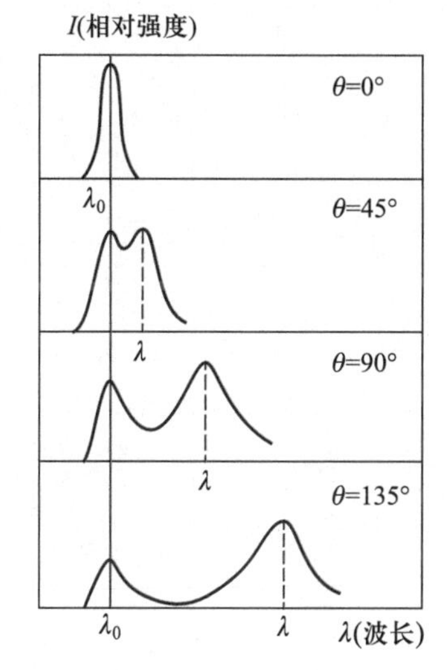

图 13-3-2 康普顿散射光谱图

根据光子理论，X 射线的散射应是单个光子与原子内部电子碰撞的结果。（1）若光子和芯电子相碰撞时，由于芯电子与原子核结合得较为紧密，散射实际上可以看成是发生在光子与质量很大的整体原子间的碰撞，光子基本不失掉能量，保持波长不变。（2）当 X 射线光子与原子外层电子发生碰撞时，由于外层电子与原子结合较弱，可以看成自由电子。这些电子的热运动的平均动能和入射的 X 射线光子的能量相比，可以忽略不计，因而近似看成静止的自由电子。当光子与这些电子碰撞时，光子有一部分能量传给电子，光子的能量减少，因此波长变长，频率变低。（3）因为碰撞中交换的能量和碰撞的角度有关，所以波长改变和散射角有关。

下面给出康普顿效应的定量计算结果，X 射线光子与静止的自由电子发生弹性碰撞，动量守恒，如图 13-3-3 所示。

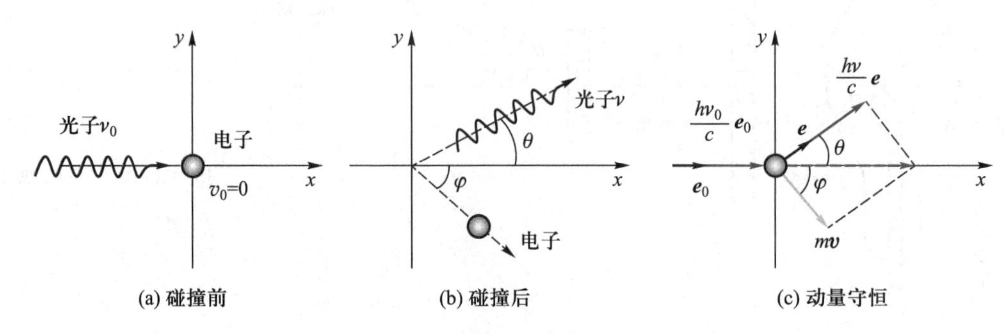

图 13-3-3 康普顿效应的推导

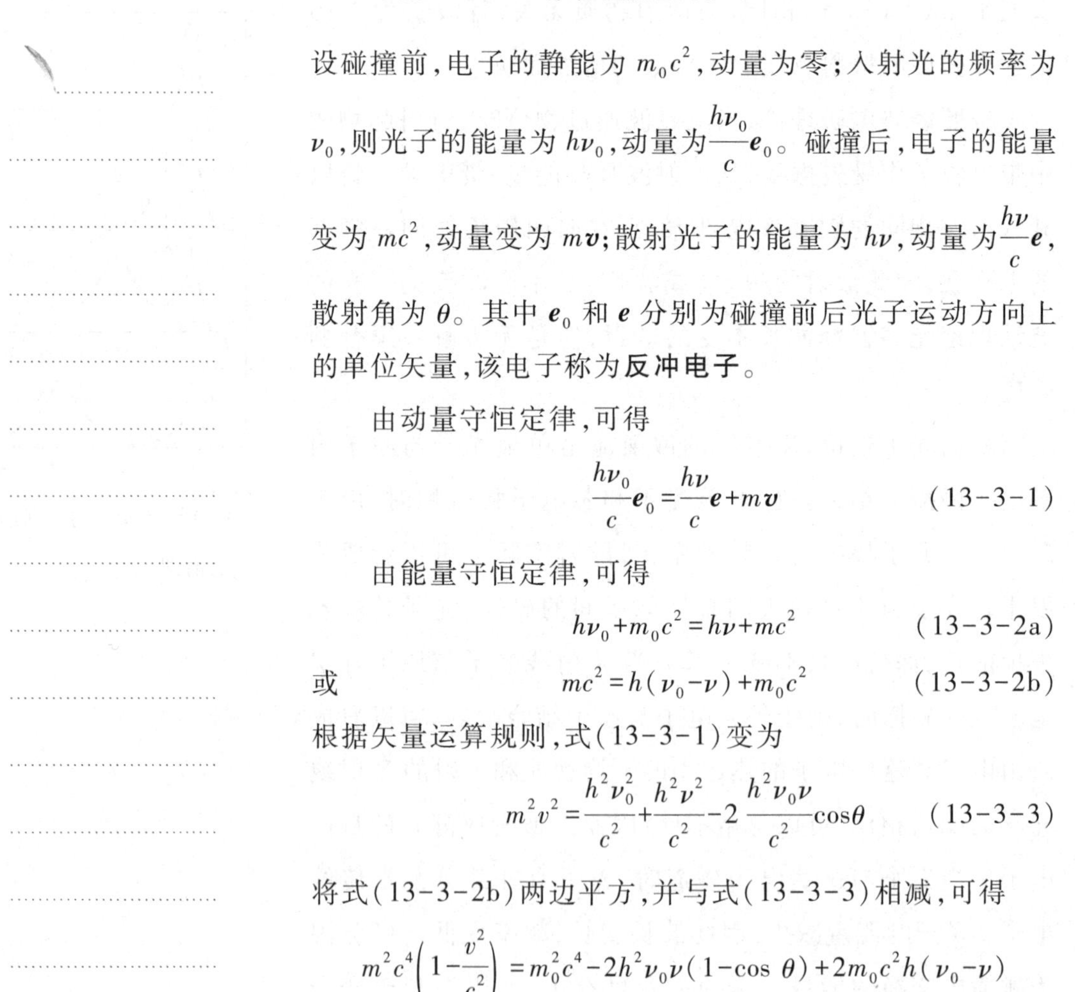

设碰撞前，电子的静能为 m_0c^2，动量为零；入射光的频率为 ν_0，则光子的能量为 $h\nu_0$，动量为$\frac{h\nu_0}{c}\boldsymbol{e}_0$。碰撞后，电子的能量变为 mc^2，动量变为 $m\boldsymbol{v}$；散射光子的能量为 $h\nu$，动量为$\frac{h\nu}{c}\boldsymbol{e}$，散射角为 θ。其中 $\boldsymbol{e}_0$ 和 $\boldsymbol{e}$ 分别为碰撞前后光子运动方向上的单位矢量，该电子称为**反冲电子**。

由动量守恒定律，可得

$$\frac{h\nu_0}{c}\boldsymbol{e}_0=\frac{h\nu}{c}\boldsymbol{e}+m\boldsymbol{v} \tag{13-3-1}$$

由能量守恒定律，可得

$$h\nu_0+m_0c^2=h\nu+mc^2 \tag{13-3-2a}$$

或

$$mc^2=h(\nu_0-\nu)+m_0c^2 \tag{13-3-2b}$$

根据矢量运算规则，式(13-3-1)变为

$$m^2v^2=\frac{h^2\nu_0^2}{c^2}+\frac{h^2\nu^2}{c^2}-2\frac{h^2\nu_0\nu}{c^2}\cos\theta \tag{13-3-3}$$

将式(13-3-2b)两边平方，并与式(13-3-3)相减，可得

$$m^2c^4\left(1-\frac{v^2}{c^2}\right)=m_0^2c^4-2h^2\nu_0\nu(1-\cos\theta)+2m_0c^2h(\nu_0-\nu) \tag{13-3-4}$$

考虑到相对论效应,电子的质量应取

$$m=\frac{m_0}{\sqrt{1-\frac{v^2}{c^2}}}$$

把电子的相对论质量代入式(13-3-4),可得

$$\frac{c}{\nu}-\frac{c}{\nu_0}=\frac{h}{m_0c}(1-\cos\theta) \qquad (13-3-5a)$$

或

$$\Delta\lambda=\lambda-\lambda_0=\frac{h}{m_0c}(1-\cos\theta)=\frac{2h}{m_0c}\sin^2\frac{\theta}{2} \qquad (13-3-5b)$$

上式中 λ_0为入射光的波长,λ 为散射光的波长。式(13-3-5b)给出了散射光波长的改变量 $\Delta\lambda$ 与散射角 θ 之间的关系。当 $\theta=0$ 时,波长改变量为零;当 θ 增加时,$\Delta\lambda$ 也随着增加,这一结论与图 13-3-2 中石墨的康普顿散射结论相一致。

式(13-3-5b)中,$\frac{h}{m_0c}$为一固定值,称为**康普顿波长**,用 λ_C 表示,其值为

$$\lambda_C=\frac{h}{m_0c}=2.43\times10^{-12}\text{ m}=2.43\times10^{-3}\text{ nm}$$

它与散射物质无关。从康普顿散射的波长数值,结合式(13-3-5b),可以看出,只有当入射波长 λ_0与康普顿波长 λ_C相比拟时,康普顿效应才显著,这也是实验中不选用可见光、微波等长波长的电磁波,而是选用 X 射线等短波长的电磁波来观察康普顿效应的原因。

上述理论推导说明,爱因斯坦的光子理论与能量守恒定律和动量守恒定律形结合,可以完美清晰地解释康普顿效应。

例 13-3-1

一波长 $\lambda_0=0.02$ nm 的 X 射线与静止的自由电子作弹性碰撞，在与入射角成 90°角的方向上观察，求：(1) 散射 X 射线的波长；(2) 反冲电子的能量；(3) 在碰撞中，光子的能量损失。

解 (1) 由式(13-3-5b)可得

$$\Delta\lambda=\lambda_C(1-\cos\theta)=\lambda_C(1-\cos 90^\circ)$$

$$=\lambda_C=2.43\times10^{-12}\ \text{m}$$

散射 X 射线的波长

$$\lambda=\lambda_0+\Delta\lambda=0.022\ 43\ \text{nm}$$

(2) 由能量守恒定律，反冲电子的能量为入射光子与散射光子的能量差，即

$$E_k=\frac{hc}{\lambda_0}-\frac{hc}{\lambda}=hc\frac{\Delta\lambda}{\lambda_0\lambda}$$

$$=6.63\times10^{-34}\times2.99\times10^{8}\times\frac{2.43\times10^{-12}}{2\times10^{-11}\times2.243\times10^{-11}}$$

$$\approx10.7\times10^{-16}\text{J}\approx6.69\times10^{3}\ \text{eV}$$

(3) 光子损失的能量等于反冲电子的动能，也为 6.69×10^{3} eV。

13.4 氢原子的玻尔理论

13.4.1 氢原子光谱的规律性

最原始的光谱分析始于牛顿。到了 19 世纪中叶，这种方法在生产中得到了广泛的应用。由于光谱分析积累了相当丰富的资料，很多科学家对它们进行了整理与分析。1885 年，巴耳末发现，看似毫无规律可言的氢原子光谱，是有规律的。这促使人们意识到光谱规律的实质是显示了原子的内在机理。接着，1897 年，英国物理学家约瑟夫·约翰·汤姆孙发现了电子(因为气体电导的理论和实验研究获得了 1906 年诺贝尔物理学奖)，进一步促使人们去探索原子的结构。量子论、光谱学和电子的发现这三大线索，为运用量子论研究原子结构提供了坚实的理论和实验基础。

在所有的原子中，氢原子的结构最简单，因此我们先讨论氢原子的光谱。

巴耳末发现的氢原子光谱公式为

$$\lambda = B\frac{n^2}{n^2-2^2},\quad n=3,4,5,\cdots \tag{13-4-1}$$

称为**巴耳末公式**，式中 $B=365.46$ nm，λ 为波长。上式分别给出了氢光谱中 H_α、H_β、H_γ、… 等谱线的波长，公式所表达的一组谱线称为**氢原子光谱的巴耳末系**。图 13-4-1 给出了氢原子光谱可见光部分的实验结果，巴耳末公式和实验值符合得很好。

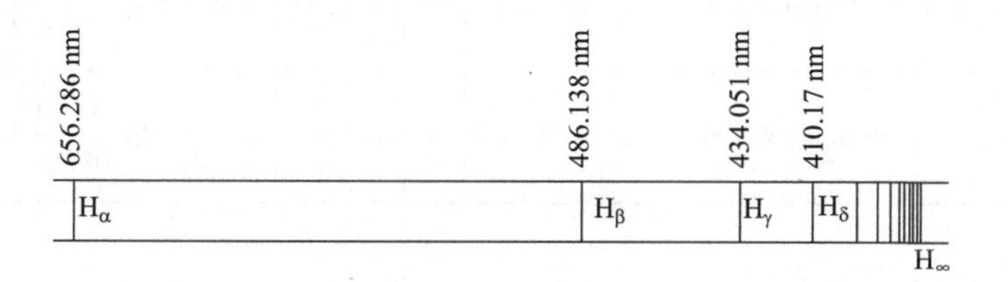

图 13-4-1 氢原子光谱的巴耳末系谱线图

在光谱学中，谱线也常用频率 ν，或者波数 $\sigma=\frac{1}{\lambda}$ 来表征。σ 的意义是单位长度内所含有的波数。1890 年，瑞典物理学家里德伯（Johannes Robert Rydberg，1854—1919）用波数来替代巴耳末公式中的波长，从而得出氢原子光谱的其他线系

$$\sigma=\frac{1}{\lambda}=R\left(\frac{1}{k^2}-\frac{1}{n^2}\right) \tag{13-4-2}$$

其中 $R=1.096\ 775\ 8\times10^7\ \mathrm{m}^{-1}$，称为**里德伯常量**，该值为近代实验测定值，一般计算时取 $R=1.097\times10^7\ \mathrm{m}^{-1}$。式中 $k=1,2,3,\cdots$，$n=k+1,k+2,k+3,\cdots$，上式称为**广义巴耳末公式**。式（13-4-2）不仅包括了氢原子可见光谱系外，还包括处于红外和紫外的谱线系。表 13-4-1 列出了氢原子光谱各谱线系。

表 13-4-1 氢原子光谱各谱线系

谱线系名称及发现年代	谱线波段	k	n	谱线系公式
莱曼(Lyman)系,1914	紫外线	1	2,3,…	$\sigma=\frac{1}{\lambda}=R\left(\frac{1}{1^2}-\frac{1}{n^2}\right)$
巴耳末(Balmer)系,1885	可见光	2	3,4,…	$\sigma=\frac{1}{\lambda}=R\left(\frac{1}{2^2}-\frac{1}{n^2}\right)$
帕邢(Paschen)系,1908	红外线	3	4,5,…	$\sigma=\frac{1}{\lambda}=R\left(\frac{1}{3^2}-\frac{1}{n^2}\right)$
布拉开(Brackett)系,1922	红外线	4	5,6,…	$\sigma=\frac{1}{\lambda}=R\left(\frac{1}{4^2}-\frac{1}{n^2}\right)$
普丰德(Pfund)系,1924	红外线	5	6,7,…	$\sigma=\frac{1}{\lambda}=R\left(\frac{1}{5^2}-\frac{1}{n^2}\right)$
汉弗莱(Humphreys)系,1953	红外线	6	7,8,…	$\sigma=\frac{1}{\lambda}=R\left(\frac{1}{6^2}-\frac{1}{n^2}\right)$

令 $T(k)=\frac{R}{k^2}$,$T(n)=\frac{R}{n^2}$,则式(13-4-2)可写为

$$\sigma=\frac{1}{\lambda}=T(k)-T(n) \qquad (13-4-3)$$

其中 $T(k)$ 和 $T(n)$ 称为**光谱项**。后来发现碱金属等其他原子光谱的波数,也可以用两个光谱项之差来表示,只是光谱项比较复杂。

13.4.2 氢原子的玻尔理论

欧内斯特·卢瑟福(Ernest Rutherford,1871—1937),是英国物理学家,出生于新西兰。卢瑟福根据 α 粒子的散射实验提出原子核式结构模型,并用 α 粒子轰击氮核,发现了质子,并且为质子命名。因为原子核式结构模型将原子结构的研究引入了正确的轨道,他被誉为原子核物理学之父。卢瑟福首先提出天然放射性元素的衰变理论和衰变定律,又将放射性物质按照贯穿能力分类为 α 射线与 β 射线。天

然放射性、电子和 X 射线的发现,是 19 世纪末三项伟大的发现,他因此荣获 1908 年诺贝尔化学奖。

原子光谱的实验规律确定之后,人们曾提出了各种不同的模型,以解释光谱的实验规律。经公认肯定的是 1911 年,卢瑟福在 α 粒子散射实验基础上提出的**原子的有核模型**或称**原子的行星模型,即原子的中心有一带正电的原子核,这个核是一个很小很致密的结构,它几乎集中了原子的全部质量,核外由作轨道运动的电子组成**。从经典电磁理论来看,电子绕核作加速运动,向外辐射电磁波,辐射电磁波的频率等于电子绕核转动的频率。由于电子向外辐射电磁波,电子能量逐渐减少,运动轨道越来越小,旋转的频率也将逐渐改变,因而原子光谱应该是连续光谱。同时由于能量的减小,电子将逐渐接近原子核后相遇,最终落在核上,即原子系统是一个不稳定的系统。但实验表明,原子光谱是线状光谱,原子一般处于某一稳定状态。

为了解决经典理论所遇到的困难,1913 年,玻尔在卢瑟福的原子的核式结构模型基础上,把量子化概念应用到原子系统,并提出了三条基本假设:

玻尔原子理论的基本假设:

(1) **定态假设:电子绕原子核作圆周运动,但不辐射能量,是稳定的状态,称为定态,每一个定态对应着电子的一个能级,即原子的稳定态只能是某些具有一定分立值能量($E_1,E_2,E_3,\cdots,E_m,\cdots,E_n,\cdots$)的状态**。

(2) **频率假设:当原子从一较高能量(E_i)的定态向另一较低能量(E_f)的定态跃迁时,原子发射一个频率为 ν 的光子,光子的频率需满足**

$$h\nu=E_i-E_f \qquad (13-4-4)$$

式中 h 为普朗克常量。式(13-4-4)称为**频率条件**。

(3) **轨道角动量量子化假设:电子以速率 v 在半径为 r 的圆周上绕核运动时,其稳定状态的电子轨道角动量必须**

阅读材料 玻尔原子结构理论的提出

满足

$$L=n\frac{h}{2\pi} \qquad (13-4-5)$$

式中 $n=1,2,3,\cdots$为**主量子数**。式(13-4-5)称为角动量**量子化条件**,也称量子条件。

玻尔理论对于当时已发现的氢原子光谱线系的规律给出了很好的解释,并预言在紫外区还有另外一个线系存在。第二年,这个线系果然被西奥多·莱曼(Theodore Lyman, 1874—1954)观测到了,而且与理论计算的结果相当符合。原子能量不连续的概念也在同一年被詹姆斯·弗兰克(James Franck, 1882—1964)与古斯塔夫·路德维希·赫兹(Gustav Ludwig Hertz, 1887—1975)通过实验直接证实。因此,玻尔理论立即引起了人们的注意,反过来又大大促进了光谱分析等方面实验的发展。由于玻尔这一开拓性的贡献,1922年,他获得了诺贝尔物理学奖。

尼尔斯·玻尔(Niels Bohr, 1885—1962),是丹麦理论物理学家,近代物理学创始人之一。1913年,他发表了《论原子构造和分子构造》等三篇论文,提出了原子稳定性和量子跃迁理论的三条假设,成功地解释了氢原子光谱的规律。1921年,他发表了《各元素的原子结构及其物理性质和化学性质》的演讲,详细阐述了光谱和原子结构理论的新发展,并对周期表中从氢开始的各种元素的原子结构作了说明,同时预测了周期表中第72号元素的性质。1922年,第72号元素铪的发现证明了玻尔的理论,同年,玻尔由于对原子结构理论的贡献而获得诺贝尔物理学奖。

下面,我们从玻尔的三条假设出发来推导原子能级公式,并解释氢原子光谱的规律。

设氢原子中,质量为 m,电荷量绝对值为 e 的电子,在半径为 r_n 的稳定轨道上,以速率 v_n 绕原子核作圆周运动,作用在电子上的库仑力为向心力,由牛顿第二定律得

$$\frac{1}{4\pi\varepsilon_0}\frac{e^2}{r_n^2}=m\frac{v_n^2}{r_n} \tag{13-4-6}$$

由角动量量子化假设式(13-4-5),得

$$L=mv_nr_n=n\frac{h}{2\pi} \tag{13-4-7}$$

联立式(13-4-6)和式(13-4-7)求解,可得

$$v_n=\frac{1}{\varepsilon_0}\frac{e^2}{2nh} \tag{13-4-8}$$

$$r_n=n^2\left(\frac{\varepsilon_0h^2}{\pi me^2}\right)\quad n=1,2,3,\cdots \tag{13-4-9a}$$

式(13-4-8)表明,轨道半径 r_n 与 n^2 成正比,最小的轨道半径取 $n=1$,我们将这一最小的半径称为**玻尔半径**,用 a_0 表示,则

$$a_0=\frac{\varepsilon_0h^2}{\pi me^2}=5.29\times10^{-11}\ \mathrm{m} \tag{13-4-9b}$$

因此式(13-4-9)还可以写为

$$r_n=n^2a_0 \tag{13-4-9c}$$

式(13-4-8)表明,轨道的速率 v_n 正比于$\frac{1}{n}$。由此可以发现,n 越大,电子的轨道半径越大,然而轨道的速率越慢。当 $n=1$ 时,氢原子中电子的速度最大,其数值为 $v_1=2.19\times10^6\ \mathrm{m/s}$。这一数值小于光速的1%,因此研究其电子的运动时可以不考虑相对论效应。

下面在不考虑原子核运动的情况下,利用式(13-4-8)和式(13-4-9a)来计算位于量子数为 n 的轨道上的电子的动能和电子与原子核相互作用的势能之和,即

$$E_n=\frac{1}{2}mv_n^2-\frac{e^2}{4\pi\varepsilon_0r_n} \tag{13-4-10}$$

由式(13-4-6)和式(13-4-9a)可知$\frac{1}{2}mv_n^2=\frac{e^2}{8\pi\varepsilon_0r_n}$,

$r_n = n^2\left(\dfrac{\varepsilon_0 h^2}{\pi m e^2}\right)$,代入上式可得

$$E_n = -\frac{1}{n^2}\left(\frac{me^4}{8\varepsilon_0^2 h^2}\right) = \frac{E_1}{n^2} \qquad (13-4-11)$$

其中 $E_1 = -me^4/(8\varepsilon_0^2 h^2) = -13.6$ eV 为氢原子的最低能级,也称**基态能**,它是把电子从氢原子的第一玻尔轨道上移到无穷远处所需的能量值,因此也称**电离能**。这个能量值与实验方法测得的氢原子电离能值 13.599 eV 吻合得很好。当 n 取不同整数时,由式(13-4-11)可得氢原子所具有的能量为

$$E_1,\quad E_2 = \frac{E_1}{4},\quad E_3 = \frac{E_1}{9},\quad E_4 = \frac{E_1}{16},\quad \cdots \qquad (13-4-12)$$

由此可知氢原子系统的能量是不连续的,也就是说,能量是量子化的,这些不连续的能量构成了原子物理中通常所说的**能级**。式(13-4-12)为玻尔理论的**氢原子能级公式**。式中负的原子能量值说明了原子中的电子若不具备足够的能量,就不能脱离原子核对它的束缚。

根据玻尔假设,当原子从较高能级 E_i 向较低能级 E_f 跃迁时,发射一个光子,其频率和波数满足

$$\nu = \frac{E_\mathrm{i} - E_\mathrm{f}}{h}$$

$$\sigma = \frac{1}{\lambda} = \frac{\nu}{c} = \frac{E_\mathrm{i} - E_\mathrm{f}}{hc} = \frac{me^4}{8\varepsilon_0^2 h^3 c}\left(\frac{1}{n_\mathrm{f}^2} - \frac{1}{n_\mathrm{i}^2}\right) \qquad (13-4-13)$$

上式和氢原子光谱的经验值一致,式(13-4-13)中

$$\frac{me^4}{8\varepsilon_0^2 h^3 c} = 1.097\times10^7\ \mathrm{m}^{-1}$$

这一数值与式(13-4-2)中的里德伯常量 R 非常接近。

13.4.3 玻尔理论的局限性

从原子的稳定性分析中可以看出,玻尔理论并不完善。玻尔理论虽然成功地说明了氢原子光谱的规律,但对复杂的原子光谱,例如氦原子光谱,玻尔理论遇到了极大的困难,无法解释光谱线的精细结构。玻尔理论只提出了计算光谱谱线频率的规则,而对于光谱分析中其他重要的观测量——谱线强度、宽度和偏振等问题却无法很好地解决。玻尔理论把电子看作是一经典粒子,推导中应用了牛顿定律,使用了轨道的概念,所以不是彻底的量子理论。此外,角动量量子化的假设以及电子在稳定轨道上运动时,不辐射电磁波这一条件是十分生硬的,而且它只是把能量的不连续性问题转化为角动量的不连续性,并未从根本上解决不连续的本质。

玻尔理论是半经验理论,在经典理论的基础上加上一个量子化条件,不自成体系,因此称为旧量子论,但这一理论为后来量子力学的建立打下了坚实的基础。

例 13-4-1

(1) 将一个氢原子从基态激发到 $n=4$ 的激发态需要多少能量? (2) 处于 $n=4$ 的激发态的氢原子可发出多少条谱线? 其中多少条是可见光谱线,其光波波长各是多少?

解 (1) $\Delta E = E_4 - E_1 = \dfrac{E_1}{4^2} - E_1$

$$= -\frac{15}{16}\times(-13.6)\ \text{eV} = 12.75\ \text{eV}$$

$$\approx 2\times10^{-18}\ \text{J}$$

(2) 在某一瞬时,一个氢原子只能发射与某一谱线相应的一定频率的一个光子,在一段时间内可以发出的谱线跃迁如图 13-4-2 所示,共有 6 条谱线。

由图 13-4-2 可知,可见光的谱线为 $n=4$ 和 $n=3$ 跃迁到 $n=2$ 的两条。

$$\sigma_{42} = R\left(\frac{1}{2^2} - \frac{1}{4^2}\right) \approx 0.21\times10^7\ \text{m}^{-1}$$

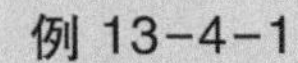

例 13-4-1

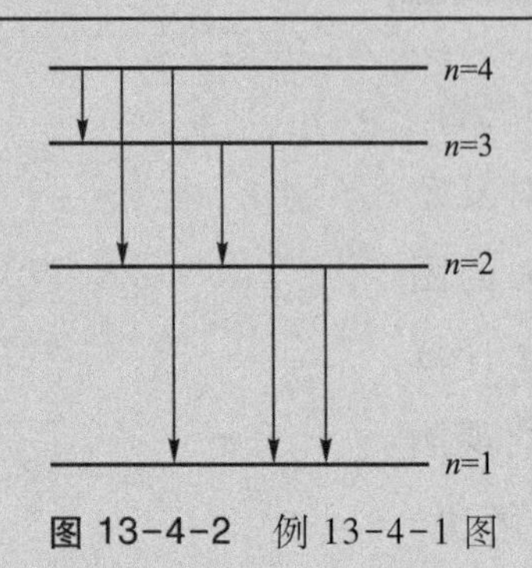

图 13-4-2 例 13-4-1 图

$$\lambda_{42}=\frac{1}{\sigma_{42}}\approx 486.2\ \text{nm}$$

$$\sigma_{32}=R\left(\frac{1}{2^2}-\frac{1}{3^2}\right)\approx 0.15\times10^{7}\ \text{m}^{-1}$$

$$\lambda_{32}=\frac{1}{\sigma_{32}}\approx 656.3\ \text{nm}$$

例 13-4-2

试问氢原子中巴耳末系的最短波长和最长波长各是多少?

解 根据巴耳末系的波长公式,其最长波长对应的是 $n=3$ 到 $n=2$ 跃迁的光子,即

$$\frac{1}{\lambda_{\max}}=R\left(\frac{1}{2^2}-\frac{1}{3^2}\right)=1.097\times10^{7}\ \text{m}^{-1}\times\left(\frac{1}{2^2}-\frac{1}{3^2}\right)$$

$$\lambda_{\max}\approx 6.563\times10^{-7}\ \text{m}=656.3\ \text{nm}$$

最短波长对应的是 $n=\infty$到 $n=2$ 跃迁的光子,即

$$\frac{1}{\lambda_{\min}}=R\,\frac{1}{2^2}=\frac{1.097\times10^{7}\ \text{m}^{-1}}{4}$$

$$\lambda_{\min}\approx 364.6\ \text{nm}$$

13.5 粒子的波动性

路易斯·维克多·德布罗意(Louis Victor de Broglie,1892—1987),是法国物理学家。他在大学期间学习历史,于 1910 年获文学学士学位。在求知欲的驱使下,他在 1911 年转向研究理论物理学,并于 1913 年获理学学士学位。1923 年,他提出实物粒子也具有波粒二象性。1924 年,他在博士论文《关于量子理论的研究》中提出了德布罗意波,而物质波这个概念是在薛定谔方程建立以后,由薛定谔提

出的。德布罗意的论文得到了答辩委员会的高度评价。爱因斯坦敏锐地觉察到了德布罗意物质波的重大意义,并称之为“揭开一幅大幕的一角”。1927年,德布罗意提出的物质波的假设被实验证实,他因此获得了1929年的诺贝尔物理学奖。

波动光学中,光的干涉和衍射现象证明了光的波动性;而黑体辐射、光电效应和康普顿效应则说明了光具有粒子性。我们把光既具有波动性、又具有粒子性的这一特性,称为**光的波粒二象性**。1924年,法国物理学家德布罗意大胆假设:**所有具有动量和能量的像电子那样的物质客体都具有波动性**。

德布罗意把对光的波粒二象性的描述,运用到了实物粒子上,即能量为 E、动量为 p 的实物粒子,同样具有以频率为 ν 和波长为 λ 来描述的波动性,即 $E=h\nu$ 和 $p=\dfrac{h}{\lambda}$ 同样适用于描述实物粒子。由此可得,以动量 p 运动的实物粒子的波的波长为

阅读材料　德布罗意波的提出

$$\lambda=\frac{h}{p} \tag{13-5-1}$$

式中 h 为普朗克常量。这种波称为**德布罗意波**,或**物质波**。式(13-5-1)称为**德布罗意公式**。

如果一粒子,其静质量为 m_0,运动速率为 v,且 $v \ll c$,则粒子的动量可以写成 $p=m_0v$,由式(13-5-1)可得粒子的德布罗意波长为

$$\lambda=\frac{h}{p}=\frac{h}{m_0v}$$

若粒子的速率 $v \to c$,根据相对论效应,$m=\dfrac{m_0}{\sqrt{1-\dfrac{v^2}{c^2}}}$,则粒子的德布罗意波长为

$$\lambda=\frac{h}{m_0 v}\sqrt{1-\frac{v^2}{c^2}}$$

在通常情况下，由于普通物质的质量很大，而普朗克常量又非常小，因此宏观上的物质表现出来的波动性几乎观察不到。以子弹为例，质量 $m_0=0.01\ \mathrm{kg}$，速率 $v=300\ \mathrm{m\cdot s^{-1}}$，子弹的德布罗意波长为：$\lambda=\frac{h}{m_0 v}\approx 2.21\times10^{-34}\ \mathrm{m}$。对于子弹这一宏观物体而言，它的波长小到实验难以测量的程度，因而仅表现出粒子性。

在微观世界，粒子的质量非常小，因此波动性非常大。以电子为例，被加速电压 U 加速后，若不考虑相对论效应，则电子的速度满足

$$\frac{1}{2}mv^2=eU$$

即

$$v=\sqrt{\frac{2eU}{m}}$$

代入式(13-5-1)，可得 $\lambda=\frac{h}{mv}=\frac{h}{\sqrt{2eUm}}$。已知电子质量 $m_0=9.1\times10^{-31}\ \mathrm{kg}$，若加速电压 $U=150\ \mathrm{V}$，则电子的德布罗意波长为 $\lambda\approx0.1\ \mathrm{nm}$。

对德布罗意波理论最强有力的证明是电子衍射实验。1927 年，克林顿·约瑟夫·戴维孙(Clinton Joseph Davisson，1881—1958)和雷斯特·革末(Lester Germer，1896—1971)用加速后的电子投射到晶体上进行电子衍射实验，得到了和 X 射线衍射类似的电子衍射现象，首次证实了电子的波动性。同年的汤姆孙(George Paget Thomson，1892—1975)做的实验也证明了电子具有晶体衍射图案。电子能够进行衍射，说明电子也具有波动的形态。此后，物理学家陆续证实质子、中子等微观粒子都具有波动性，这些实验结果均说明波动性也是物质运动的基本属性之一。德

布罗意公式成为揭示微观粒子的波粒二象性的统一性的基本公式。

从经典理论来看，粒子是不被分割的整体，有确定位置和运动轨道；波是某种实际的物理量的空间分布作周期性的变化，波具有相干叠加性。粒子的波粒二象性要求将波和粒子两种对立的属性统一到同一物体上。1926 年，德国物理学家玻恩（Max Born，1882—1970）提出了概率波，认为个别微观粒子在何处出现有一定的偶然性，但是大量粒子在何处出现的空间分布却服从一定的统计规律。在某处德布罗意波的强度是与粒子在该处邻近出现的概率成正比的，德布罗意波是概率波。

微观粒子的波动性在现代科学技术上得到了广泛的应用。由于电子的波长远小于光的波长，因此电子显微镜的分辨率比光学显微镜高。由于技术上的原因，电子显微镜在 1932 年才由德国物理学家鲁斯卡研究成功。1981 年，德国物理学家宾尼希和瑞士物理学家罗雷尔研制出扫描隧穿显微镜，分辨率可以达到 0.001 nm。它对纳米材料、生命科学和微电子学的发展起到了巨大的促进作用。

例 13-5-1

求动能为 120 eV 的电子的德布罗意波长。

解 由表 12-4-1 可知，电子的静能为 0.511 MeV。由题意得电子的动能远小于静能，因此电子的动量可以写为 $p=mv$，动能可以写为 $E_k=\frac{1}{2}mv^2$，由此可得

$$p=\sqrt{2mE_k}$$

$$=\sqrt{2\times0.911\times10^{-30}\times120\times1.6\times10^{-19}}\ \mathrm{kg\cdot m/s}$$

$$\approx5.91\times10^{-24}\ \mathrm{kg\cdot m/s}$$

由式（13-5-1）可得电子的德布罗意波长为

$$\lambda=\frac{h}{p}=\frac{6.63\times10^{-34}}{5.91\times10^{-24}}\ \mathrm{m}\approx1.12\times10^{-10}\ \mathrm{m}$$

13.6 不确定关系

在经典力学中，质点在任一时刻的位置及动量都可以精确描述或测量。然而在微观状态下，粒子具有明显的波动性。微观粒子在某位置上仅以一定的概率出现，这就意味着，微观粒子的位置是不确定的。下面以电子单缝衍射实验来说明，如图 13-6-1 所示。

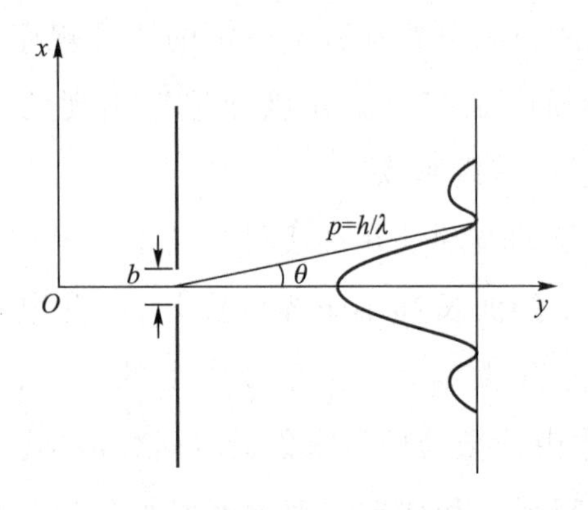

图 13-6-1 电子单缝衍射实验

单缝宽度为 b，电子波长为 λ，动量为 p。那么，某一个电子在通过单缝时究竟在缝中的哪一点？根据德布罗意波的理论，此时电子是一列波。既然是一列波，显然无法找到它的具体位置，但电子肯定通过了单缝。那么可以认定电子处于缝宽的范围，因此位置的不确定量 $\Delta x=b$。那么此时电子的动量多大？同一瞬时，由于衍射的原因，电子动量的大小没有变化，但是动量的方向有了改变。只考虑一级衍射极小图样，则电子被限制在一级衍射角范围内，有 $\sin\theta=\dfrac{\lambda}{b}$。因此，电子动量沿 x 轴方向的分量的不确定范围为

$$\Delta p_x=p\sin\theta=p\cdot\frac{\lambda}{b} \tag{13-6-1}$$

根据德布罗意公式(13-5-1)，上式写为

$$\Delta p_x=\frac{h}{b} \tag{13-6-2}$$

由此可以得到

$$\Delta p_x \Delta x = h \tag{13-6-3}$$

考虑电子可以到达更高级次的条纹，上式可以改写为

$$\Delta p_x \Delta x \geqslant h \tag{13-6-4}$$

这一关系式称为**不确定关系**。不确定关系表明：**对于微观粒子，不能同时确定它们的位置和动量**。

量子力学给出的结果是

$$\Delta p_x \Delta x \geqslant \frac{\hbar}{2} \tag{13-6-5}$$

其中$\hbar = \dfrac{h}{2\pi} = 1.054\ 571\ 8 \times 10^{-34}$ J·s 为约化普朗克常量。式(13-6-5)称为**海森伯不确定关系**，是海森伯于 1927 年提出的。式(13-6-5)表明，微观粒子位置的不确定量 Δx 越小，动量的不确定量 Δp_x 就越大，反之亦然。不确定关系的本质是微观粒子的波粒二象性及粒子空间分布遵从统计规律的必然结果。需要指出的是，不确定关系并不是由于仪器或技术不够精确造成的，而是理论上就是如此。

海森伯(Werner Karl Heisenberg，1901—1976)，是德国理论物理学家，量子力学的主要创始人之一。1925 年，他解释了非简谐原子的稳定能态问题，为早期量子力学的创立奠定了基础。1927 年，他提出的不确定关系与物质波的概率论共同奠定了量子力学的基础。由于在量子力学创立中所作出的卓越贡献，海森伯在 1932 年获诺贝尔物理学奖。

不确定关系不仅存在于坐标和动量之间，也存在于能量和时间之间。如果微观粒子处于某一状态的时间为 Δt，则其能量必有一个不确定量 ΔE，由量子力学得两者之间的关系

$$\Delta E \Delta t \geqslant \frac{\hbar}{2} \tag{13-6-6}$$

上式称为**能量和时间的不确定关系**。原子在激发态的平均寿命为 $\Delta t \approx 10^{-8}$ s，由不确定关系，原子激发态的能量值一

定有不确定量 $\Delta E \geqslant \frac{\hbar}{2\Delta t} \approx 10^{-8}$ eV，这就是激发态的能级宽度。显然除基态外，原子的激发态平均寿命越长，能级宽度就越小。

例 13-6-1

一电子速率为 300 $\mathrm{m \cdot s^{-1}}$，其动量的不确定范围为其动量的 0.01%，求该电子位置的不确定范围。

解 电子动量

$$p = mv = 9.11 \times 10^{-31} \times 300\ \mathrm{kg \cdot m/s} \approx 2.73 \times 10^{-28}\ \mathrm{kg \cdot m/s}$$

动量的不确定范围为

$$\Delta p = 0.01\% \times p = 2.73 \times 10^{-32}\ \mathrm{kg \cdot m/s}$$

由不确定关系式（13-6-4）可得，电子位置的不确定范围为

$$\Delta x = \frac{h}{\Delta p} = \frac{6.63 \times 10^{-34}}{2.73 \times 10^{-32}}\ \mathrm{m} \approx 2.43 \times 10^{-2}\ \mathrm{m}$$

由上述结论可得，电子位置的不确定范围远远超过了原子（10^{-10} m）的大小。因此，对于电子，其位置和动量是不可能精确测定的。

例 13-6-2

一质量为 0.01 kg 的乒乓球，其直径为 5 cm，沿着一维方向运动的速度为 $v_x = 150\ \mathrm{m \cdot s^{-1}}$，若其位置的不确定度为 $\Delta x = 10^{-6}$ m，可以认为其位置是完全确定的，则其动量是否完全确定呢？

解 由不确定关系式（13-6-4）可得，乒乓球动量的不确定范围为

$$\Delta p_x = \frac{h}{\Delta x} = \frac{6.63 \times 10^{-34}}{10^{-6}}\ \mathrm{kg \cdot m/s} = 6.63 \times 10^{-28}\ \mathrm{kg \cdot m/s}$$

乒乓球的动量为 $p_x = mv_x = 150 \times 0.01\ \mathrm{kg \cdot m/s} = 1.5\ \mathrm{kg \cdot m/s}$

由此可得

$$\Delta p_x \ll p_x$$

所以，乒乓球动量的不确定范围是微不足道的。可见乒乓球的动量和位置都可以精确测定，即不确定关系对于宏观物体的影响几乎可以忽略。

内容小结

1. 黑体辐射

斯特藩-玻耳兹曼定律：$M_B(T)=\sigma T^4$

维恩位移定律：$T\lambda_m=b$

普朗克辐射定律：$M_{B\lambda}(T)=2\pi hc^2\lambda^{-5}\dfrac{1}{e^{\frac{hc}{k\lambda T}}-1}$

2. 光电效应

当频率合适的光照射金属时，有光电子逸出的现象。

光电效应的爱因斯坦方程：$h\nu=\dfrac{1}{2}mv^2+W$

光电效应产生的条件：$\nu>\nu_0=\dfrac{W}{h}$，其中 ν_0 为截止频率。

光子的波粒二象性：$\varepsilon=h\nu, p=\dfrac{h}{\lambda}$。

3. 康普顿效应

$$\Delta\lambda=\lambda-\lambda_0=\frac{h}{m_0c}(1-\cos\theta)=\frac{2h}{m_0c}\sin^2\frac{\theta}{2}$$

只有当入射波长 λ_0 与康普顿波长 λ_C 相比拟时，康普顿效应才显著，这也是为什么选用 X 射线观察康普顿效应的原因。

4. 氢原子的玻尔理论

(a) 氢原子光谱的实验规律

巴耳末发现氢原子光谱公式：$\lambda=B\dfrac{n^2}{n^2-2^2}$ nm

氢原子光谱实验规律：$\sigma=T(k)-T(n)=R\left(\dfrac{1}{k^2}-\dfrac{1}{n^2}\right)$

(b) 玻尔理论的基本假设

(1) 定态条件：电子绕原子核作圆周运动，但不辐射能量，是稳定的状态，称为定态，每一个定态对应着电子的一个能级。

(2) 频率假设:原子从一较大能量 E_n 的定态向另一较低能量 E_k 的定态跃迁时,辐射或吸收一个频率为 ν 的光子,光子的频率需满足

$$h\nu = E_n - E_k$$

(3) 轨道角动量量子化假设:电子绕核作圆周运动时,其稳定状态的电子轨道角动量必须满足

$$L = n\frac{h}{2\pi}$$

5. 德布罗意关系

$$E = mc^2 = h\nu, \quad p = mv = \frac{h}{\lambda}$$

6. 不确定关系

$$\Delta p_x \Delta x \geqslant \frac{\hbar}{2}, \quad \Delta E \Delta t \geqslant \frac{\hbar}{2}$$

习题 13

13-1 若将星球看成绝对黑体,利用维恩位移定律,通过测量 λ_m 便可估计其表面温度。现测得太阳和北极星的 λ_m 分别为 510 nm 和 350 nm,求它们的表面温度和黑体辐射出射度。

13-2 太阳辐射到地球大气层外表面单位面积的辐射通量 I_0 称为太阳常量,实验测得 $I_0 = 1.5\ \text{kW/m}^2$。把太阳近似当作黑体,求由太阳常量估算太阳的表面温度。(太阳平均直径为 1.4×10^9 m,地球到太阳的距离为 1.5×10^{11} m。)

13-3 在天文学中,常用斯特藩-玻耳兹曼定律确定恒星的半径.已知某恒星到达地球的每单位面积上的辐射功率为 $1.2\times10^{-8}\ \text{W}\cdot\text{m}^{-2}$,恒星离地球距离为 4.3×10^{17} m,表面温度为 5 200 K。若恒星辐射与黑体相似,求恒星的半径。

13-4 绝对黑体的总发射本领为原来的 16 倍。求其发射的峰值波长为原来的几倍?

13-5 从铝中移出一个电子需要 4.2 eV 的能量,现有波长为 200 nm 的光照射到铝表面。求:(1) 发射的光电子的最大动能;(2) 遏止电压 U_a;(3) 截止波长 λ_0。

13-6 设用频率为 ν_1 和 ν_2 的两种单色光,先后照射同一种金属均能产生光电效应。已知

金属的截止频率为 ν_0，测得两次照射时的遏止电压 $|U_{a2}|=3|U_{a1}|$，则这两种单色光的频率有何关系？

13-7 以下是一些材料的逸出功：铍 3.9 eV、钯 5.0 eV、铯 1.9 eV、钨 4.5 eV。如果要制造能在可见光下工作的光电管，应该选择这些材料中的哪一种？（可见光波长范围为 400~760 nm）

13-8 (1) 已知铂的逸出功为 8 eV，现用 300 nm 的紫外线照射，能否产生光电效应？

(2) 若用波长为 400 nm 的紫光照射金属表面，产生的光电子的最大速度为 5×10^5 m/s，求光电效应的截止频率。（电子质量 $m_e=9.11\times10^{-31}$ kg。）

13-9 如图所示，某金属 M 的红限波长为 $\lambda_0=260$ nm。今用单色紫外线照射该金属，发现有光电子逸出，其中速度最大的光电子可以匀速直线地穿过相互垂直的均匀电场（场强 $E=5\times10^3$ V·m^{-1}）和均匀磁场（磁感应强度为 $B=0.005$ T）区域，求：(1) 光电子的最大速度 v；(2) 单色紫外线的波长 λ。

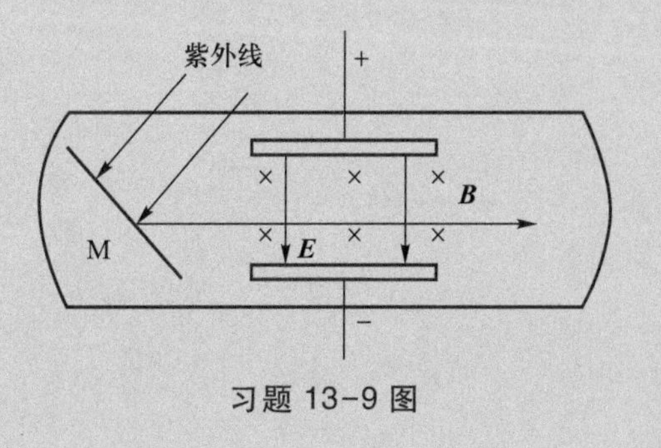

习题 13-9 图

13-10 一束波长为 λ 的单色光照射某种金属 M 表面发生光电效应，发射的光电子（电荷量绝对值为 e，质量为 m）经狭缝 S 后垂直进入磁感应强度为 $\boldsymbol{B}$ 的均匀磁场（如图所示），今已测出电子在该磁场中作圆周运动的最大半径为 R。求：(1) 金属材料的逸出功；(2) 截止电压。

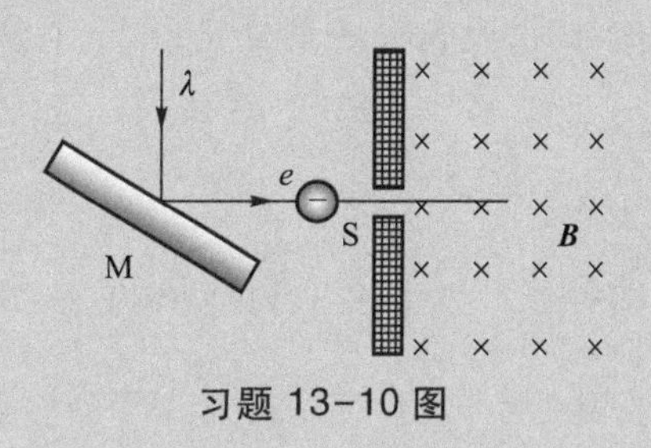

习题 13-10 图

13-11 在康普顿散射实验中，若用波长 $\lambda_0=0.1$ nm 的光子作为入射源，求：(1) 散射角 $\theta=45°$ 的康普顿散射波长；(2) 反冲电子的动能。

13-12 在康普顿散射实验中，当能量为 0.50 MeV 的 X 射线射中一个电子时，该电子获得 0.10 MeV 的动能，假设电子原来是静止的，求：(1) 散射光子的波长；(2) 散射光子与入射方向的夹角。

13-13 在康普顿散射实验中，若散射光波长是入射光波长的 1.4 倍，求散射光光子能量与反冲电子动能的比值。

13-14 康普顿散射实验中，已知入射光波长为 0.005 nm，沿 90°角散射。求：(1) 散射光的波长；(2) 反冲电子的动量。

13-15 求:(1) 处于基态的氢原子吸收了13.06 eV 的能量后,可激发到第几能级?(2) 当它跃迁回到各低能级态时,可能辐射的光谱线中属于巴耳末系的共有几条?

13-16 求:(1) 氢原子从 $n=3$ 能级跃迁到 $n=2$ 能级时,发出光子的能量;(2) 对应光的波长。

13-17 热中子平均动能为 $\frac{3}{2}kT$。求:(1) 当温度为 300 K 时,一个热中子的动能;(2) 相应的德布罗意波长。

13-18 物理光学的一个基本结论是,在被观测物小于所用照射光波长的情况下,任何光学仪器都不能把物体的细节分辨出来。这对电子显微镜中的电子德布罗意波同样适用。因此,若要研究线度为 0.020 μm 的病毒,用光学显微镜是不可能的。然而,电子的德布罗意波长约是病毒的线度的$\frac{1}{1\,000}$,用电子显微镜可以形成非常好的病毒像,求电子所需要的加速电压。

13-19 设粒子在 x 轴运动时,速率的不确定量为 $\Delta v=1$ cm/s。试估算粒子为下列情况时坐标的不确定量Δx:(1) 电子;(2) 质量为10^{-13} kg 的布朗粒子;(3) 质量为 10^{-4} kg 的小弹丸。

13-20 用一台光子显微镜来确定电子在原子中的位置,其不确定值在 0.05 nm 以内,若用这种方法确定电子的位置时,求电子速度的不确定量。

参考答案

读者意见反馈

为收集对教材的意见建议,进一步完善教材编写并做好服务工作,读者可将对本教材的意见建议通过如下渠道反馈至我社。

咨询电话　400-810-0598

反馈邮箱　hepsci@pub.hep.cn

通信地址　北京市朝阳区惠新东街4号富盛大厦1座　高等教育出版社理科事业部

邮政编码　100029

防伪查询说明

用户购书后刮开封底防伪涂层,使用手机微信等软件扫描二维码,会跳转至防伪查询网页,获得所购图书详细信息。

防伪客服电话　(010)58582300